岭南文化读本

傅华 主编

岭南饮食文化

LINGNAN YINSHI WENHUA

◎周松芳 著

SPM 南方出版传媒·广东人民出版社

·广州·

图书在版编目（CIP）数据

岭南饮食文化/周松芳著. —广州：广东人民出版社，2019.3
（岭南文化读本）
ISBN 978-7-218-13440-6

Ⅰ. ①岭… Ⅱ. ①周… Ⅲ. ①饮食—文化—广东—干部教育—学习
参考资料 Ⅳ. ①TS971.202.65

中国版本图书馆CIP数据核字（2019）第055531号

LINGNAN YINSHI WENHUA

岭南饮食文化

周松芳 著

出 版 人：肖风华

责任编辑：杨冰然
装帧设计：书窗设计
责任技编：周 杰 吴彦斌

出版发行：广东人民出版社
地 址：广州市大沙头四马路10号（邮政编码：510102）
电 话：（020）83798714（总编室）
传 真：（020）83780199
网 址：http://www.gdpph.com
印 刷：广州市人杰彩印厂
开 本：787毫米×1092毫米 1/16
印 张：21.75 字 数：420千
版 次：2019年3月第1版 2019年3月第1次印刷
定 价：69.00元

如发现印装质量问题，影响阅读，请与出版社（020-83795749）联系调换。
售书热线：（020）83780517

岭南文化读本

主　编：傅　华

副主编：王桂科

CONTENTS 目录

引子

名作家阿城在《闲话闲说》里说："香港的饭馆里大红大绿大金大银，语声喧哗，北人皆以为俗气。其实你读唐诗，正是这种世俗的热闹，铺张而有元气。香港人好鲜衣美食，不避中西，亦不贪言中华文化，正是唐代式的健朗。"这是可以移以评价并推而广之至整个岭南饮食及其文化的。当然，这只是岭南饮食文化一个方面的特点。

饮食文化，作为一个文化分支，往往受制于大文化及其背后的经济基础。岭南僻处一隅，在很长一段时期内，文化相对落后于内地，加上岭南人自古以来性格朴实低调，因此，关于岭南饮食的历史记载多出自他者之手。而这他者留下的历史文献中，关于岭南饮食无不着眼于其奇特乃至蛮荒；便是岭南人最为敬重并对其礼遇有加的韩愈与苏轼，也并不投桃报李。韩愈把岭南的海鲜说得狰狞可怖，对柳宗元的从俗食蛙之举等大不以为然；苏轼仕酣饮了岭南人献上的醇厚美酒并学会了绝佳酿造技艺之后，竟还说"可惜风流在蛮村"，真是吃了人家的还舌长如妇，颇有些"可恶"。所以，文化是一个大问题，岭南饮食优质的历史与文化资源，长期以来被文化的偏见所遮蔽，直到晚近，随着岭南经济的崛起和中国文化大势南移趋势中岭南人文的彰显，面貌始得改观。

屈大均的《广东新语》说："天下所有食货，粤东几尽有之；粤东所有之食货，天下未必尽也。"尤其是在"一口通商"（明清两代有很长一段时间，广州独享从事外贸的权利）的时代，广州之富足，众多域外食货之辐辏于广州，都使其饮食技艺愈益讲究。如1861年2月22日《纽约时报》的一篇新闻专稿所言，美国人来到广州，都想着要一尝这里最美味的牛排——这可是西菜啊！如此古今结合、中西结合，"食在广州"遂声被天下。尤其是在上海开埠以后，粤商逐鹿上海滩时，粤菜也长驱直入，以优质的出品、丰俭由人的价格、粤人不畏寒暑不论早晚的勤劳，迅速征服了中外客商、士绅名流和及本地居民，如早期以徐珂为代表，后期以曹聚仁为代表，纷纷撰文，对粤菜再三致意，"食在广州"的名声由是不胫而走，并化入俗谚，奠定其难以撼动的地位，以至有人在沪上的名杂志上予以质疑时，也迅即被人反驳。

但是，这种被"猎奇"的历史命运，在后来又重新上演，颇令人深思。抗战以后，饮食文化成为奢谈；建国初期，物产不丰，"食在广州"也只能尘封。只有到改革开放以后，广东经济率先发展，岭南饮食随之北伐，"食在广州"重又闪亮登场。可当时给人最深刻的印象只是，广东人什么都敢吃，而不是广东菜追求天然品质、讲究鲜活生猛。当此之际，他者的眼光仿佛又退回千年以前。直到改革开放若干年后，当广东菜馆再度开遍全国，当北方大地都以能请到广东师傅烹制生

《广东新语》书影

猛海鲜而为高档酒楼标志时，大家发现，哦，原来广东菜并非奇异的菜式，广东人也并非茹毛饮血般什么都敢吃。

其实，粤菜在海外，大抵也有类似的历程。

然而，"猎奇"的结果却也保留了大量珍贵史料，不像某些中原饮食文化，因其习以为常，反而不足以为文，因而不传。史料是珍贵的，史料的解读更为重要。岭南饮食文化的历史梳理，是表出岭南社会经济和文化发展的重要一环，也有助于今日社会经济和文化发展。当然，岭南饮食历史文化得到了人们的关注和重视，曾经的猎奇文字，也在拂去其文化遮蔽的尘灰后，闪现着经典的光辉。

第一章　南食的形成

广东地处中国大陆最南端，依山面海，南岭山脉又成为天然的气候屏障，北回归线从广州北部的从化穿过，气候炎热湿润，境内河流纵横，珠江水系更是全国第二大第三长水系，加之3368公里的全国第一长大陆海岸线，陆地山林之禽兽，江河湖海之鳞介，以及瓜果菜蔬之属，无不出产异常丰富，且多有内地所无，为世所珍者。像是感恩自然的恩赐，岭南饮食一开始便具有食尚自然、不避冷腥的特点，并传沿至今。然而，崇山峻岭的阻隔，交通条件的落后以及湿热气候所形成的"瘴疠"之畏，早期的岭南，便犹如孤悬岭外，让人有殊方异域之感。岭南的饮食及其文化亦复如是；因着其固有的特质，以及外人的不了解和难接受，而被称为"南食"。元和十四年（819）年，韩愈南贬潮州，行经广州附近，初尝南食，便深觉如此，作《初南食贻元十八协律》以述其事：

鲎实如惠文，骨眼相负行。蚝相黏为山，百十各自生。

蒲鱼尾如蛇，口眼不相营。蛤即是虾蟆，同实浪异名。

章举马甲柱，斗以怪自呈。其余数十种，莫不可叹惊。

我来御魑魅，自宜味南烹。调以咸与酸，芼以椒与橙。

腥臊始发越，咀吞面汗骍。惟蛇旧所识，实惮口眼狞。

　　开笼听其去，郁屈尚不平。卖尔非我罪，不屠岂非情。

　　不祈灵珠报，幸无嫌怨并。聊歌以记之，又以告同行。

南食的形成过程及其特征，诚为岭南饮食文化的关键线索。

第一节　独立发展的岭南早期文明及其饮食文化

在中国的版图上，南岭山脉宛如有力的臂膀拥抱着面向海洋的两广之地，神奇、富饶的岭南地区紧紧地依偎在南部中国的怀抱中。自新石器时代以降，蜿蜒多姿的珠江纵横千里，上下万年，孕育出灿烂的史前文化，在文明的进程中写下了光辉的篇章。中国当代著名考古学家苏秉琦先生就赞誉这里是"真正的南方"，是探索中国古代与印度支那半岛甚至南太平洋地区关系的"一把钥匙"。[1]长期从事历史地理研究特别是岭南历史地理研究的曾昭璇教授也说："地理环境不同也就孕育出不同的文化。在古代我国基本上可以划成三个民俗文化带。一是北面蒙古草原游牧文化带，它向西可连入青藏高原牧区，和国外的中亚草原游牧文化带连接。二是

[1]　郭大顺《苏秉琦先生谈"岭南考古开题"》，广东省文物考古研究所、广州市文物考古研究所、深圳博物馆编《华南考古》，文物出版社2004年版。

韩愈

中原农业民俗文化带，本带西连藏南农业区，人们常说的巴蜀四川盆地文化区、齐鲁山东半岛文化区、荆楚两湖盆地文化区、关中平原秦陇文化区、三晋黄土地带文化区、长江三角洲的吴越文化区等，即在其中，东连日本、朝鲜。三是五岭以南的热带亲海越族民俗文化带。这一带西延是人类起源地的南亚区内云南省高原。……珠江水系即由云南高原流来岭南地区，故岭南文化渊源古远，南连越南、泰国、马来西亚、新加坡、印度尼西亚。"①

上述大家之论，基于考古发掘，新的发掘，又不断印证前论。中华人民共和国成立以来，我国华南地区已经发现的古人类旧石器时代遗址有81处之多，其中大部分发现于珠江流域，广东境内主要有封开峒中岩、曲江马坝狮子岩、罗定饭甑山、阳春独石仔等。这些古人类遗址，留下了岭南地区先民的活动足迹。其中1958年发现的距今12.9万年的马坝人，1978年又发现的距今14.8万年的封开峒中岩人，乃是岭南地区人类最早的祖先之一。这种时序与空间的关系，也是对著名古人类学家贾兰坡院士"两广地带就是远古人类东移的必经之地"②的观点的进一步佐证。

民以食为天，到新石器时代的出土文物，已能清楚昭示这一亘古真理，并彰显出岭南饮食文化的独特追求。在马坝石峡中层、韶关走马岗、始兴城南澄陂村、兴宁永和铁窑岗和普宁广太虎头埔等地发现的新石器末期烧制陶器遗址，以及在广东增城金兰寺、东莞万福庵、深圳小梅沙等地发现的彩陶，表明在中原彩陶文化

① 曾昭璇《论岭南文化的起源和发展》，《东方文化》1993年创刊号。

② 贾兰坡《广东在古人类学研究上的重要地位》，广东省博物馆编《纪念马坝人化石发现三十周年文集》，文物出版社，1988年版。贾兰坡院士说："我始终认为两广以及整个西南地区是研究人类起源演化的重要地区……我赞成人类起源于亚洲靠南部地区……如果这一假说得到证实，不言而喻，两广地带就是远古人类东移的必经之路……自从1958年在广西柳江县通天岩发现了完整的属于旧石器时代晚期的智人头骨及部分身上骨骼之后，特别是同时在广东韶关马坝圩狮子岩洞穴中发现马坝人化石之后给人带来很大希望，因为这些发现有力地将人类在两广地区的活动时期越来越提前了。"

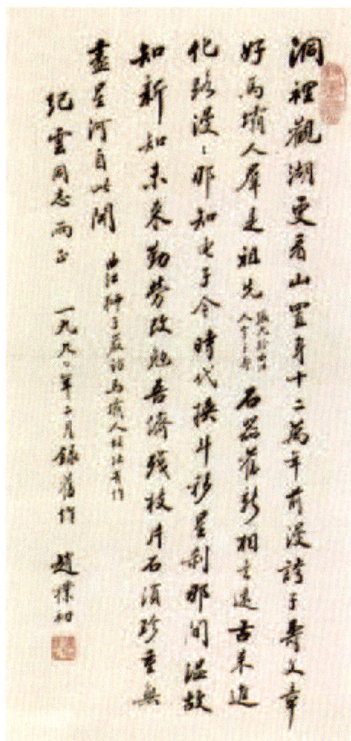

赵朴初先生参观马坝人故址题诗并书

的灿烂时代，岭南地区已有自成体系的彩陶文化。特别是石峡文化遗址出土的饮食器具，更是生动形象地反映了岭南山区早期的饮食风貌。其中炊煮器具主要有夹砂陶釜、甑、盘形鼎、盆形鼎、釜形鼎、小口釜等，盛食器具有三足盘、圈足盘、陶豆、碗、圈足壶、杯、罐、瓮等；夹砂陶釜的普遍使用可以视为至今仍颇受青睐的煲仔饭的源头，甑的使用表明当时已经懂得利用蒸汽蒸制食物，平底的盘形鼎应该是用于煎食，盆形鼎则用于煮，釜形鼎用于烹。由此可见，焗、煎、熬等烹调技艺在那个遥远的年代即已齐具，堪称"食在广州"的历史基因。在青铜器时代岭南大墓出土的青铜礼器中，与中原北方偏重祭祀礼仪不同，多是盛肉盛食的鼎以及水盆之类器物，且器形和功用与本地烧造的陶器十分相似，则可视为石器时代"食为先"的岭南饮食文化基因的传承与发展。[①]

然而，尽管距今3500—5500年的曲江石峡文化遗址，即已出土了斧、锛、镬、凿、镞、铲等生产工具，特别是石镬，长身弓背，两端有一宽一窄的刃口，最长达31厘米，是适宜于南方红壤的深翻土利器，还出土了人工栽培的水稻品种，标志着岭南人的祖先已迈向文明的历史阶段，也标志岭南饮食文化迈上新的台阶——中国饮食文化最重要的基石，乃在于农业文明的产生和发展，但是，诚如《史记·货殖列传》所言："楚越之地，地广人希，饭稻羹鱼，或火耕而水耨，果隋蠃蛤，不待贾而足；地埶饶食，无饥馑之患，以故呰窳偷生，

① 参见［美］洛撒·沃恩·福克哈森《东周时期岭南地区青铜礼器的价值和意义》，《南方文物》2006年第2期。

无积聚而多贫。是故江淮以南，无冻饿之人，亦无千金之家。"良好的自然条件，从某种意义上却又是对农业发展和饮食文化进步的制约。所以，尽管出土文物证明岭南人很早就栽培水稻，但相传发生在周夷王时的五羊传说，又仿佛表明岭南稻作文明或者高质量高产量的稻作文明，仍然相对滞后。这个传说是：有五位仙人，身穿五彩衣，骑着五色羊，拿着一茎六穗的优良稻谷种子，降临"楚庭"，将稻穗赠给当地人民，并祝福这里永无饥荒。说完后，五位仙人便腾空而去，五只羊则变成了石头。当地人民为纪念传播优良谷种的五位仙人，修建了一座五仙观，传说五仙观即为"楚庭"所在。由此，广州又有"羊城""穗城"的别名。

综而言之，在早期，岭南先民于饮食之道，有讲究的条件，也有成功的尝试，但也有不必讲究的条件，即取食甚易。所以，真正揭开岭南饮食文化的新篇章，得等到都会时代，等到王朝时代。而从文化传承的角度，真正能传承下来的，也基本是上层的饮食规制以及都市的饮食风尚——只有这些，才会笔之于书，载之于籍，并俾后世借以取资，从而成为饮食文化的源流。

第二节　南食之征：南越王庭饮食风范

秦征南越，设郡施治，不仅使岭南进入有文字记录的时代，也使岭南开始逐步进入都会时代；岭南饮食文化，渐渐载诸史籍，岭南饮食文明，渐渐揭开历史新篇。

公元前122年，南越国第二代王赵眜（又作赵胡）死后葬在番禺（今广州）象岗，这就是1983年考古发掘的西汉南越王墓。在发掘出土的各种文物中，有500多件饮食器具和大量随葬食物，其中至今仍为粤人席上之珍的200余只禾花雀骨骼，最是夺人眼球。雀骨的断碎状况显示禾花雀随葬时均去羽、斩头、断爪，与今日粤菜厨师的加工手法如出一辙，于此既可见岭南饮食的源远流长，又可见其一脉相承稳定传续。禾花雀又称"寒雀""麦黄雀"等，学名黄胸鹀，为一种候鸟。每年从我国东北南迁过冬，大约寒露前后飞临珠江三角洲。此时正是稻谷抽穗扬花之际，禾花雀因啄食青籽，故其肉十分丰腴，为当地秋季传统时令野味之一。该雀体长约15厘米，大小与麻雀相似，素有"广东小鸡"之称，净治后其胸部和尾部脂肪金黄半透明，十分适宜煎、炸、焗等方法制作。该墓当然同时也出土了大量烹饪饮食器具，其中恰有一件铜煎炉，令人推想当年南越王庭厨师很可能用此炉为南越王煎制禾花雀等美味。此炉为两层长方形浅盘状，上盘四角微上翘，长19.5厘米，宽15.8厘米，底部有烟炱，下盘平直，长17.6厘米，宽14.8厘米，应是放燃木炭的灶盘（该墓曾出土木炭）。底有4个扁方形短足；上下盘之间由4根曲尺形片条相连，与炉身同铸一体。从此煎炉形制、大小和禾花雀净治后大小以及后世烹调禾花雀的技术来看，用此煎炉大约可制作煎禾花雀20只左右。至于煎制禾花雀所用的调料，煎雀所用油之外，姜、桂、豉汁、盐、糖、酒等当时均已不成问题，甚至煎后食用前为使雀肉入口松嫩不腥所淋的醢（即醋）或梅汁（后世粤菜煎禾花雀用柠檬汁），在当年的贵族饮食中也不鲜见。

青蚶是南越王墓出土的数量最多而又最具有岭南特色的海产之一，产于海底泥沙或岩礁阘缝中，李时珍在《本草纲目》中指出，因其肉味鲜美，故其字"从甘"，说蚶肉可利五脏、健胃、令人能食，有温中消食起阳等功效。该墓出土青蚶2000多个，是出土的各类食物中数量最多的一种，反映了南越王赵眜生前对青蚶的偏爱。据统计，这些青蚶主要遗存在该墓出土的铜鼎、铜鏊、铜提筒、铜壶和铜鉴等器具中。

鼎和鏊是以水为传热介质的烹饪器，提筒和壶是酒器，鉴类似后世的冰箱，因此推想当年南越国王庭厨师应主要是以鼎和鏊为赵眜制作青蚶作为酒菜等。青蚶肉质比较细嫩肥美，稍微加热即可食用，适宜用氽汤和涮食的方法制作。出土的铜鼎内陈青蚶以外，还往往有猪骨、鱼骨等。这表明用鼎制作的应是氽青蚶一类的汤菜，其中杂有的猪骨等则很可能是熬汤所用。

西汉南越王墓出土龟足1500多个，数量在出土的随葬食物中仅次于青蚶，反映了赵眜生前对这两种海鲜的偏爱。该墓出土的龟足并不是龟的足脚，而是一种海生的雌雄同体的有柄蔓足类动物，学名石蜐，因其形酷似

南越王墓出土的铜煎炉

南越王墓出土的铜鉴

龟脚，故俗称龟足。李时珍《本草纲目》指出了龟足的食疗功效："气味甘，咸平无毒，可利小便。"《海南解语》也说龟足可"下寒瘀，消积癖湿肿胀。虚损人以米酒同煮食，最补益"。

该墓出土的龟足主要分布在铜整、铜提筒、铜壶等器具中，其中只有铜整为烹煮器。龟足经去壳甲净治后，由于肉质鲜嫩，所以放入开汤中稍滚即可食用。而从铜整的形制来看，正是用于汆、涮的理想炊器。这就可以理解该墓出土的1500多个龟足，在烹饪器方面为何主要分布在铜整内。[①]

南越王墓出土的铜鼎

第三节　史志的垂青与弘扬

南越王墓出土文物所见岭南上层社会主要是王室饮食文化的盛景，离不开行政中心特别是政权建制的影响，相应地，更离不开因此而形成的经济聚集以及外贸扩展。故司马迁作《史记·货殖列传》，叙列国中九大都会，"番禺亦其一都会也，珠玑、犀、玳瑁、果布之凑"；当时的番禺也即后来的广州的特点，乃是其为唯一的以集散海外舶来珍宝为主的都会。后来《汉书》也承此并申言其对于内地的影响："处近海，多犀象、玳瑁、珠玑、银、铜、果布之凑，中国往商贾者多取富焉。番禺其一都会也。"这就是二十世纪八十年代"东西南北中，发财到广东"时谚的汉代版。当然还有明代

① 王仁兴《国菜精华》，三联书店·生活书店2018年版，第144—145页。

版，"走广"的时谚和"冬郎"的时象就是明证，后叙。其实番禺之兴，也即拜海上丝绸之路所赐，而汉代海上丝绸之路所赐的另一著名富庶之地，乃是广东西南端的徐闻——《元和郡县志》载其时有谚曰："欲拔贫，诣徐闻。"

经济繁荣，带来饮食文化的勃兴，古往今来，无不如是，后来的"食在广州"，就是如此。而早期的"食在广州"，地下文物可征，见于南越王墓出土文物，地表文献可查，见于东汉议郎杨孚《南裔异物志》（此书版本名称不一，有的简称《异物志》）。稍后三国沈莹的《临海异物志》，也有涉及岭南食物。至两晋，则更多了。刘欣期有《交州记》，嵇含有《南方草木状》，裴渊有《广州记》，徐衷有《南方记》（又名《南方草物状》），崔豹的《古今注》也注有岭南食物。而且基本不是猎奇，而是当奇珍来录赏。如裴渊《广州记》与刘欣期《交州记》都写到鲎。裴记曰："鲎，广尺余，形如熨斗，头如蜣螂，腹下有十二足，南人重之以为鲊。"刘记曰："鲎如惠文冠，其形如龟，子如麻子，可为酱。色黑，十二足，似蟹在腹下，雌负雄而行。南方用作酱，可以炙噉之。"其关于鲎的形象描述，首句可能为后来韩愈的《初南食贻元十八协律》所袭用。注韩诗者至"鲎实如惠文"一句，则多引元洪焱祖的《尔雅翼》说："鲎，形如惠文，亦如便面。惠文者，秦汉以来武冠也……大抵鲎色青黑，十二足，足长五六寸，悉在腹下。"

鲎

　　鲎，学名马蹄蟹，俗名海底坦克，为非常古老的海底动物，又其血蓝色，非常稀有，故可称为"古稀之鱼"。在广东东部沿海的汕尾、本部沿海的阳江等地都可以买到。其味如蟹肉而脆美，然性大寒，不能多吃。鲎早些年都还挺多的，价亦不贵，每斤二十来元，现在少些了，价格也已涨至每只一百五十元左右，还是阳江、汕尾等产地的价钱。又，鲎，除岭南人外，自古以来都少有人敢吃。原因如清朝著名笔记小说家梁章钜在其《浪迹丛谈》中所言："鲎，瓯人多不敢食，嫌其形似，烹法亦难，厨子多为之束手。"这也从侧面反映出岭南烹调技艺的高超，饮食文化的发达。

　　珍珠是岭南的奇珍。嵇含的《南方草木状》和徐衷的《南方记》便都提到珠肉。嵇书曰："采珠人取珠柱肉作鲊。"徐衷虽然只说"珠蚌壳长三寸，在涨海中"，但清郝玉麟《广东通志》却在引用后加按语曰："其肉鲜美，可以为鲊，曰珠母鲊。"至于捕蟒蛇与吃蟒蛇的传奇，自《淮南子》略及之，杨孚《异物志》详述，后世讨论，不绝如缕，另有专述，此不赘。

　　此时期，记载更多的是岭南的果蔬。如嵇含《南方草木状》说益智子曾贵为贡品："益智子，如笔毫，长七八分。二月花，色若莲，著实，五六月熟。味辛，杂五味中芬芳，亦可盐曝。出交趾合浦。建安八年，交州刺史张津尝以益智子粽饷魏武帝。"益智子粽在后世也得到了清初数一数二的大文豪朱彝尊的青睐。他几度泛游岭南，对岭南饮食念念不忘，每每歌以咏之。对益智子粽也是这样，并抒写进了他的极负盛名或恶名的《风怀二百韵》中："截筒包益智，消食饷槟榔。"写在这首诗里，会给益智子粽乃至岭南粽增"色"的。要知道，这首长诗是写给跟他有私情的小姨子的。当年他自编文集，有人劝他删掉，否则会被逐出儒林，死后都没有"冷猪肉"（指祭孔之祚肉）吃，但他还是坚持保留了下来。

嵇含《南方草木状》记录的五敛子，也非常有意思："五敛子大如木瓜，黄色，皮肉脆软，味极酸。上有五棱，如刻出，南人呼棱为敛，故以为名。以蜜渍之，甘酢而美。出南海。"五敛子即阳桃，也即东汉杨孚《异物志》中的"三廉"："廉实虽名三廉，或有五六，长短四五寸，廉头之间正岩，以正月中熟，正黄多汁，其味少酢，藏之益美。"阳桃又常被称作洋桃，给人以舶来之感。其实与另一同样予人舶来之感的柠檬，俱是岭南土产。然而，五敛子是如何变成"洋桃"的呢？都是北人惹的事。始作俑者是南宋的范成大。他在《桂海虞衡志》里说："五棱子形甚诡异，瓣五出，如田家碌碡状，味酸，久嚼微甘。闽中谓之羊桃。"对此，乾隆《广东通志》编者说："此即五敛子也。有三棱、四棱以至七八棱者，统名曰五棱。……然与苌楚羊桃名同而实异，或曰种自大洋来，故谓之羊（洋）桃。"原来这些北来之人，以中土为本位，老拿岭南物产与内地的相比，说像内地的什么什么，因为岭南的五敛子有点像内地的羊桃，故以其掌握的话语权力，名之为羊桃，又因为那种羊桃相传引种自海外，便又名为洋桃了。这种情形，不独洋桃，故先贤们又说："以下诸果（岭南水果）多与北土名相混者。"

洋桃有妙用，较早见载于屈大均的《广东新语》："广人以为蔬，能辟岚瘴之毒。中蛊者，捣自然汁饮，毒即吐出。脯之，或白蜜渍之，持至北方，不能水土与疟者，皆可治。"后世多沿其说。而治疟之法，清人吴绮《岭南风物记》的记载颇有不同："广人去稜边切片，用生姜榨油，用为小菜，云可宽胸兼能治疟。"而洋桃最堪记取的效用，当是清末长期在广东做幕僚的喻福基，在其《海天楼诗钞》里一首《洋桃四十韵寄须芥庵弥保》所记。诗先痛陈鸦片之害，再说洋桃能戒治鸦片毒瘾之效："天锡却疾方，胜授延年诀。（自注：洋桃治烟积，入药戒瘾神效。）"因此呼吁："盍种万亩桃，年年蕡实结。嘉惠我黔黎，诸邪悉荡决。"洋桃的这种功用，文献多不见载，故稍后的博闻之士瞿兑之教授在其《养和室随笔》中称："洋桃治烟瘾，人亦罕知之。"那今天知道的人就更少了。如果真有此奇效，对于今天日益泛滥的毒品危害，将是功莫大焉；有司或可一试。

当时，一些岭南甚贱的蔬菜，内地也奉为席上之珍。嵇含《南方草木状》所记"蕹菜"即是：

蕹，叶如落葵而小，性冷味甘。南人编苇为筏，作小孔浮于水上，种子于水中，则如萍根浮水

面，及长，茎叶皆出于苇筏孔中，随水上下，南方之奇蔬也。冶葛有大毒，以蕹汁滴其苗，当时菱死。世传魏武能噉冶葛至一尺，云先食此菜。（乾隆《广东通志》引按："蕹筏，名曰蕹田，亦曰浮田，粤中在处有之。谚曰：'南蕹西芹，菜茹之珍。'亦名蕹菜，可以淹藏，虽有解毒之功，然能损目。"）

嵇含的《南方草木状》还记载了一些岭南的奇蔬异果。如"绰菜"：

夏生于池沼间，叶类茨菇，根如藕条，南海人食之，云令人思睡，呼为瞑菜。（乾隆《广东通志》按：郭宪《洞冥记》："五味草，食之使人不睡，亦名却睡草，南方有之。"）

果如"人面"，自晋至清，也可以说至于今日，皆为粤人所重，则嵇含所开启的历史记录，实有功于岭南饮食文化：

人面果

人面子，树似含桃，结子如桃实，无味，其核正如人面，故以为名。以蜜渍之，稍可食。以其核可玩于席间，钉饾御客。出南海。（乾隆《广东通志》按："人面子出增城，粤俗嫁女之家，用作礼果，重其仁也。以点茶如梅花片，尤香泽可玩。"）

　　酒是饮食的精华。岭南的酒文化，虽然相对内地后起，但由于自然物产的特殊馈赠，也是别有可谱的篇章。东汉杨孚《异物志》提到文草，说用它作酒，宛成其味。以金买草，不言贵也。作酒的文草，已如此金贵，那酿出的酒，该是如何美味呢！屈大均《广东新语》也说到岭南酿酒以草药代替内地曲蘖的特别情形："嵇含草木状，南海多美酒，不用曲蘖，但杵米粉，杂以三五草药，盖若今山桔、辣蓼、马蓼之属，和豆与米饭而成者也。"制曲蘖相当复杂，而杂以草药，则甚易，这便大有助于岭南的美酒的酿造，宜其"南海多美酒"了。

　　嵇含所记的一种嫁女酒，更值得特别表彰："南人有女数岁，即大酿酒，既漉，候冬陂池竭时，置酒罂中，密固其上，瘗陂中，至春潴水满，亦不复发矣。女将嫁，乃发陂取酒，以供贺客，谓之女酒，其味绝美。"较诸甚有名声的绍兴女儿红，岭南"女儿红"乃历史悠久得多、味道也好得多，如今或已失传（客家娘酒庶几近之），更谈不上名声了，十分令人遗憾与深思。

　　内地由于道德、军事、榷税专卖等原因，时时有酒禁，而岭南由于气候卫生（护卫生理）等原因，朝廷一直不设酒禁，几至于家家酿酒，代有名酒。如唐李肇《国史补》列载寰中著名茶酒，酒凡十来种："酒则有郢州之富水、乌程之若下、荥阳之土窟春、富平之石冻春、剑南之烧春（一本作富平之石梁春、剑南之烧香春）、河东之干和蒲萄、岭南之灵溪、博罗、宜城之九酝、浔阳之湓水、京城之西市腔、虾蟆陵之郎官清、阿婆清。"岭南即占其二。

到宋代，家家竞酿的结果，更是美酒佳酿，臻于神品。苏东坡贬谪岭南，初到惠州，得饮万户酒，即作《十月二日初到惠州》大唱赞歌："仿佛曾游岂梦中，欣然鸡犬识新丰。吏民惊怪坐何事，父老相携迎此翁。苏武岂知还漠北，管宁自欲老辽东。岭南万户（自注：岭南万户酒）皆春色，会有幽人客寓公。"紧接着，忍不住学着酿，也极佳，并纪以《浣溪沙》词（有序）："绍圣元年十月十三日，与程乡令侯晋叔、归安簿谭汲游大口寺，野饮松下，设松黄汤，作此阕。余近酿酒名万家春，盖岭南万户酒也：罗袜空飞洛浦尘，锦袍不见谪仙神，携壶藉草亦天真。玉粉轻黄千岁药，雪花浮动万家春，醉归江路野梅新。"

苏东坡在惠州创制的更有名的酒，则数桂酒和真一法酒了："捣香筛辣入饼盆，盎盎春溪带雨浑。收拾小山藏社瓮，招呼明月到芳樽。酒材已遣门生致，菜把仍叨地主恩。烂煮葵羹斟桂醑，风流可惜在蛮村。"（《新酿桂酒》）他在《与钱济明简》中首次对外提及酿桂酒之事："岭南家家酿酒，近得一桂香酒法，酿成不减王晋卿家碧香，亦谪居一喜事也。"这王晋卿及其碧香是什么来头，值得苏东坡攀比呢？据宋朱弁《曲洧旧闻》卷七说，时人张次贤"有《郎乡》《涪江》二集，尝记天下酒名"，而所记并不多，故所记均堪称天下名酒；其所记的碧香，出于驸马王晋卿家，更堪称名酒中的名酒。为此，又作《桂酒颂》，先在引子中大方地说："隐者以桂酒方授吾。"继而说酿成全靠天靠己不靠人："酿成而玉色香味超然，非人间物也。东坡先生曰：'酒，天禄也。其成坏美恶，世以兆主人之吉凶。吾得此岂非天哉！'"而在颂词中则极力鼓吹岭南乃天生美酒宝地，简直远胜国酒茅台之赤水河谷："中原百国东南倾，流膏输液归南溟。祝融司方发其英，沐日浴月百宝生。水娠黄金山空青，丹砂昼暾珠夜明。"所"可恶"者，岭南人以无敌美酒迎接他，并教会他制作传世名酒，他居然仍对岭南以夷狄相视——"为之颂"是为了"以遗后之有道而居夷者"。

苏东坡后来还在惠州创制了另一种堪称仙酒的真一法酒，乃是依《三元真一经》"众真归一"之法酿造的地道的道家法酒，酿成之后，仙迹频显。四库《东坡志林》第五十七条说："绍圣二年五月望日，敬造真一法酒成，请罗浮道士邓守安拜奠北斗真君。将奠，雨作。已而清风肃然，云气解驳，月星皆见，魁标皆爽。彻奠，阴雨如初。谨拜手稽首而记其事。"并一再说这绝非凡酒。如在《真一法酒寄建安徐得之》中说："岭南不禁酒，近得一酿法，乃是神授。只用白面、糯米、清水三物，谓之真一法酒。酿成，玉色有自然香味，绝似王太尉马家碧玉香也。奇绝奇绝！"《真一酒歌并引》也说："酿为真一和而庄，三杯俨如侍君王。"《游博罗香积寺并引》又说"要使真一流仙浆"，为此决定"刻石置之罗浮铁桥之下"，永传后世。

作为岭南后人，我们不必太关心这真一法酒是否真

苏轼文集

的传而未失，而是需要明白苏东坡笔下岭南酒国及其经典创制的饮食史和文化史意义；其实这也是苏轼研究向来被忽略的一面，因此更足以成为岭南饮食及文化史研究的新篇章。

明代大文豪汤显祖被贬岭南徐闻典史，在广州盘桓二十余日，对岭南名酒寄生酒恋恋有加："杯怜椰子细，酒得寄生清。细雨炎荒外，今朝学送迎。"（《小金山同陈浔州冷提运送军府夜酌四首》）这寄生酒当时可是风靡朝野。如张萱（约1553—1636）在《疑耀》中说："五岭之外，绝无佳酝。近游宦者宴会皆嗜苍梧寄生酒。"简直是唯寄生酒独尊了！探花出身，官至国子监祭酒的陶望龄也为之着迷："今日何园句，能无忆少陵。迷人寄生酒，匝地月支藤。莲褪鱼吹粉，苔深石减棱。轩窗随面面，寒竹影层层。"[1]黄汝亨（1558—1626）更是珍之宝之："向从欧阳生奉答一书，继承长者青眼，寄生酒之惠，至今枯肠载润也。"[2]

秉承岭南美酒传统，近代广东籍华侨张弼士怀揣"实业救国"的梦想，于1892年北上烟台投资300万两白银创办张裕酿酒公司，更是成为中国酿酒史上的大事件：直隶总督、北洋大臣李鸿章和清廷要员王文韶亲自签批了该公司营业准照，光绪皇帝的老师、时任户部尚书、军机大臣翁同龢亲笔为公司题写了厂名；北京中华世纪坛记载为中国1892年所发生的四件大事之一。百余年来，张裕公司已经发展成为目前中国乃至亚洲最大的葡萄酒生产经营企业，不可谓不是岭南饮食文化最为光辉的篇章之一。

[1] 陶望龄《过何泰华园分韵四首》其二，《歇庵集》，明万历刻本，卷二。

[2] 黄汝亨《与邹南皋先生》，《寓林集》，明天启四年刻本，卷二十九。

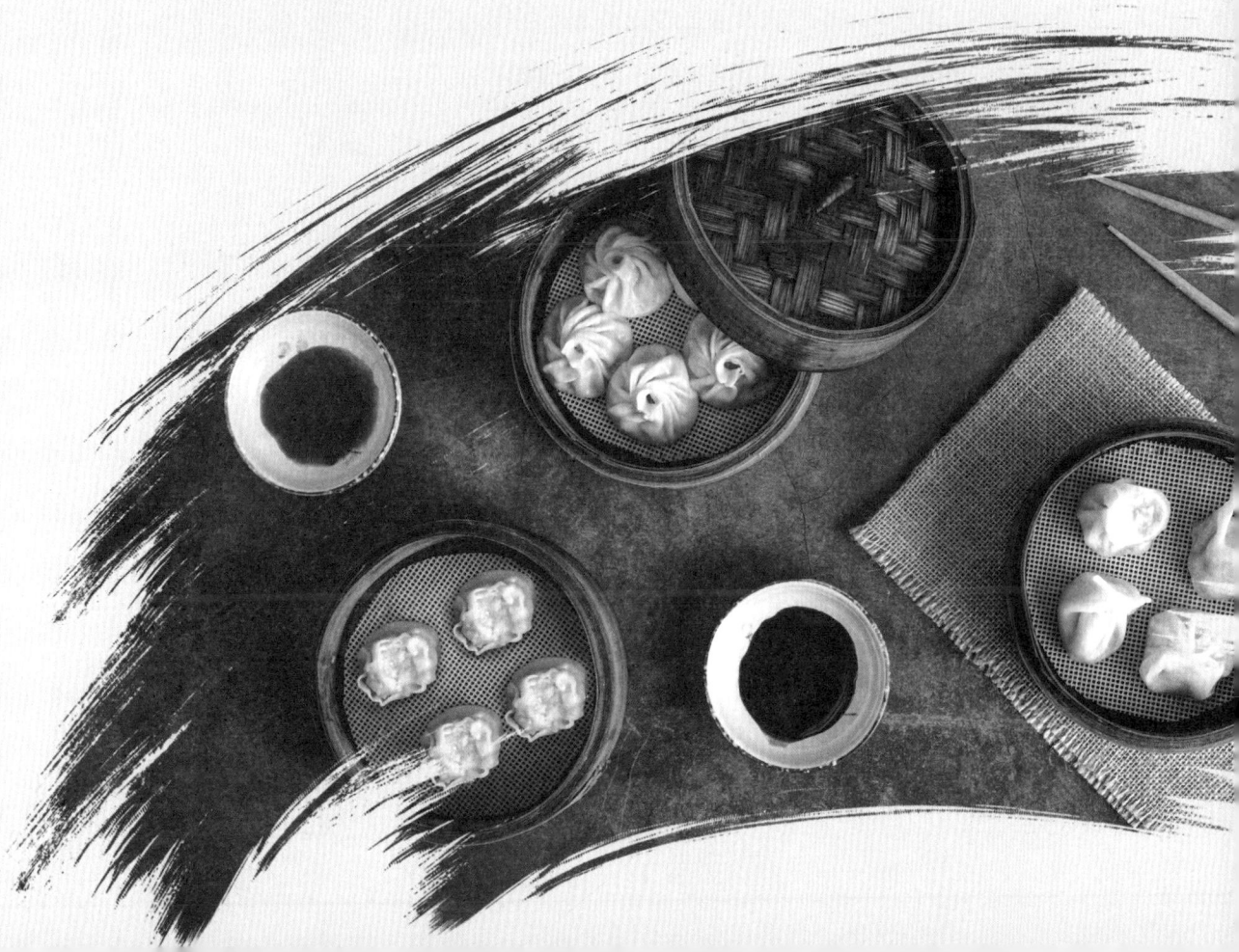

第二章

食在广州

长久以来，直到今天，"食在广州"都是广州最"伟光正"的身份标志之一，但是，长久有多久，是什么时候"食在广州"成为时谚，又是如何成为时谚的？这可不是那么容易弄得清楚的，我相信，迄今也没有人弄清楚过；笔者用两部书——《岭南饕餮》与《民国味道》——来梳理岭南饮食历史文化，只能大体地说，当成于清季民初，而大噪于上海滩——从来此类雅号，固然每一个地方均会自我期许或者自我吹嘘，而其获称并传诵于世，则赖于他人之口与笔，所谓己言不美，"寄之他人，则十言而九信"（成玄英语）。

经济发展水平及其方式对饮食文化的发展往往有决定性的影响。唐宋以前，岭南经济文化相对落后，饮食文献所见，固多生腥蛮食之——如韩愈的《初南食贻元十八协律》，就典型地不接受。宋元之后，中国经济重心南移，岭南经济地位蒸蒸日上，尤其是明清以后，广州一口通商，仿佛"东西南北中，发财到广东"的历史倒流；人财物流的刺激，"食在广州"的历史大戏，也就一步步揭开帷幕了。

第一节 "走广"走出的"食在广州"

今人说"食在广州"，无不引屈大均在《广东新语》所说"天下所有食货，粤东几尽有之；粤东所有之食货，天下未必尽也"以为佐证；特级校对陈梦因在

《粤菜溯源录》里甚至据以径称"食在广州"，不过是指食材之丰富而言。对于这种没文化的言论，我们暂且按下不表。再说坊间以"太史菜""谭家菜"为"食在广州"表征者，每每称粤菜吸收融合了淮扬菜的一些优长，然何以故？又是不明所以。

这一切，可以从"走广"说起。

话说广州自建城以来，两千多年，几乎一直处于对外开放之中，尤其是入明以后，更是长期处于一口通商的地位。有明一代，海禁甚严，曾规定"片板不许入海"，但广州不仅几未被禁，尤其是嘉靖元年（1522）撤销浙、闽市舶司后，广州更获得一口通商的地位。即便三口并存时，"宁波通日本，泉州通琉球，广州通占城、暹罗、西洋诸国"①，其他两处也远没有广州精彩；今人所艳称的海上丝绸之路，许多时候是广州在唱独角戏。因此，明中叶以后，靠近广州的顺德作为珠三角桑基鱼塘的最典型的地区，也因此成为最主要的产丝区，并繁衍出18种行当：丝缎行、什色缎行、元青缎行、花局缎行、仁缎行、牛郎纱行、绸绫行、帽绫行、花绫行、金彩行、扁金行、对边行、栏杆行、机纱行、斗纱行、洋绫绸行等等，那是"金陵、苏、杭皆不及"的。但这仍然远远不能满足广州出口丝货贸易的需要，所以得大量收购长江三角洲的苏、杭地区的生丝做原料，纺织更好的粤纱；加上利用国外进口的苏木的绛红色和紫矿的紫色等新式染料进行染印，而织出的"粤缎之质密匀，其色鲜华，光辉滑泽"，"金陵、苏、杭皆

① 《明史·食货志》。

不及"，而为"东西二洋所贵"，供给"大部分欧洲之需"，而且赢得了世界的声誉，为同时代欧洲产品所望尘莫及。欧洲人也不得不发出"世上没有任何一个国家其工艺会如此精湛"的感叹。

在这种背景下，江南丝绸，便纷纷南下；其他诸多商品，亦复如是。于是江、浙商人就"窃买丝绵、水银、生铜、药材一切通番之货，抵广变卖，复易广货归浙，本谓交通，而巧立名曰'走广'"①。不独江浙，他省也在纷纷"走广"；明代著名小说《今古奇观》的《蒋兴哥重会珍珠衫》说，蒋世泽随丈人罗公走广东做买卖，因获利颇丰，虽妻丧子幼，仍无法割舍；罗家更是走了三代了。

作《浮生六记》的言情圣手沈复，也是随这"走广"潮流到广州做了一点买卖，幸了一回喜儿，写了一篇"浪游记幸"。"快"中提到靖海门对出的扬帮妓船，所谓的广府文化专家们皆以为挂羊头卖狗肉，内中实无多少淮扬女子，实在是太无见识——如此大量的淮扬商人"走广"，人财物流滚滚而来，岂少得了"女流"，而这滚滚之中，又岂少得了食材及烹饪食物？屈大均的"天下所有食货，粤东几尽有之"，至此得一注脚；循此，"食在广州"，在一定程度上是"走广"走出来的。

如果说明代的"走广"是一种选择，清代的"走广"则是一种必须；清廷重开海禁，广州一口通商，舍此别无他途，所以不必说"走广"了。方此之际，西方

① 胡宗宪《筹海图编》卷十二《行保甲》，四库全书本。按：胡宗宪此书初刊于嘉靖四十一年（1562），此际"走广"之势应当更烈。

业已进入大航海时代，两相拱促，广州真正旷世繁华的景象，于焉而至，"食在广州"的格局，便渐次形成；在众多名家笔下，虽未标"食在广州"之名，已写出"食在广州"之实。

1770年，大史学家、大文学家阳湖（即今"苏锡常"之常州）人赵翼调任广州知府，大震惊于广州的饮食奢华。且不说市肆花酒之地，即在府中，即便他这个勤于政事，"刻无宁晷，未尝一日享华腴"，"每食仍不过鲑菜三碟、羹一碗而已"的清官循吏，制度性的供给，也是今日颇受诟厉的"三公消费"所无法比拟的："署中食米日费二石，厨屋七间，有三大铁镬，煮水数百斛供浴，犹不给也。另设水夫六名，专赴龙泉山担烹茶之水，常以足跗告。演戏召客，月必数开筵，蜡泪成堆，履舄交错，古所谓钟鸣鼎食殆无以过。"换一个花天酒地的知府，那又该是怎样一种排场呢？故说"统计生平腆仕，惟广州一年"。在赵翼看来，寰中再也没有他处饮食繁华，堪比广州了；广州终于可以做"大爷"了！

几十年之后，从新近出版的《遗失在西方的中国史》，从西方人的记录中我们可以具体看到官家的奢华排场。1843年6月24日，清政府的钦差大臣耆英宴请港英当局：席上的盘子前面会有堆成山一般的各种腌菜、酸菜和萝卜干之类的冷菜。上了燕窝羹，宴会正式开始。紧接着端上桌的有鹿肉、鸭肉、用任何赞誉都不会过分的鱼翅、栗子汤、排骨、用肉汁和猪油在平底锅里

十三行商馆

煎出来的蔬菜肉馅饼、公鹿里脊汤、仅次于鱼翅的鲨鱼汤、花生五香杂烩、一种用牛角髓浸软并熬制出来的胶质物、蘑菇栗子汤、加糖或糖浆的炖火腿、油焖笋、鱼肚以及众多用文字描述的热汤和炖菜。在餐桌的中央，还有烤制的孔雀、野鸡和火腿。

市肆之上尤其是洋行更为豪奢。法国人伊凡在《广州城内》记载，著名行商潘仕成曾向他夸口说："我们的厨师享誉整个帝国。除了这儿，还有哪里能创造出如无脑鸭子、空心五香碎肉丸这样精美的食物？"这两款菜肴，相信绝大多数今日的广州人都闻所未闻。有的更是豪奢得让人觉得是暴殄天物，以至于道光二年（1822）西关大火，"毁街七十余，巷十之，房舍万余间，广一里，纵七之，焚死者数十人，踩而死于达观桥者二十七人，郁攸之灾，百岁翁叹为未有"，还有人认为此乃天谴："粤东是时番船渐通，洋商初盛，珠贝镶货，族于西关。酒海肉林，褕衣珍食。起家屠侩，淫侈亡等，天殆怒其妖邪，使海市蜃楼，尽付于祝回之一炬，垂戒不可谓不严。"[1]百年之后，著名学者、晚清军机大臣瞿鸿机之子瞿兑之仍予附和："陈氏此言至为沉痛，见被发于伊川，知百年而为戒矣。"[2]然而，大火之后两年，昆明人赵光游粤所见，繁华胜景，不仅恢复，更甚于前："是时粤省殷富甲天下，洋盐巨商及茶贾丝商，资本丰厚。外国通商者十余处，洋行十三家，夷楼海舶，云集城外，由清波门至十八铺（甫），街市繁华，十倍苏杭。"

到了这个份上，说"食在广州"，应该没有人再生异议了；甚至有人把谚语改为"生在广州，死在柳州"，以示对广州饮食的无限迷恋。

最后还要指出的是，"食在广州"也有赖于"走广"所带来的各帮菜式所形成的融合。民国食品大王、佛山籍的冼冠生，就亲自撰文说明这一点，应该具有相当的可信性和权威性。他先列举了几样广州土菜，像花生煲猪尾、萝卜酸熘猪爪、白豆烧土鲮鱼、莲藕煲猪肉汤，那可说是广州的特菜。烹调得法（常用姜葱陈皮），自是风味绝佳，即于卫生一道，也大有裨益。就说白豆吧，蛋白质很多，外皮虽多木纤维，但烧透之后，也容易消化了。土鲮鱼是广菜的主要原料，鲜味可口，价亦便宜，鱼肚、肠、肺，脂肪甚多。但是，广菜之所以得名，很有几个特点，自非上述的几味家常菜所能控制一切，而现代的花样翻新，便是一个发达原因。

① 陈康祺《郎潜纪闻初笔》。

② 瞿兑之《人物风俗制度丛谈》。

广州是省政治省经济的枢纽，向来宦游于该地的人，大都携带本乡庖师，以快口腹，然而，做官非终身职，一旦罢官他去，他们的厨司，便流落在广州，开设菜馆，或当酒肆的庖手，维持生计。紧接着，他便具道广州菜的外省渊源：挂炉鸭和油鸡是南京式的，炸八块和鸡汤泡肚子是北平式的，炒鸡片和炒虾仁是江苏式的，辣子鸡和川烩鱼是湖北式的，干烧鲍鱼和叉烧云南腿是四川式的，香糟鱼球和干菜蒸肉是绍兴式的，点心方面又有扬州式的汤包烧卖，总之，"集合各地的名菜，形成一种新的广菜，可见'吃'在广州，并非毫无根据"[1]。

第二节 "食在广州"，唱响上海

广州饮食，奢则奢矣，但于烹饪之法，饮食之道，由先秦迄于清季，美誉度并不高。这里面有习性的因素，有文化的因素，有偏好的因素。远的不讲，1730至1735年间宦游岭南，官至广东按察使的河北武强人张渠，在其《粤东闻见录》就直说："大抵烹饪之法，此土固不甚讲，然此犹指会城言之。"广州尚且如此，其他"若村墟之间，多有食蛇鼠者。昔昌黎放郁屈，东坡咏蜜唧，乃知自昔已然。至谓蛇为茅鳝，鼠为家鹿，则粤人亦虑之见嗤而强以美名盖之也"。或许粤人以其豪奢，早就放出"食在广州"的豪言，但买账的人似乎不

[1] 冯冠生《广州菜点之研究》，《食品界》1933年第2期。

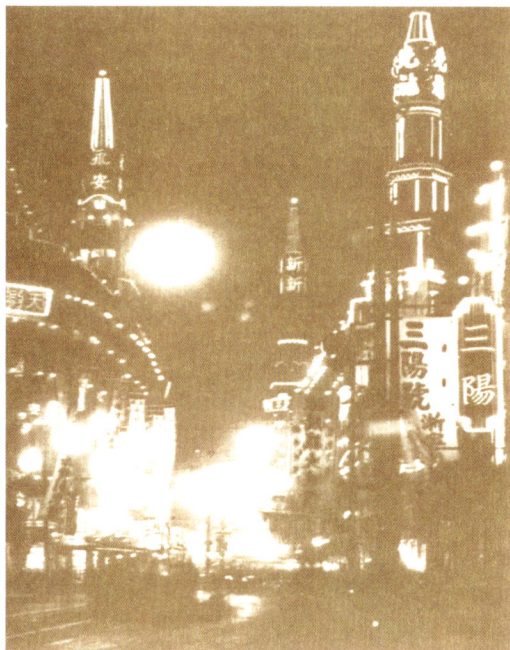

上海南京路，上海高级粤菜馆的汇聚地

多，从文献上，可以说没有；笔者通过检索"中国基本
古籍库"，数千种古籍中，"食在广州"，不著一词。
是啊！粤人许以新时代"食在广州"开山的太史菜，其
最著者乃"太史蛇羹"，而当时国中，几人敢尝！

　　再者，饮食文化，作为一个文化分支，往往受制
于大文化及其背后的经济基础。岭南僻处一隅，在很长
一段时期内，文化相对落后于内地，加上岭南人自古以
来朴实低调的性格，关于岭南饮食的历史记载多出自
他者之手。而这他者留下的历史文献中，关于岭南饮食
无不着眼于其奇特乃至蛮荒。即便是岭南人最为敬重并

对其礼遇有加的韩愈与苏轼，也并不投桃报李。韩愈把岭南的海鲜说得狰狞可怖，对柳宗元的从俗之举大不以为然；苏轼在酣饮了岭南人献上的醇厚美酒并学会了绝佳酿酒工艺之后，竟还说"可惜风流在蛮村"；吃了人家的还舌长如妇，颇有些可恶。所以，文化是一个大问题，岭南饮食优质的历史与文化资源，长期以来被文化的偏见所遮蔽。直到晚近，随着岭南经济的崛起和中国文化大势南移趋势中岭南人文的彰显，面貌始得改观。尤其是晚近以来，得欧风美雨之先，岭南文化迅速崛起，引领时代，以至先贤如陈寅恪等都惊呼："江淮已不足道，更遑论黄河流域矣。"新儒学大师张君劢更直言中华文明珠江时代的到来。

在这种大势之下，"食在广州"的时代才真正到来，且有待上海的鼓吹以玉成。

为什么有待于上海？要知道，尽管岭南曾因广州一口通商而繁荣富庶，食材充积，但是，在交通落后、饮食口味地区适应性差的时代，你广州的饮食再好，外人也是难以认可的——人之于味，有不同嗜焉——他吃不惯啊！所以，直到清朝中期，关于广州饮食的笔记文章，仍是流于猎奇的记述，鲜正面的称道。所以，从客观上讲，如李一氓教授在其《存在集续编》中认为，区域饮食文化的认知，得等到国内市场有一定发育，人口流动有一定规模，并且有了一定数量的职业厨师，才可达成。这就得等到上海的开埠与繁荣了！

那又为什么不能是北京呢？北京不早就五方杂凑，

需求旺盛，条件差可了吗？我们看看粤菜在北京的兴起，就明白了。直到民国初年，粤菜才在北京获得名声，而其声名的获得，是谭家菜。而谭家菜，是私房菜，不是餐厅（市场）菜。可以说，在北京，粤菜是没有市场的。这也不单是粤菜，其他区域的菜系，在北京的际遇也差不了多少。因为在专制时代，在北京这个"不到北京不知道官有多大"的地方，公款消费，至少高档公款消费，是不会到酒楼去的，大官家都有私厨，所以尽管北京也有各地的餐馆，总是不成气候，绝不会搞出"食在广州"的响动来。

上海则不然。上海在五口通商开埠以后，以其独特的区位优势，迅速抢了广州的饭碗成为远东国际贸易中心，而商机灵敏的广东人，倒并不着急地位的丢失，而是蜂拥而至上海，一方面填补大量买办（国际贸易专才）的空缺，一方面从事巨量的贸易。居沪粤人，短时间内就猛增至四五十万。这些人，不像北京的爷们配有私厨，因此配套的粤菜馆也在当年的北四川路、武昌路一带成行成市地开办起来。虽然初期主要"内销"，不久也就以其优良的品质，征服了上海人以及其他各色移民，尤其是一众的文人；而文人们在至为发达的商业传媒上摇笔弄舌，"食在广州"的名声就这样不胫而走，并且渐渐臻于"表征民国"的境界。

最早高度宣扬粤菜的著名人士，当数客居上海的杭州人徐珂。他在其时所撰的传世名著《清稗类钞》以及《康居笔记汇函》里，对粤菜再三致意，并提升到一个人文高度。如他在《粤多人才》里说："吾好粤之歌曲，吾嗜粤之点心，而粤人之能轻财，能合群，能冒险，能致富，亦未尝不心悦诚服，而叹其有特性也。粤多人材，吾国之革命实赖之。丙寅北伐军起，自广州首途，越一年为丁卯之冬，广州人民，乃备受焚掠屠戮之祸，甚至于湘鄂豫章，苍苍者天，共谓之何！"在徐珂看来，粤人轻财的一个侧面，即是自奉，自奉在吃上。如他在《粤人财力之雄》里便写道："先施公司之月饼，有一枚须银币四百圆，冠生园亦有之，则百圆。惟角黍有一枚须银币五圆者。先施冠生之资本，粤人为多，购月饼、角黍者，亦大率为粤人，否则且骇怪且咨嗟。珂谓此固足以见粤人财力之雄，丰于自奉。"并因食及人："然就在粤之粤人，未为他方所同化者觇之，其待人亦厚。生则资以财，死则葬以地，慷慨性成，非尽由势利而然。"因人及事："且有激于人言，倾其私囊者，故凡掀天动地之事，若戊戌维新，若辛亥革命，莫不藉粤人之力以成。吾浙之甬人，且瞠乎其后，而况于其他。"这种文字，待粤菜之厚，真是无以复加了。

特别是进入民国以后，作为革命的策源地和新的经济文化的衍生地，岭南饮食在经济与革命北伐的双轮驱动下一路飙歌北上，在北京以谭家菜与本地的太史菜遥相呼应，共同开创"食在广州"时代的先河；在上海以海派粤菜赢得"国菜"的殊荣，将"食在广州"推向时代巅峰，臻于"表征民国"的饮食至高境界。在作为上

粤籍影星胡蝶为冠生园拍摄的月饼广告

海地标的南京路上，主要餐馆多为粤人所开。永安、先施、新新、大新四大百货公司均为粤人所开，均附设高档餐厅。从新新公司独立出来的新都饭店，更是后来居上，力压群雄；上海滩闻人大亨杜月笙当年为其子摆的婚宴，即席设于此。与新都望衡对宇的新雅粤菜馆，抗战胜利后三分之二的客人都是欧美人，李宗仁代总统曾在此宴请各国各界贤达。方此之际，新雅粤菜，便赢得了"国菜"的殊荣。①

此外，大东酒楼也是食客如云，人满为患，曹聚仁先生回忆说："上大东酒楼有如上香港龙凤茶楼，热闹得使人头痛。"唐鲁孙先生则认为大三元更加老牌；曹聚仁先生也承认它在四马路时代，就已经"雄踞一方"，大名"如雷贯耳"。上海最大的食品生产企业冠生园1926年迁到南京路后，"近十多年来，上冠园吃点心，也还是上海市民的小享受呢"（曹聚仁语）。1934年，冠生园重金礼聘当时中国最红的粤籍电影明星胡蝶

① 这是明末四公子之一冒襄后人、著名剧作家舒湮（冒效庸）说的："粤菜做法最考究，调味也最复杂，而且因为得欧风东渐之先，菜的做法也揉和了西菜的特长，所以能迎合一般人的口味。上海的外侨最晓得'新雅'，他们认为'新雅'的粤菜是国菜。"见氏著《吃的废话》，《论语》1947年第132期。

拍摄月饼广告，"惟中国有此明星，惟冠生园有此月饼"广告语豪气干云。另一家大牌广东酒家杏花楼，也打出"借问谁家月饼好，人人都话杏花楼"的广告；整个上海月饼市场，广式月饼占了大半壁江山。

当时中国最红的粤籍电影明星胡蝶

第三节　食在广州的黄金时代

饮食业的根基，在于市场。广州的饮食娱乐中心，早期在濠畔街，后在西关一带及其江面上，无不逐市场而行；这些地方，都属于广州城边上。随着城市的扩张和贸易的扩大，邻近广州的佛山，因处于中原至广州的水陆要冲上，从明永乐年间开始，不仅"番舶始集，诸货宝南北巨输，此佛山为枢纽，商务益盛"，"四方商贾之至粤者，率以是为归"，成为与北京、苏州、汉口并称的"天下四大聚"之一。佛山因缘际会成为商品集散、交易和生产的中心，如康熙年间吴震方《岭南杂记》所述："烟火万家，百货骈集，会城（广州）而不及一也"；民初徐珂的《清稗类钞》也有记述说："（佛山）商贾丛集，阛阓殷厚，冲天招牌，较京师尤大，万家灯火，百货充盈，省垣尤不及也。"又成为与汉口镇、朱仙镇、景德镇并列的"四大名镇"之一。同时，也是与广州、陈村、石龙并称的"省佛陈龙"广东四大名镇之一，饮食繁盛，自不待言。

但是，随着五口通商导致贸易中心的北移，广东的工商贸易受到很大冲击，虽广州未见得有多少衰落，但佛山、顺德所受的影响相对要大一些。在这种渐衰的情形下，广州的中心地位反倒相对突出起来；工商产业渐衰挤出的资本，也开始到作为中心的广州寻找出路，最典型的就是广州茶楼的兴起——佛山的资本进来了！老行尊冯明泉先生说，咸丰同治年间，广州人虽重饮茶，但商业性的高档茶楼并不多见，多是砖木结构规模不大的茶楼，因此不称楼而称居，例如第二甫的第珍居、第三甫的永安居、第五甫的五柳居等，所以此后好长一段时间广州人口头上仍称茶楼为茶居；连带影响到上海开埠后早期粤人开办的茶楼，也缘广州兴起之途，是由饼饵店发展而来的茶居；六大茶居之利男居、上林春、群芳居、同安居、怡珍居、竹生居等，皆是饼店起家。待到光绪前后，因上海开埠及交通变迁，佛山商业地位衰落，佛山七堡的商业资本便大举流向广州，投入兴建一批三层高的轩敞茶楼，才名副其实地进入茶楼时代。"有钱楼上楼，无钱地下痞（茶居）"也成为一时之谚。光绪中叶以后茶居已陆续发展为茶楼。民国以后很少见有茶居招牌了。但广州人至今仍有在口头上称茶楼为茶居的，最著名的即有陶陶居——传统不是那么容易被"势利"所改变的！而酒楼的黄金时代，也正要等到茶楼的高潮渐歇之后，才到来的。四大酒楼的主人谭杰南，正是做茶楼出身的。

　　早期广州的茶楼，颇多大众化的"二厘馆"，因其一律每件二厘银子，主要供给那些贩夫走卒食用。铺子

晚清二厘馆茶房

是平房，里面摆满了桌子椅子，陈设零乱，地方污浊，装潢更不必提。"二厘馆"最大的特点，就是把厨房设在门口，以为招徕工具。经过这种铺子，门口总是乌烟瘴气，一股儿的油臭味，里面是模糊的人影骚动和凌乱嘈杂的人声。招牌是小小的一块，多是黑底金字或黑底红字，随便挂在一个当中的地方，不是给煤烟弄坏了，就是挂得太高，很难使人看得清楚。好在到这里来的人都是一定的，附近的工人，或是每日必经的顾客，他们不必费心找，这种店卖的东西特别便宜，多以包饺、烧卖、粉面及油器为主，只论多、大；精粗美恶，一概不管。尽管如此，"味儿却不能差，广东人就有这一种本领，顶能辨别食物的味道儿"[1]。因此，这些茶楼，利润率不高，特别是在宣统年间（1909—1911），一般食品毛利只有20%，如民初太平南路大同茶楼的对联所示"大包不容易卖，大钱不容易捞，针鼻铁生涯，只望从微削；同子来饮者多，同父来饮者少，檐前水点滴，何曾见倒流"，但薄利多销，也能兴旺，以至发达！

至于为什么广州茶楼酒肆的发达有待佛帮入广，那是因为广州早期的茶居简单粗糙，酒肆亦然。而之所以如此，乃在于当时酒楼绝大部分业务是"上门到会"，所以店内就简单粗糙了；颇负时誉的冠珍酒楼，总投资也只需400多两白银。现在上点年纪的人还时常挂在口上的所谓"吃九大簋"，也就是这种上门到会的产物——菜做好后，盛在锡窝也即是也簋里，送到客人的府上；九簋，就算很丰盛了！[2]而后来佛帮兴办的茶

① 英弟《广东的茶馆》，《人间世》1935年第33期。

② 冯明泉《广州酒楼史话》，《广州文史资料》第四十一辑，广东人民出版社1990年版。

楼，投资往往较大，动辄四五十万。房子最少得有两层，而三层、四层是很多的；很讲究门面装饰，单这一项，每就花上好几千两银子，装潢以耀目为主，花饰多为龙、凤、山水人物等，颜色用"朱红""金黄""翠绿"几种。其次是注意家私。家私的材料必须是广东特产的"酸枝"木，据说这种木是冬暖夏凉的，而且地方要通爽、光亮，比较整洁。一进门，迎头就是一块顶大的招牌，由名书家题上"××楼"三个大字，两边挂红，好不惹眼。进门是一间大堂，顶大顶大的，左边柜台，右边一把大扶梯，足够四个人并肩齐走。普通楼下不卖座，二楼茶价最低，三楼较高，四楼更高，一句话，楼愈高则茶价愈贵。而每层楼又有前座后座之别，大抵前座近马路，可以看人来人往，后座少了一面窗，所以价钱也便宜，但卖的点心食物，却是一律价钱，不分彼此。[1]

佛帮对于广州饮食文化的发展，居功至伟，传承至今的主要茶楼老字号，绝大多数也都是他们所创或所兴。其中两个主要人物谭新义与谭晴波，乃是名副其实的两代茶楼王。佛帮茶楼好用如字号，以"如"宁意头好，最多时竟有十余家，如：东如、西如、南如、太如、惠如、多如、三如、五如、九如、天如、瑞如、福如、宝如。其中西如、东如、南如、五如、三如、太如、惠如皆是谭新义创办或参与创办，此外，他旗下还有珍、和心、襟江（澄江）、莲香楼，真是名副其实茶楼王。1908年，已经拥有西如茶楼、惠如楼、

① 英弟《广东的茶馆》，《人间世》1935年第33期。

晚清广州茶客

太如楼等数家茶楼的谭新义，为谋求更大发展，与谭晴波等人一下就募集到12420两，一举收购主要经营松糕、煎堆、大发、红包、响糖等敬神及婚嫁回礼食品的连香茶果铺，又购得相连房地产350余平方米，全部拆平改建成莲香楼。"莲味清香，镇日评茶天不暑；香风遥递，谁家炊饼月方圆"。莲香楼的招牌遂屹立至今。

二十世纪三十年代初谭新义逝世后，同乡谭晴波继起成为第二代茶楼王；他超越谭新义之处，是把莲香楼开到香港、九龙，后又将新购的金华、宝如茶楼改为大元楼，再在太平南十三行口新开大元，从而进入"元字号"的茶楼王时代。而在他的带动之下，后来不少老板，如谭伯、招桂庭、谭许、江进、杨端、简义、招立卿、冯海潮、冯荫庭、何高、招伟南等，均同时在省港两地开设三四家茶楼，足资记忆。

后来，随着酒楼业的兴起，茶楼业与酒楼业逐渐合流，或融于酒楼业。然而，就在这种大势下，在抗战军兴以后到新中国成立前夕，广州还崛起江能和区祺两位后起之秀，从酒楼的重围中，开辟出一片茶楼新天地。江能开设了富国、南昌、海天、泉珍、擎天、富华等六七家较大的茶楼，区祺开设了明星、明珍、维新、瑞如（后期）、金山等茶楼。江能竟然还敢逆潮流而动，把长堤较大型的南昌酒楼改为茶楼。这种"逆"，其实是一种回归。在以酒家为尚的年代，像竞争激烈的长堤一带，一景、公园、大三元等均采用免收茶价手法以招徕顾客，当然茶的质量越来越不重要了；江能则着力在茶上做文章，反而独树一帜，到最后差不多也是独擅胜场。

其实，广州的茶楼，一度还是比较讲究用茶的。毕竟广州无论在一口通商或五口通商时期，主要出口货物，除了丝，就是茶，因此带动广州茶楼的讲究用茶。比如对普洱茶的贮存是十分讲究的，因为这种茶越陈越好。茶楼就认为存这种茶好过把钱存入银行，因为靓茶可以招徕茶客，因此，巧心、太如、莲香等老字号茶楼，存贮普洱之多，一般可供用六七年。具体到用水、泡茶，一度也非常讲究；当然最讲究的要数工夫茶了。

在茶饮方面做得最出名的，最后还是佛山七堡人，另一个茶楼王，同时也将成为新一代酒楼王的谭杰南。1920年，他们兄弟与其亲戚陈伯绮联手募资收购创始于1893年的葡萄居后，改名陶陶居。与众不同的是，这陈伯绮乃清末大儒南海朱九江的再传弟子，饱读诗书，能够拉上江孔殷等以资顾问。这江太史，向来就深具广告效应。比如与成珠茶楼位于同一条马路的三如茶楼，每逢中秋便精心制作一个八层的巨型花蛋糕，摆在酒家大堂上，上书"江孔殷买下"（其实是送给他的），引得众人围观选购。其营销手法也别具一格。如店以设头奖二十大洋为店"陶陶"悬征鹤顶格联，引得不少骚人墨客珠玉纷投，"陶潜善饮，易牙善烹，饮烹有度；陶侃惜分，夏禹惜寸，分寸无遗"一联至今脍炙人口；现在悬挂三楼之联，"饮烹有度"句改为"恰相逢作座中君子"，"分寸无遗"句改为"最可惜是杯里光阴"，可谓更上层楼。另类文人气很重的对联如："陶陶乐。弄月读书空自若，却笑倚帘吟似鹤。为君歌，为君酌。君不见古来圣贤皆寂寞。陶陶居。临风把盏更何如，岂须弹铗叹无鱼。进君酒，停君车。君不见胸中块垒尽消除。"竟也颇为人引重，老书法家秦咢生八十三岁时还被邀请重书于柱。此外，还特辟一"霜华小苑"，供文化豪绅江孔殷"雅集"；投桃报李，每届中秋，必帮拟一篇四六骈体月饼广告以资招徕。

这种客人，这种氛围，自然是要"茶，上茶，上好茶"的。他们为了"上好茶"，除了上好的茶叶，还设法取用上好的水，别出心裁地每天用人力"大板车"到

陶陶居茶楼

当时尚是荒郊的三元里接载白云山九龙泉水；拉入市区后，分装入漆写着"陶陶居""九龙泉水"的红木桶，数十人用红扁担列队肩挑，招摇过市。"陶陶烹茶，瓦鼎陶炉，文火红炭，别饶风味"的陶陶居茶风，至今为人传诵。鲁迅先生1927年任教中山大学时，也曾慕名前往："（3月）18日，雨。午后，同季市（许寿裳）、广平往陶陶居品茗。"茶好价高，两倍甚至三倍于他处，仍然座客常满。

以陶陶居为代表的茶楼对于茶饮本身的追求，与广州人的饮食心态相得益彰，体现在一个"叹"字——叹早茶；这也尤其让外人"叹服"。如招勉之先生的《广州的抽喝吃》则把叹茶视为广州人的一种生活艺术或艺术生活："这叹字在广州人用起来是有闲的欣赏，一碗茶喝个把钟头谓之'叹茶'。"再具体展开这种叹的艺术的讨论。先从洗杯说起："此虽穷乡僻壤的广州内地，亦多知之。无论茶馆里的陈设及用品是怎样地清洁或污秽，照例茶客要洗一洗茶杯，不洗固然也没有什么稀奇和大不了，不过有时会给人惊讶到你的火速的举动，太急进了一些，并不曾受过艺术的洗练罢了。成了例的，伙计冲茶之外，另给你一杯白开水，就是这样的用处，倘没有，可以立刻问他们要来，好让他们知道你是内行或艺术家。"洗完杯，开始叹茶，叹点心，"无论吃大菜或点心，多侧重于滋味，却不在乎食前方丈般的数量和风卷残云般速度也"，"吃喝的态度既要如是其优游安定"，岂不艺术？由此，作者总结道："品茗，原是古雅的喝茶的变名，比饮茶又要美化一些了，像咱们广州般的品法，这茗大约不至于虚负了！广州人的风味真是雅致！"这种雅致，使他离开了广州，多年以后，"春意早已阑珊了，想起南方的景况，也还是一样地安闲，不禁神往了。现在计起，倒数到从前，总算南海之滨是幸福的地方啊！有人造反，却仍然保存着安闲，这种幸福不令人留恋，还有什么足以令人留恋啊！"黄诏年的《从广州茶点谈到看老婆》也直言盛称这就是"广东人爱艺术的天性"，是要伟大的周作人才能配得上的一种生活的艺术：“我想我这种地方，如果请岂明先生去，定能胜任而愉快的，我则太无‘生活的艺术’了。”①

而为了适应这种生活的艺术，是大酒家也要放下架子的：“说到吃，乡下人也晓得省城有个四大酒家，见着熟朋友开口第一句话便问‘请饮茶吗’？长堤有个大三元酒家，小孩也晓得大三元饮茶是物美价廉而且富于阔绰意味的。”②这在民国时期如此，今天亦然。现在很多五星级酒店和高档餐厅，吃饭可能嫌贵，但喝茶，却着实可“叹”；许多高档酒店餐厅都开早茶，而且还可以直落至下午两点，而且总是要排队等号。

广东人好叹茶，是走到哪里都改不了的，许多广东人尤其是潮汕人，连出差都要携上茶叶茶具，一安顿好，即开始叹茶。因此，可以说凡有广东人的地方，必有叹茶之风。对于这种的叹茶，有人认为是广东男人懒，“成日只晓得孵茶楼啖茶馆，地里活都是女人做”。对此，长期生活在香港上海两地的民国银行家后代、上海著名作家程乃珊最为理解和回护。她通过追根溯源的方式评论说：“早前有种叫‘金山客’的行当，他们熟谙出国需办的各项手续和文件，有点类似今天的出国中介，但他们的服务更到位更人性化，从申请护照到送上香港赴金山（旧金山）的监烟囱大洋轮，一包到底。这一行当基本都是做同乡生意，信誉很好，通常就是在茶楼里做交易的。此外，南北干货药材等交易，包括天下事及现在所指的国内外时事走向等，都是在茶馆

① 《新女性》1927年第11期。
② 区作霖《荔枝湾追忆》，《旅行杂志》1935年第7期。

里交换的，即上海人讲的打听行情，现在时髦称市场调查。可见，华南男人成日泡茶馆不是懒，而是因为侨乡较先接触到西方文化，他们早早已感到资讯交换的重要。"①

茶楼兴起之后，"食在广州"，渐渐进入"饮茶"时代：请你吃饭，也说"请你饮茶"。背后的逻辑是，茶楼有好吃的啊！从佛帮茶楼的设计布局，也可见出他们的取向：厨房一般建在二楼与三楼之间，是为了方便二、三楼的供应，而主要是因为茶楼的点心已完全不同于传统的饼饵铺，也不同于早期的茶居，是即制即销的，而且还力求保证新鲜出炉如同酒楼的"镬气"。茶楼蜂起产生的竞争，使各家在点心制作上精益求精，不断创新，并大胆吸收各家各地包括西点之长，使早期广州茶楼几十个品种的点心，逐步发展到数百种。以点心皮为例，上世纪二十年代的点心包皮全用面种、枧水作发酵料，包皮松软而不粘牙，师傅制包皮要看天气，凭经验加减枧水，制馅调味也不用味粉，主要品种是发面皮（包皮）、澄面皮、烧卖皮（蛋面）、水晶包皮、脆浆皮、糯粉皮、水饺皮等等。到三十年代，则出现了擘酥皮、水油酥皮、岭南酥皮、拿酥皮、雪布玲皮、西河皮、拉皮、卜乎皮、汤饺皮、班戟皮、蛋皮角皮、马铃薯皮、山药皮、虾堆皮、瑞士鸡角皮、荔芋皮、莲子蓉皮、甘露酥皮、猪油包皮、松酥皮、锚沙皮、士干皮、化皮、堆皮等等。烹调方法也煎、炸、蒸、炕、焗等无所不用，再辅以奶油、蛋白泡、"唧"花等造型，洋洋

① 程乃珊《啖早茶》，《食品与生活》2010年第5期。

煌煌，不仅造就了区标、李兴、余大苏、禤东凌等省港点心四大天王，也为"食在广州"赢得盛誉，影响及于当代的"星期美点"的出现，奠定了坚实基础。

点心而外，粉面也各擅胜场。粉以沙河粉为主，主要外买，但面条则是每家茶楼都十分重视，均有师傅专制，用五尺多长的大茅竹杠，骑着反复跳压，将面团压至匀薄如布匹，再切成银丝细面或宽条面。这就是传统的全蛋面，也即所谓的竹升面。在当时，在制作过程中，将全蛋细面模圈成型，再用猪油一炸，便成伊面；切成三角形或榄形再炸则称为片儿面；用沸水把面条焯熟，再煎至两面金黄，配以肉类料芡，就是炒面。

再则，早期茶楼以及酒家的点心，也比较简单，多是杏仁饼、蛋卷、薄脆、糖果之类，有些茶楼则只是供应糖果食品，如糖莲子、糖冬瓜、糖橘子、糖金橘以及糖荷豆等。得等到民国之后，茶楼酒家为适应市场竞争以及来自各地人群的需要，点心的品种才陆续增加，如豆沙包、麻蓉包、椰蓉包、叉烧包、腊肠卷等，牛肉烧卖、干蒸烧卖和虾饺烧卖也是民国后才出现成为茶点。二十世纪二十年代，陆羽居点心师郭兴（孖指兴）创制和推行所谓"星期美点"，就是一星期变换一次点心，打破过去每个季节才换小部分的做法。每隔一周，民众可以在茶楼酒家吃到不同口味的点心，如此快节奏的口味变化，自然吸引了不少食客。尤其是后出的茶室，首先以"星期美点"作招徕，搞得较好的有山泉等号。后茶室盛行，对改进茶点制作又有更大推动。因为茶室食品是按单点叫，不比茶楼捧出唤卖，而且更加细致，讲究质量；少数茶室甚至叫而后蒸，保持鲜美。

这里，就得特别说说广州的茶室。当年广州商界的规矩，茶楼与酒楼楚河汉界，各有经营范围，不可混营。但就在楚河汉界之间，兴起了茶室，虽然从全盛而至淘汰仅经历了十多年时间。其实茶室一早就有，只不过不打眼。清末民初，在西关繁盛的内街如宝华大街

清末民初广州永汉南路（今北京南路）宜珍茶庄

等就有开设，规模不大，字号不多，不参加任何同业公会。民国八年（1919年）虽有茶居工会成立，也没有强求他们加入。早期著名的有宝华大戏院旁的"翩翩茶室"。茶室不像茶楼天未亮就开茶市，而是在茶楼上午收完茶市（一般九点半左右）后才开始营业，供应的虽然也是茶和点心，但不叫卖，而由服务员按顾客要求写好点心名称（品种）、数量，送到生产部门，即制即蒸（或煎炸），新鲜滚热，一齐送上；也像酒楼开设饭市，唯只供小菜，适应随意小酌，很少有筵席宴会；且有粉面供应午夜市，营业时间直待到戏院十一二点散场后的深夜。它介于酒楼与茶楼之间，也正是为了填补"空白"：在清末民初时期，遗老遗臣、富豪阔少、有闲阶级，特别是喜过夜生活的人，以及干夜活的人（如伶人之类），他们是不能早起床的，待到起床时，所有茶楼均已收市（酒楼则不准做茶市），于是茶室就最适合这类人物的消费。这类人，多是文绉绉的，不赶时间，浅斟细嚼，因此茶室的点心要精致，要茶靓水滚，当然价钱高过茶楼无妨。这类"晏"客"叹"茶常常"直落"午饭的，这也是茶楼、酒楼做不到的。午饭过后，茶客走了，像翩翩茶室还会出偏招招徕棋客，以诱胜者"直落"晚餐，增加营收。算起来，茶室生意并不赖，二十年代后，效仿者就多了起来，西关一带一时如雨后春笋；1927年，玉波酒楼老板张桂平率先出来新开一家玉波茶室，紧接着又开了星波、月波、菊波三家。在其带动之下，茶香室、半瓯、味腴、龙泉、英英斋、山海楼、第一泉、谈天、乐山、九龙、兰苑等十几家茶室纷纷开出。他处如在山泉、六出花、鹿鸣、西门、荣珍、榕荫园、五月花、四美、仙泉、兰溪、陶然、道平、陆园，又是十几家。

这些茶室，里面多是一间一间的小房子，通常设在二楼，没有铺面。招牌挂在扶梯顶上，名字儿顶那个，什么"兰苑""陆园""亦山""桃苑""白金龙""五月花"等。招牌不大，但讲究，不是玻璃的便是白铜的，也有用树皮、用土敏土（水泥）的，也有装上霓虹管的。茶价贵得可以，起码八分，外加香巾费、酱醋费、瓜子儿，总共至少每人先花上一角五分左右，小账另计。卖的东西比茶楼还要精细，每星期更换一次，叫"星期美点"，价钱一角小洋起码。房间里面的家私，名贵得很，地方更加清洁，招呼格外留心。有一家顶阔的，一间房子里面的家私，就值六百多大洋，沙发椅、铜台灯、江西茶具、象牙筷子、冬天电暖炉子、夏天电风扇子，叫人用电铃，吸烟用电自由火，一切一切都舒服极了，不过就是价钱贵一点儿。可是这并不相干，光顾的尽是政客、阔佬、公子小姐；普通的人，除了有特别用意外，不敢光顾。需要特别指出的是，茶居、茶楼和茶室并不属于同一个"同业公会"，也即性质有别——前二者属"茶居公会"，"茶室"则属于"酒楼茶室同业公会"，不相合作。①

英弟的《广东的茶馆》还详细介绍了茶楼跟茶室的诸多不同，不过认为高大上的茶室，还是不如嘈杂的

① 英弟《广东的茶馆》，《人间世》1935年第33期。

茶楼接地气，有风味。他说，点心之类的东西，茶楼是派伴当轮流拿到客人面前任择的，卖点心的边行边喊，所以茶楼很嘈杂；要是想吃饺子，只好等叫"饺子"的上来才有处买，急不来的。茶室则不然，预先把点心名字价钱印好，客人想吃什么随时告诉跑堂即随时送来，非常便利。喝茶的时候，规矩不少，茶楼顶讲究这个，不能犯上。比如，把一盅茶喝完了，在茶楼，只须盖子揭去，跑堂的经过看到了，自然给你加上开水，然后再由自己把盖子盖回，可不能乱喊"伙计，开水！"的。这个上茶楼的都晓得，从没有人出花样。假如真有乡老犯了这毛病，任你如何喊他，跑堂的总不会给你加上开水，这是最紧要的一点。反过来，"茶室"的跑堂到相当的时候自然会进房子加开水，用不着费心，就是喊他，他也乐意。少麻烦。时候到了一定要离开茶楼，规矩是把他自己的东西检齐，就可以走向柜上，准备结数，不必招呼伙计，他自然会赶着给你计好。常常你不会走到柜上，数目已经算好喊出去，这时你会佩服他们加法的本领。可是喊出去的数目，并不以通用银圆为单位，而是以净银计，小洋一角值银七分二厘。这个数目很难算，比方喊"一钱八分"，那就得是二角半小洋。不会算，没关系，当掌柜的除法也很可以，不假思索地就告诉你那是几角几个铜板，万不会错。同时因为台子没有号数，有时几张台子的人客同时离开，怎办呢？伙计便把客人做标识，什么"三个人开来……""大细人开来（父子俩通用）……"等等。或者把"礼拜"代表

"七"的数目，把"揸住"代表"五"的数目。因此，在茶楼喝茶，常常听到一些什么"大细人开来，一钱礼拜揸住"等不明不白的话了。而茶室就不兴这些个，一点也没有。账单上开的清清楚楚，后面写的是几元几角几分，由跑堂的用银盘送上，代你找账。不过，小费也得照例抽多少。二者比较，茶室较茶楼舒服，明白，少麻烦，清楚，可是不便宜。我爱上茶楼，因为真正喝茶的艺术，广东茶馆的特有风味，在茶室就无从领略。现代化的茶室，毫没有值得赞赏的地方。最后还说："茶馆是广东人的命根，没有它，我担心广东人不知道要怎样！"

茶室业这种"夹缝"生意，等到茶楼业酒楼业纷争消弭，"小资情调"的茶室业也就退出历史舞台，前后也就十来年。英弟的《广东的茶馆》说："真正喝茶的艺术，广东茶馆的特有风味，在茶室就无从领略。现代化的茶室，毫没有值得赞赏的地方。"这也是茶室业命不长的文化上的原因。

由于慢工出细活，以及竞争出创新，茶室对于"食在广州"的贡献，主要在点心上，那是功不可没。比如茶香室的"娥姐粉果"，用料上等，制作复杂，闻名遐迩。粉果皮经浸泡大米、煮熟晒干、磨粉、过滤等复杂工序，制成幼洁松散无光泽的粉状，经水煮后，软韧而不粘手，馅料是用生虾肉、熟虾肉、瘦肉、冬菇、叉烧，还有少量肥肉头、笋肉等（均切成粒状），分别按原料不同性质，加入芡粉和调味料，再用上汤煮沸后

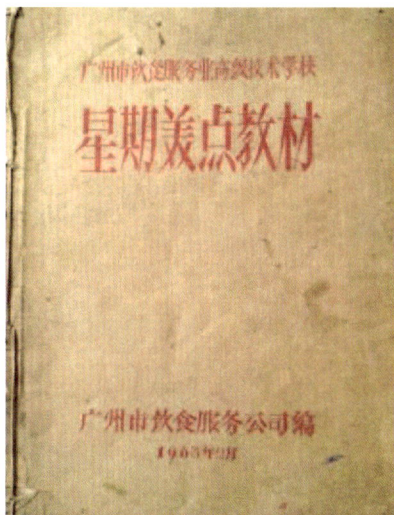
星期美点培训教材

混合适量芡汁而成。包成的粉果，以黏合好，半透明，身干洁不爆裂为上品。其他如半瓯的灌汤包，味鲜汤汁多；糯米鸡，则鸡比糯米多；龙泉茶室的奶皮猪油包，在当时酒茶楼均用洋面粉，但龙泉却加入牛奶做包皮，使包皮更加雪白松软而带奶香，椰蓉作馅，量小而精；仙泉茶室的笼仔包，它比任何茶酒楼的包都要小得多，馅多而皮薄，十分适合"贵夹唔饱"（价高而不果腹）那种富裕客人的需求。点心的式样也多，"星期美点"就是茶室的创举。总而言之，茶室食品是小而精，茶楼通常是"卖人包"。

茶室业创制的"星期美点"，到1936年左右，已成为广州市各茶楼酒家共同的卖点。每周以十咸十甜或十二咸十二甜，配合时令，以煎、蒸、炸、烘等方法制作，以包、饺、角、条、卷、片、糕、饼、盒、筒、盏、挞、酥、脯等形式出现，种类丰富多样；夏季还多出一两种冻品，清凉爽口。为了做成切切实实的"星期美点"，除引进西点外，也大胆引进上海等地的国内名点，而且更考手艺。比如上海传统的奶皮猪油包，又名中江猪油包，如果猪油过多，脂肪太重，则美观不足；如果猪油过少，又不够松软；蒸时也必须用武火，否则包身不松软，而且会泻脚。蒸得好的申江包，形如蟹盖，色泽雪白。

"星期美点"引起外间的广泛关注，如涂景元的《广州星期美点》[①]，柳雨生的《赋得广州的吃》……无不称奇盛赞，认为"比起京沪的广东馆子，式样还要

① 《人间世》1934年第9期。

多个几倍"①。抗战胜利后更是臻于巅峰；最有影响的《申报》通讯《我从广州来》说："'食在广州'现在仍然是不折不扣的事实。食的不特好，还且多，"多"中有两多，一是馆子多，夸张一点，平均每五家店户中，有一家是卖食的。第二是花样多，单是点心一项，已经包罗古今，贯通中西，调和南北。"②广州的"星期美点"，直到1949年以后，仍盛风不坠。牧惠先生在《广东的叹茶》里说，在新中国成立以后，"一次来了几位日本客人，他们在广州住了一个月，要求每天早茶的点心不重复，酒家轻而易举地交了差"。所以他说："你想知道有什么好点心可吃，上茶楼'叹'一下就是了。"③广州的"星期美点"，真是美不胜收。

在茶楼酒楼点心日益高大上的同时，市井的点心也各逞其姿；"厨出顺德"，顺德的民间食神们也借此"帮衬""食在广州"。比如说薄如蝉翼大良咸牛乳饼，泡白粥是既美味又营养，连海外唐人街都奉为尚物。做牛乳饼要求非常高。首先必须是新挤出的水牛奶，原汁不加水，用火炉烘着，烘到一定程度，倒入盛有醋的小碗，奶遇醋即结成小奶团，汰去水分，即为"埋榄"，然后就可把奶团在小饼印中压成牛乳饼，藏入盐水中保鲜。或许受此诱发，顺德人又发明了双皮奶。亦即把煮滚过的鲜牛奶冷却后浮起奶皮，挑出放入碗内，再将奶加入鸡蛋白和糖及适量的醋炖熟，冷却后就上下两层皮，成为双皮奶了。这双皮奶看起来简单，做起来可讲究了。比如说炖镬不用铁镬而用铜镬，免沾

① 《古今月刊》1942年第7期。

② 郑郁郎《申报》1945年12月18日。

③ 《光明日报》2002年5月15日。

铁锈气味。镀盖要用谷顶木盖，以免蒸馏水滴入奶上。还要用幼蚬壳垫住碗底，使奶碗平放不会侧歪，又使滚水如虾眼样从蚬壳内喷起不致侵入碗内。因此，现在广州市面上容易吃到的双皮奶，其实难说如传统般地道了，少了些香滑甘腴之味；初创时那种每天挤5～6斤，冬季只能挤2～3斤的本地水牛奶也几乎没有了；这种奶含油量高，现在的杂交牛产奶量高，含油量则低多了。所以，民国的双皮奶店，基本上是养牛户或牛奶公司所开。但最出名的，还是大良辉记。其所制双皮奶，取法于顺德大良，纯用鸡蛋白调制，取其香滑，所用鲜奶则高价收入，求其优质。加入莲蓉则为莲蓉双皮奶，加入糯米糕则为金银双皮奶，品种多样化，均是一毫一碗。该店还把鲜奶余液拌上米糠菜料，在天台饲养毛鸡，取名牛奶鸡，作为副业售给附近居民，附近冼基多富庶人家，牛奶鸡销路也好。另一家顺德名店，则是三十年代开业的第十甫路陶陶居对面南信，在今天，也就成了双皮奶的番号了；做双皮奶的，往往打出"南信双皮奶"的旗号。

双皮奶驰名粤港，现在人们很担心它名存实亡。正宗的双皮奶要用水牛奶，而这种奶水牛是华南地区特有牛种，不能与其他牛种杂交，数量有限，非常珍贵，至2013年底仅剩六千头，每年还在以百分之十几的速度减少，不久的将来，将无奶可制——百年风味，将成绝味。

从前顺德款的牛奶点心还有一种凤凰奶糊与双皮奶

齐名，每碗用四两鲜奶加一只鸡蛋搅拌后炖熟而成，卖得也比双皮奶贵一点点。

顺德人伍湛始创的伍湛记粥品，也是风行至今的著名点心小吃。它以江珧柱（干贝）和猪细骨明火熬制粥底，再把肥瘦三七比的肥肉切粒，用汾酒腌过，瘦肉是另行剁烂，加葱菜鱼肉拌制，再加上新鲜猪肝、猪腰和猪肚，都是选用的，最后用熬好的粥底一滚，那个粥啊，粥水交融，稀稠有度，香滑鲜美，真不负"伍湛记粥品专家"的美名，在1997年杭州首届中华名小吃认定会上，即被评为"中华名小吃"。在民国时候，顺德还有一款非常特别的粥，是创制了著名的"梁公粥"的广东才子梁寒操说的："顺德县属有个叫容奇的小乡镇有一种粥，叫猫公粥，是把老的公猫连骨煮粥，那比梁公粥更腴美甘鲜呢！" 更具广州特色也更有风味的是市井间一些挑箩卖担的著名小吃，比如牛杂档、云吞担，不仅广州人不分贵贱地欢迎，还引起国人瞩目；"西关的九记馄饨担子非夜午不出来，在住宅区的街道穿插，转眼卖关了。"《旅行杂志》1948年第10期有一篇罟庵的《广州情调》，就浓墨重彩地记述道："三圣社池记面，也是在桥头摆上担子，晚上九时才上市，可是达官富人、名优贵妇都把汽车停在路边，站在担子旁一尝它的'银丝面'。"尤其是池记，早在三十年代初，即大有名于天下。其时的广州《前锋日报》有诗赞曰："池记云吞面有名，此名不独响羊城。澳门香港皆称赞，马路渠边亦有兴。档口规模唯一担，价钱比率用三乘。汽

民国味道

岭南饮食的黄金时代

周松芳 ⊙ 著

食艇仔粥照片

车贵客如流水，夜夜奔来共食清。"三倍的价钱，客如流水，应该很有得赚，至少可以轻易赚回个店，但老板坚决不干，十几二十年，坚持每晚一担。中山大学著名学者、老西关黄天骥教授说，广州人务实，只要好吃，便不拘材料贵贱，也不拘吃的形式；小摊档前，平起平坐的氛围，才是"食在广州"的神髓。

在这个时代里，酒楼大王陈福畴一心一意做酒家，直做得前无古人，来者难追。早在1909年，位于今八旗二马路附近的南园酒家出让时，陈福畴与人联合，一举盘下，后吃下文园酒家、西园酒家以及大三元；作为"食在广州"表征的"四大酒家"，一度集于陈氏一家，此种风光，在粤菜史上，绝无仅有；陈氏以"四局"——雀局（麻将）、花局（陪酒）、响局（召乐队席前演奏）、烟局（鸦片）佐酒侑欢，也十分罕见；他在只有三层的大三元酒家加装电梯，成为广州最早设电梯的饮食业大户，也别出心裁，大出风头。但最根本的，还是靠名菜扬名。当时有一段顺口溜，十分形象："食得系福，着得系禄。四大酒家，人人听到耳都熟。手掌咁大只鲍鱼（南园），食到嘴都嘟；江南百花鸡（文园），胜过食龙肉；鼎湖罗汉斋（西园），一味清香无啲浊。喂喂喂，大翅（大三元）更扬名，六十元有价目，食落自己个肚，胜过起大屋。你睇厅房咁排场，四围有格局，仲有广源的美酒，诸君饮过添丁添才添寿又添福。"大三元酒家六十元的大群翅，更是渊源承至老牌的贵联升酒楼；清季民初的著名食家、曾任南洋烟草公司经理的胡子晋的《广州竹枝词》说："由来好食广州称，菜式家家别样矜。鱼翅干烧银六十，人人争说贵联升。"

　　黄金时代的广州饮食，确实让人震撼。解希之《广州印象·吃在广州》说，广州比别处特异的地方，要算是酒楼。长堤二十里高耸入云、金碧辉煌的大楼房，差不多可以说全是大酒楼。广州最有名的饭馆，是"四大酒家"——南园、文园、西园、大三元——中以南园为最大。虽上海的陶陶、杏花楼也难与其比匹，北平的中央饭店，更是"望尘莫及"。广州的要人豪绅们，在这里面请客，动辄千金。至于一碗鱼翅价值几十元的，更是平常的事。那好像不如此，便不足以显示阔气似的。[①]

如果要找这个时代的最佳代言，或许李宗仁发妻李秀文可成为备选人之一，因为她不仅地位显赫，关键是有过细致的描述与赞叹。她在《我与李宗仁》续集（漓江出版社1995年版）中的第一段记忆是1931年李宗仁母亲从香港来广州，李宗仁特地请她们婆媳俩到其最嗜的西濠酒家吃西餐：

> 先是一道冷盘，西濠的冷盘很有特色：红烧鲍鱼、油炸珍肝、凉拌鸡丝、金银蛋。婆婆微尝了几片鲍鱼，说是不错，比香港好。……第二道菜是鸭掌竹笋，婆婆称赞说清淡不腻，第三道菜便是红烧乳鸽了，这乳鸽烧得皮脆肉滑骨头酥，入口酥脆滑嫩，果然好吃。婆婆立即夸赞起来："哦，怪不得呢，是好东西，你真够口福，都吃到惯熟了，我可是第一遭呢。"

第二段记忆是1934年应邀与一群富太游荔枝湾吃紫洞艇：

① 《学风》1937年第2期。

> 广州人处处讲究美食，荔湾的艇仔，便以其

独特味美的艇仔粥成为荔湾一绝，闻名遐迩。原来
广州喜爱食粥，不论大酒家、茶楼、小吃店，都有
美味的粥品供应。粥的品种繁多，有鱼生粥、鸡丝
粥、杂烩粥、海鲜粥等等，各有风味，各具特色，
投人所好。而荔湾的艇仔粥则博取众长，以别具一
格的风味取悦于人，又以别出心裁的形如艇仔的瓷
碗盛载，使人倍感新颖而增添胃口，广州人美其名
为艇仔粥，以致后来市内大小酒家、茶楼都竞相仿
效，备有艇仔粥供应。

这种艇可以是富人的天堂。艇上不单供应艇
仔粥，还可以大排筵宴，还有歌女应召而来，为你
消遣作乐。那种艇叫紫洞艇，一般人是可望而不可
上的。我也是应当地一位阔太太的邀请才上紫洞艇

紫洞艇

紫洞艇

的。这次赴宴，请的是我们广西居广州的几位所谓
贵妇……我算是开了一次眼界，知道那些富豪们的
享受是无所不备的，也是我这土里土气的所谓夫人
太太难以想象得到的。那紫洞艇也可称为富丽堂皇
的餐馆，只是它比富丽的餐馆还要有生气。因为它
不但可以在河中饱览两岸秀色，还可随意游动，随
意行乐，如请名伶清唱、打麻将牌等，当然离不开
吃食了。艇中做招待的是美貌的小姐，她们对你温
声细语，极尽恭敬，加上艇上灯红酒绿，丝竹之声
娓娓动人。若是男人们，自是另一番景象了。

能让总司令夫人视为"大开眼界"，"食在广州"

自是当仁不让了。

　　抗战军兴，粤菜的黄金时代似乎结束了。但随着抗战胜利，国民消费情绪高涨，广州偏安之地，也是国民政府的最后驻地，饮食业更是畸形繁荣，促成了粤菜的鼎盛时期，并影响到1949年以后的粤菜格局。酒楼王，又回到了佛帮七堡人之手，他就是曾经的茶楼王谭杰南。而在日伪统治时期，大炮和（黎和）、细佬贞（陆贞）、剃头瑞（黄瑞）、百花强（崔强）这四大厨业天王在佛山的力撑，也为战后佛帮在广州的再度攻城略地

紫洞艇内景

准备着力量；尤其是1949年以后，佛帮厨声誉更隆。据后来的中国烹饪大师何世晃回忆，广三铁路的周末列车，差不多成了轮休回乡的佛帮厨师的专列。

茶楼王做酒楼王也是时势使然。因为在1946年到1947年两年内，不仅大小酒楼雨后春笋般地冒出来，原来的大茶楼，也几乎全部重新装修，改成酒家、大饭店。谭杰南更是一马当先，将旗下涎香改为酒家，陶陶居改造经营筵席；另一个茶楼王谭晴波也首先将太平南十三行口的大元茶楼改为大元楼，经营茶面酒菜筵席，再将老茶楼莲香楼也改装兼营酒菜；跟着惠爱中和惠爱东路的占元阁、惠如楼、利南等茶楼也全面经营酒菜业务；成珠老茶楼梁继津兄弟也把第十甫西如老茶楼改为成珠酒家。此外，江进把十八甫南的得男茶楼改建成富国大饭店，罗伯明把富隆茶楼改建成怡心饭店，招永将上九东天元茶楼也改为天元饭店。饮食消费不兴的东山、河南，也在跟上，河南的三如茶楼改为三如酒家，东山越秀南路得泉茶楼改为得泉饭店。

在茶楼改酒楼的基础上，谭杰南又接手原名为广州园酒家的大同酒家，召集穗、港、澳饮食人才，推出了誉满南粤的名菜美点，如驰名的"大同脆皮鸡"等，深得军政显要、富商巨贾的青睐，当时国民党的高层人士孙科、宋子文、陈果夫、陈立夫等都曾来光顾。这大同酒家，可是大有来历。早在二十年代，香山小榄人冯俭生即在香港创办大同酒家（当然他在香港还开有大明星酒家、金陵酒家和建国酒家等），到三十年代，大同酒家在香港酒家业中"首屈一指"，冯俭生也成为香港"太平绅士"；1942年，日本人开办的广州园酒家开不下去了，冯俭生却敢回来接手，并易名大同酒家。抗战胜利后，谭杰南接办，可是非常有根基的。由于名气大，到了五十年代广州大同酒家公私合营不久，又在北京开办国营的大同酒家，人员自然多由广州大同酒家调往。

谭杰南的王业，除建基冯俭生之上，还建基于高棠之上。这高棠，在三十年代崛起后，经营的酒家遍布香港、广州、澳门、上海、南京。香港有东升、大华、金龙、银龙、英京、金城六家；广州有金龙、银龙两家；此外，上海两家，南京、澳门各一家。谭杰南不以同行为仇，而是大力学习。其大同酒家的厅房布局、屏风陈设、宫灯安排、地毯铺垫、餐具款式、字画衬托，以及侍者迎门等等，多半是从高棠所开设的金龙、银龙效仿而来。从1946年初到1949年秋，仅三年多的时间，所得纯利达港币数十万元，获利之巨远超同侪。他以名菜起家，大同有名菜脆皮鸡、三蛇龙虎凤大会、竹丝鸡烩五蛇羹、燕窝白鸽蛋、竹笙鸡腰、焗酿禾花雀、蟹肉扒鲜菇、鸡子戈乍、红烧大群翅、燕窝鹧鸪粥、清汤燕盏、红烧果子狸、陈皮扒鸭掌、鸡脚炖山瑞、冬笋鹌鹑片、蟹黄芥蓝炒鸡翼球、蟹黄扒豆苗、什锦冷拼盘、百花仙岛、水晶冷拼鸡、煎酿焗明虾、百花酿蟹钳、上汤泡田鸡扣、上汤泡肚仁等；名点则有娥姐粉果、鲜虾饺子、干蒸烧卖、牛肉烧卖、焗鲜奶软糕、生磨马蹄糕等，誉满南粤饮坛。宋子文、蒋经国、蒋纬国、孔祥熙、陈果夫、陈立夫、孙科、何应钦、张发奎、罗卓英、吴铁城等都曾来光顾；蒋介石、宋子文、李宗仁、白崇禧、陈诚等，在陈济棠官邸饮宴，请了大同酒家上门到会。他们在品尝这些名菜名点后大加赞赏。一款红烧大群翅港币60元，一席酒菜需港币200多元到300元。上门到会的更高一些。这些大同名菜，也传承至今，多数已在1959年载入商业部《中国名菜谱》。

谭杰南在将新接手的大同酒家改造成为全市最高级酒楼之一的同时，新开特色六国大饭店，扩大金陵酒家；改建、扩建，接手、新建，谭氏王业，于焉成型。而大量新建的酒店，则为谭氏王业烘云托月。如装饰商骆昌利（骆权）独资在海珠南新建了桃李园酒家，李广将第十甫大同路口已歇业的怡园改为孔雀酒家，大新公司在三楼开设国泰酒家，香港某商人在永汉路开设颇具规模的迎宾酒家，原永汉路的吉祥楼改成为吉祥酒家，永汉路金汉酒家高速度重修复业，惠爱中路老淮扬风味酒家聚丰园立即改成以粤菜为主，扩大经营……原来城内酒家（楼），突然变得鳞次栉比；夜幕甫临，五彩缤纷的霓虹光管，照耀如同白昼。在西关，只上下九路、第十甫、十八甫南、北，大、中型酒家就有龙泉酒家、燕燕酒楼、十全酒家、洞天酒家、品荣升酒楼、新远来酒楼、佛有缘素菜馆、亨栈酒家、十三行大华酒家、新新公司二楼华南酒家，还有李铭（财神铭）主持下九路的兆丰园、德星路的兆丰楼。一两年时间，如此迅猛发

民国著名的广州大同酒家

展，如此众多的大型酒家的诞生，真是前所未见。

至于其总体和具体的情形，当时颇乏记述，倒是罨庵《广州情调》有清晰的呈现：

一、广州全市的饮食店总计约在一万二千家以上——沿街的摊档尚不在内——直接间接靠饮食为生者总在三四十万人以上。

二、吃的种类多得惊人，而专业经营也可获利，如大酒楼、茶楼、面食店、甜品店、粥店、油炸食品店、西餐店等不可胜数。

三、专门以一种食品为号召以弋巨利的，以河南成珠大茶楼的小凤饼、联春馆的三蛇宴、洞天的双英鸡、馨记的市师鸡、南园的文昌鸡、佳栈的烧鹅、大三元的裙翅、西园的"罗汉斋"、泮溪的油煎饼、陈意斋的雀肉酥等都是别有风味的食品。

四、吃茶的风气在广州也是世人视为最奢侈的事，而茶居、茶楼的争奇斗胜，布置妍丽也是不可掩的事实。它们的分布也是分三大地区：

甲、惠爱路财厅前一带以哥伦布、国泰、红棉、涎香、半瓯、金汉、惠如、中央、新园、聚丰园、永乐、南如、云来、福来居为著名。大半是做公务员的生意。因这一带政府机关多，谋职的、巴结的以及鬼祟的人都以茶楼为唯一说话场所。

乙、西关上下九路文昌路至宝华路一带以陶陶居、银龙、孔雀、莲香、洞天、广州、成珠等为翘楚，因这一带是商业最繁盛的区域，商人的一切活动都集中在这些茶馆里。

丙、沿堤岸的哲生路一带如大三元、七妙斋、大同、一景、金龙、金轮、总统、金城以至太平南路之新亚、新华、钻石、六羽居，沙面之胜利等。这一带因大旅馆林立，为旅人的集中地。高级旅客是挥金如土的，所以它们的生意经也不坏。

它们除掉布置精美之外，还有各擅胜场的手本好戏，如胜利和中央兼营舞厅的，银龙是以地方曲折取胜，陶陶居以书画雅致见长，钻石以女侍作引诱，惠如以女伶清唱著名，云来阁以古玉书画买卖，大三元以唱雀，永元以斗雀等等不一而足。大致说来，它们不仅是吃茶，而且午饭、晚饭、宵夜俱备，且有每日标榜的服务二十四小时者。猗欤盛哉！

茶楼除了考究好茶之外，还要有好点心，大茶楼每每巧立名目，一天之内上市的有达百种之多。这和吃讲茶的茶馆，摆龙门阵的茶店真有天壤之别了。

这种盛况，给外人带来莫名的震惊："'食在广州'，这在过去是谁都承认的。广州市可说是十步一酒楼，五步一茶室；过去有名的四大酒家，里面布置得非常华丽，一切用具极精良雅洁；每家均同时可容二三千人，规模之大，实为他处所未见，但同时有最平民化的

清末民初广州中华路（今解放中路）聚园酒家等

小吃馆、小茶楼，以最低廉的代价，供给一般小市民劳动大众享受。且每日由清早、中午至深夜，均有各家茶楼分门别类，各做各的生意。食品各色各样，且名目繁多，并特别雅致，外来人士有时竟至觉得莫名其妙。广州以气候温和，衣的方面，尽可简单朴素，不成什么问题；大家都注意到食的方面，各阶级都各有办法，一只鸡或是一条鱼，均分几部分出卖，适应各人的需要。广州市民对食的讲究，全国中可算第一！"

　　民国年间，对"食在广州"最服膺最礼赞的当属邵潭秋教授："予三至扬州，一至新安，皆患其菜油腻难下筯。居苏州半年，又常至无锡，亦苦其菜过甜，若进小儿以饴糖。杭州住十载，生菜亦蒸食如烂草根，市上酱园，栉比而设，常笑西子未尝蒙不洁，特为盐水渍透，未能以秀色餐人耳！昔东坡读庄子大快，观其汪洋恣肆，以为无有，乃知文家向来无口。予来广州吃粤菜后，始觉有口腹之适；彼食前方丈，夜半不嗛，主妇操面杖，灶婢议酒食者，乃徒增其烦动而已。"[1]在他的笔下，其余的饮食胜地，与广州相对，简直就是婢与夫人之别。

第四节 "食在广州"地图

李一氓先生却在《饮食业的跨地区经营和川菜业在北京的发展》一文中说："限于交通条件、人民生活水平和职业厨师的缺乏，跨省建立饮食行业是很不容易的。1949年以前大概只有北京、上海、南京、香港有跨地区经营的现象。"[2]大抵如是。但于粤菜，却是大大超出上述各处，从而成为"食在广州"的最佳印证。

上海前面已言之甚详，次说首都北京，以家厨极名的谭家菜姑且不论，早在1918年初，《顺天时报》1月18日第7版本京新闻就有《总统赏识粤菜》的报道说："大总统（冯国璋）日前在府宴会蒙古王公及特文武各官，早晚宴席需用百余桌，系香坞新开之桃李园粤菜饭庄承办，闻大总统及与宴之王公等颇赞赏菜味之佳

① 邵潭秋《羊城杂记》，《旅行杂志》1936年第10卷第11期。
② 李一氓《存在集续编》，三联书店1998年版。

美云。"

到后来的首都南京，离广州更近，则粤菜更兴更盛："中菜方面，初亦以中央饭店为巨擘，内分京菜（北平）粤菜两部，能容三四十桌之客，大宴会非彼不可，故营业颇佳。""再次则为天津馆之老万盛园，与安乐世界之粤菜部，津馆以面食著称，且价廉殷勤，颇为中下阶级所欢迎，故常满座，星期假日有坐候至一二小时，始获空位者，其盛非别家可比。至安乐世界两家，均系粤人所设，以兼答营业，故规模甚大。安乐近方费资二十万，建筑五层大厦，占地可十亩，有房三四百间，年内可望落成，其中菜部新设经济菜，不论鱼翅青菜，每盆均只售大洋二角，个人果腹，最为便利，故生涯大盛。其餐桌筵席，有贵至百元以上者。"[1]稍后出版的旅游指南类图书《南京》则说："广东帮的点心店，在南京也是极多的，其数量还超出于扬州帮以上。近来吃广东点心的人要比进扬州茶社的人普遍，其原因是因为广东点心店正和扬州茶社相反，很安静而迅捷，吃来没有扬州馆那样费工夫。"又说："广东菜也已成为南京一般人所嗜好，著名的粤菜馆有安乐酒店和广州酒家等家，都是极出名的。"[2]当时的《南京指南》已经在菜馆类中提到广东菜馆，但未具体指出是哪家，其中下关三马路的粤华馆或是，城内的奇斋宵夜馆或也是。[3]

《中央日报》南京门帘桥中国酒店的广告，不仅宣称他们的粤菜以常有的新鲜菜式，和经常变换的口味烹

① 《首都食色小志》，《北平晨报》1931年12月30日。
② 倪锡英《南京》，中华书局1936年版，第167—168页。
③ 陆衣言《最新南京游览指南》，中华书局1926年版，第116页。

调，以及适宜的价目公平，能令食者津津乐道，百食不厌，还胪列了其主打菜："脆皮广东鸡，凉瓜鲥鱼，鲜明大虾，玉种蓝田，蚧肉冬瓜。"①这在上海以外的城市，颇为少见。

在苏杭，也同样有为人称道的粤菜馆。有补白大王之称的郑逸梅先生编著《最新苏州游览指南》，虽在菜馆栏中未提广帮，只提到两家宵夜馆——观西大街的广南居和养育巷的广兴居，顾名思义，或为广帮②；宵夜馆向为粤人的"专利"——在当年，只有粤人才会那么晚睡且还要吃，内地总以为饱吃不如饿睡，睡前尽量不吃方为养生之道。宵夜馆之兴，也可证粤商在一地之发展；粤商萃集苏州，也是渊源久远，蔡鸿生教授曾作《清代苏州的潮州商人——苏州清碑〈潮州会馆记〉释证及推论》讨论其事③。到1939年的《新苏州导游》，就明确提到粤菜馆了："苏州菜馆有京菜馆、徽菜馆、粤菜馆……粤菜馆有广州食品公司……广州食品公司亦有各种细点。"④1934年初版的《杭州市指南》，也两提粤菜："粤菜则有花市路之聚贤馆，并兼售岭南名产，亦别有风味。""杭州著名之点心……蓓蕾公司之粤式细点……"⑤

更有意味的是，闽菜曾经在上海滩与粤菜分庭抗礼，因为都是东南沿海省份，颇有同质之处，但粤菜却早已攻入他们的老巢。如在晚清的福州，那些广东厨师把传统粤菜食味讲究清、鲜、嫩、爽、滑、香和煎、炸、泡、浸、炒、炖等烹饪方法，与英国菜系的烹饪方

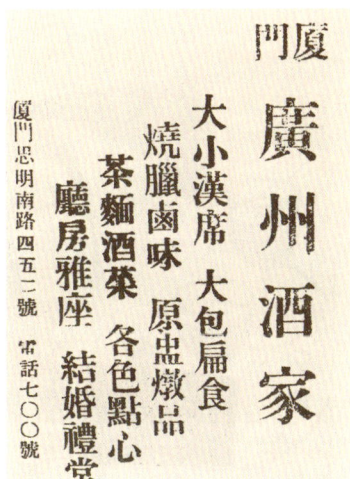

民国厦门粤菜馆广州酒家广告

① 《中央日报》710号，1930年5月3日第5版。

② 郑逸梅《最新苏州游览指南》，大东书局1930年版，第80页。

③ 《韩山师专学报（社会科学版）》1991年第1期。

④ 尤玄父《新苏州导游》第十一章《起居饮食娱乐》，文怡书局1939年版，一名《苏州指南》。

⑤ 张光钊《杭州市指南》第三章《生活》，杭州市指南编辑社1935年再版。

法结合起来，这在福州的广东菜馆如"广复楼""广资楼""广裕楼""广宜楼""广升楼"里非常出名。[1]而在更靠海的厦门，据我的朋友许晓春考证，在上世纪二三十年代，厦门的粤菜馆自然多由广东人经营，以广州、潮汕风味为主，部分还兼办西餐和全席。比较有名的粤菜馆当属位于大同路的"聚芳楼""庆香酒家"，中山路的"广丰酒家""冠天酒家"，思明东路的"统一""广益""陶园"，开元路的"乐琼林"，思明东路的"宴琼林""冠德"和"广州酒家"等。其中"广益酒楼"和"广州酒家"生意特别好，还开了分店。

由林福创立于1929年的中山路广丰酒楼，店址和招牌一直保持到20世纪90年代。民国时期的广丰酒楼，全部聘用广东厨师，以经营广东风味佳肴、盘菜、筵席、点心而闻名，韭菜盒、春饼、烧卖、肉包等各种点心备受青睐，可以承办酒席十几桌，也兼营部分闽菜。广州酒家有两家分店，分别位于思明南路（蕹菜河）和鼓浪屿龙头路，"香汁炒蟹""炒桂花翅""油泡虾仁""白鸽肉绒""蒜子田鸡"等海鲜菜肴和粤式小炒选料精细、技艺精良，风味清淡鲜美；点心、小吃以及各种原盅炖品尤受欢迎。1948年冬，当时著名的电影明星白虹、欧阳飞莺、殷秀岑、关宏达等赴菲律宾访问途经厦门期间，在鼓浪屿"广州酒家"品尝了"清蒸鲈鱼""白鸽肉绒""罗汉斋""酥炸虾盒"等名肴佳点之后，大为赞叹，殷秀岑还亲自签名留念。

广益酒楼除了在中山路的本号之外，也于1929年在

民国时期厦门粤菜馆广益酒家广告

① 林永匡、王熹《清代饮食文化研究》，黑龙江教育出版社1990年版，第165页。

思明东路创立分号，兼营"西菜"，常以"广东时菜、美味和菜、欧美西菜"相招徕，"咖喱鸡饭"尤为特色，此外还提供当时流行的罐头食品和冰淇淋、咖啡、牛乳、洋酒和饼干等各种食物。

粤式菜肴选料精细，做工细腻又讲究，依季节不同而浓淡略有变化，"油泡虾仁""香汁炒蟹""白焯螺片""炒桂花翅""鸳鸯鱼卷"以及各种"原盅炖品"等都是菜馆里独具特色的佳肴。

大中路1号的美洲饭店也颇有特色，如珍珠肉球、鲜鱼肉饺、鸳鸯鱼卷、美洲酥角、腊肠包肉、风流天子，都闻名遐迩，特别是"风流天子"这道菜，更惹人口目——"就是腊肠蒸鸡啊，本店自制风味腊肠，独一无二"。

值得特别关注的是，民国年间，作为如今领衔粤菜的潮州菜，鲜见于广州，更不用说外埠了，而厦门却有好多家，如大同路的"聚芳楼""庆香酒家"，开元路的"利隆"，思明北路的"桃园酒家"，思明东路的"宴琼林"和思明西路的"盛记"，都是以潮汕风味为主的菜馆，着实令人称奇。

其实我在前面的《食蛇记》，也已提到各处不少粤菜馆，此处不重叙。最后，我们以民国食品大王冼冠生创办的冠生园集团在各地的分号所创造的粤菜奇迹来结束本节，是最合适不过的了——傲立至今以曾为国礼的"大白兔奶糖"驰名的冠生园，给人印象最深的是其食品工业，为冼冠生赢得食品大王称号的，也主要源于食品加工业。先看看冠生园餐馆在武汉的情形：

> 本地馆子，价格方面，总算得便宜了，但是正
> 式宴会，高级请客，反向广东馆子里跑。规模最大
> 的粤菜馆，连冠生园饮食部共有两家，又似乎在一
> 般人的印象里，冠生园居最高等。以前国际调查团
> 莅汉……吃是最大问题，中菜呀？西菜呀？讨论了
> 许多，后来果决定请冠生园办理了，虽然他们不能
> 容纳这许多人，宁可席设对面西菜馆里，酒菜则由
> 冠生园承办。平时无论主席请客啦，委员设宴啦，
> 市长请酒啦，冠生园好像是指定的食堂。就是银行
> 家教育界等等，也必须在冠生园宴客，不然的话，

民国时期上海著名粤菜馆冠生园广告

上海冠生园代言人电影皇后胡蝶

似乎不足以示恭敬。

他们有何名菜乎？曰：有，多得很啦，脆皮乳猪就是他们顶刮刮，独得秘密的名菜，每天平均要卖掉二三十只，假如要买一二元的话，须得预先定好，等到零售凑满全猪之价，刀斧手才三一三十一的分配各人呢。为什么乳猪能誉满武汉？且请客者必用之而后快呢？其中就有大道理，据说为了脆皮乳猪，他们聘请一人专理，薪金着实比我们高上几倍。惟经过此公之手，猪皮脆嫩异常，而别家出品，未免有引起硬棚棚。柱侯乳鸽也是他们独家制造，并未传出的一菜，且主客的重视程度，亦不在乳猪之下。

讲到他们的管理，颇值得我们赞美，招待功

夫，真说得上谦恭和顺，客家大有"宾至如归"之
感。江汉路上，高楼一座，屋分四层，最高层为烹
调间，无烟灰袭人之弊。其次为冰间，大暑天气，
在此居高饮冰，回想当时凉风习习，腹中阴冰冰，
真是一件快事。[①]

而在陪都重庆，更是旺过上海：

在每个星期日的早晨，重庆冠生园的热闹情
形，恐怕是孤岛人士想像不到的。桌子边，没有一
只空闲的椅子。许多人站立在庭柱旁边，等候他屁
股放到椅子上去的机会。有人付账去了，离开椅
子，不过十分之一秒钟，就被捷足先登，古人说席
不暇暖，这里的却有"席不暇凉"之概。侍者托了
热气腾腾的点盘子，两只脚还不曾移动，盘子里已
经"空空如也"。不客气而自动手的食客，得意地
笑了，手中的点心，好像是前线运来的战利品。

厨房里的点心司务，忙得只恨爹娘少生几只
手，希望摇身一变，做一个"千手观音"，幸亏食
客都原谅他们，知道实在应付不及。如果有性躁的
人，用筷子敲着碟子，发出铮铮的音乐，全厅食客
的视线，都集中在这人身上，他顿时面红耳赤，自
愧失仪了。

座客完全是上流人，男人悠闲地喝着杯中的
茶，或者翻着土纸印刷的报纸。女人从手挽皮夹
中，取出镜子，扑粉涂口红。虽然也有一般茶厅中

① 湖北佬《江汉路上的冠生园》，
《食品界》1934年第9期第20—
21页。

声音嘈杂的通像，但都雅而不俗，谈的是上下古今，听不到一句令人憎厌的生意经。

最后，记者竟然设想全国的冠生园，莫不如是："从清早七时到十时，全国展开着这样一幅图画。"[①]

此外，还有南昌等处，也有材料显示当地拥有知名粤菜馆。如钱学森的老师钱昌祚在南昌任航空委员会第四处处长期间（1934—1935），就自谓"请客多是大三元粤菜"。[②]这大三元酒家，无论在广州，在上海，在香港，甚至在美国，都是赫赫有名，当然不是同一个老板。同样的情形还有杏花楼、探花楼、南园、南国等等。在当年不讲究知识产权的年代，粤菜馆的共名，恰恰是粤菜繁荣发展的一个表征。

第五节 食在广州，还看今朝

1949年新中国成立以后，广州的餐饮业既不至于畸形繁荣，同时也不妨碍部分酒家服从社会主义经济发展的需要，获得超常规发展。比如说，作为酒店核心竞争力的厨师点心师，可以根据政府的需要，无偿调配到某些酒家，省里还可以帮助从全省罗致人才。以广州酒家为例，其在上世纪三十年代罗致"南国厨王"钟权，四十年代请到获得过巴拿马国际烹饪大会金牌的"世界厨王"梁贤，相信代价不菲，但五十年代翅王吴銮

上海冠生园创始人冼冠生

① 画师《重庆冠生园的素描》，《艺海周刊》1940年第20期第7页。
② 钱昌祚《浮生百记》，台北传记文学出版社1975年版，第167页。

当家，六十年代曾经的佛山天王"剃头瑞"黄瑞主政，尤其是将点心界的四大天王中的三位"禤东凌、李应、区标"集于一家，则绝非纯粹市场的力量和行为。1956年，广州举行"名菜美点展览会"，展介菜肴5447种，点心815种，小吃200余种；此外，政府组织和投资改造泮溪酒家和北园酒家等，使其成为重要的对外接待酒店，既保持了"食在广州"的标杆性，也为改革开放后"食在广州"的历史复兴，奠定了坚实的基础。

改革开放后，先行一步的广东，在饮食上自然也再开风气。比如，中国靠海省份不止广东一省，而在国人眼里，吃海鲜似乎只有来广东；后来内地一些大城市的高级宾馆酒楼试水海鲜，无不以广东生猛海鲜以及广东厨师招徕宾客。早期，作为沈宏非、易中天笔下的"广州在吃"的标志之一的大排档，满街满巷地开遍全城，其现烹快炒的美味镬气，最得粤菜的神韵；"大排档"是最早一批成为全国公共词语的粤语之一，也标志着"食在广州"在新时期的全面复兴。

与此同时，一些传统名菜，也借势复出，且后出转精，风靡食界，甚至震动全国。比如著名的太爷鸡，由曾任清朝新会知县的周桂生于民国初年在广州所创，先后成为著名的六国饭店和大三元饭店等的招牌菜，然而与世沉浮，终至湮没无闻。1980年，周氏的曾外孙高德良从电焊工岗位辞职下海，复兴祖传佳馔，成为全国最早的一批个体户之一。一时食客如云，人手严重不足（当时政策个体户雇工不得超过八人），遂于当年底

20世纪60年代的广州茶楼

上书国务院，轰动一时，也把"食在广州"的重要菜式——鸡馔引得全国关注。

广东鸡馔名看层出不穷，民国时期，大三元的太爷鸡与东江盐焗鸡、大同脆皮鸡和广东文昌鸡号称四大名鸡，1949年以后不少粤菜大师也迭创精品，在《厨出顺德》一章已多有所述，不过因为烹制水平要求极高，往往容易断档。比如黄瑞大师20世纪70年代为接待广交会来宾所创制的经典名菜"茅台鸡"——以国酒茅台作配料，制作繁复，技艺要求极高——也曾"失踪"多年。据珠影集团著名美食节目制作人介绍，这款名菜，近年在著名的温祈福酒家重出江湖，而且口感更清香，摆设也更有凤凰展翅的韵味。其中最值得骄傲的是，复兴此菜的并非国家特级大师温祈福，而是其三十出头的海归公子温智斌所率的团队。广州饮食界，有不少餐二代海归CEO（首席执行官），他们的知识结构和国际视野，将使"食在广州"焕发出新时代的耀眼光芒。

改革开放后，"东西南北中，发财到广东"，随着滚滚人流而来的是各大菜式、各省餐馆，它们在南粤大地尤其是珠三角城市如雨后春笋般地冒出来。民国年间，在上海滩有一场"食在广州"还是"食在上海"的战，主上海者的主要理由就是在广州老吃那广东菜，哪比得在上海除了广东菜，八大菜系九小菜系西番菜系菜菜有得吃，因此，"与其说食在广州，毋宁说食在上海"①。然而改革开放以来，在饮食多样化方面，还没有哪一个城市能跟广州抗衡，没有哪一个地区能跟珠三角抗衡，没有哪一个省份能跟广东抗衡。更不能抗衡的，则是广州餐厅的国别种类。比如说建设六马路，号称广州最小资的一条街，所凭藉的，不是风花雪月的商店游玩，而是十数国百数家各式餐厅酒吧咖啡馆（包括邻近整个建设社区）；这里的酒吧、咖啡厅的功能，颇有别于他处的，正是其食物供应的丰富多样。这些餐厅酒吧咖啡馆，愈夜愈热闹，座位也愈益摆出街巷，以另一种方式，重现大排档鼎盛时期的风采，成为"食在广州"不可或缺的有机一环。至此，当再无"食在广州"与"食在……"之争了。

渊源自于广州的香港饮食界，在省内饮食业相对封闭停滞甚至倒退的几十年里，利用自己自由贸易中心

① 秋容《食在广州？食在上海？》，《大众》杂志1942年第1期。

容易获取全球食材的优势所形成的新派粤菜，近年来大举反哺内地。比如说茶餐厅，似乎简单，但香港好多家是上了米其林榜单的，近年来也大举开进广州、深圳等地；上海名作家程乃珊说，二十世纪二十年代，茶餐厅在上海也曾风靡一时。如此，省港共舞，使"食在广州"如虎添翼，无与争锋。

第三章

味出潮州

南食化　岭饮文

岭南饮食，以"食在广州"声闻宇内，乃至蜚声国际。然而，在广东省内，又有"食在广州，味出潮州"之说，以其民系长期拓殖东南亚地区，最擅利用东南亚的香料资源——早期欧人与亚洲的贸易之路，便有香料之路的俗称——最典型的是制作潮菜卤水，动辄利用十数种乃至数十种香料，如此，焉得不使潮菜独步天下！早在二十世纪八十年代中后期，岭南文化的"大佬"黄树森教授，便认为潮州菜作为粤菜的新先锋，"将会以每年五百里的速度'北伐'"，于今视之，京城顶级酒楼，绝对少不得潮菜的份儿。

第一节　潮州菜的早期渊源

广东僻处中国一隅，潮州（汕）又地处广东一隅，文化更是相对后起。直到韩愈贬任潮州刺史，崇文奖教，后又尊韩以兴教，于是文教大作，以至甲于岭南。故后人论潮人文化之兴，多自韩愈起，饮食文化，亦复如是。

一、从韩愈《初南食贻元十八协律》到方澍《潮州杂咏》

说起潮州饮食，几乎所有人都会引韩愈《初南食贻元十八协律》：

鲎实如惠文，骨眼相负行。蠔相黏为山，百十各自生。

蒲鱼尾如蛇，口眼不相营。蛤即是虾蟆，同实浪异名。

章举马甲柱，斗以怪自呈。其余数十种，莫不可叹惊。

我来御魑魅，自宜味南烹。调以咸与酸，芼以椒与橙。

腥臊始发越，咀吞面汗骍。惟蛇旧所识，实惮口眼狞。

开笼听其去，郁屈尚不平。卖尔非我罪，不屠岂非情。

不祈灵珠报，幸无嫌怨并。聊歌以记之，又以告同行。

但这首诗只与潮州沾了边——贬谪潮州途中作，与潮州饮食则毫无关系；应该是进入珠三角后、到达广州前，第一次吃海鲜以及蛙蛇等岭南食物的记录和感受。有国学大师之称的钱仲联先生说："魏本引樊汝霖曰：'元和十四年抵潮州后作也。'补释：前《赠别元十八诗》，寻其叙述，盖途次相别。则此诗不应为抵潮州后作。"[1]其次钱先生所释或可商。元十八，名集虚，字克己，前协律郎，时在桂管观察使裴行立幕。据《赠别元十八协律六首》及钱仲联的解释，元十八乃奉其主

① 钱钟联《韩昌黎诗系年集释》卷十一，上海古籍出版社1984年版，第1133页。

公裴行立之命，迎问韩愈于贬途，贶赠书药，如其二所言：

> 英英桂林伯，实惟文武特。远劳从事贤，来吊逐臣色。
>
> 南裔多山海，道里屡纡直。风波无程期，所忧动不测。
>
> 子行诚艰难，我去未穷极。临别且何言，有泪不可拭。

其四亦有言及：

> 势要情所重，排斥则埃尘。骨肉未免然，又况四海人。
>
> 嶷嶷桂林伯，矫矫义勇身。生平所未识，待我逾交亲。
>
> 遗我数幅书，继以药物珍。药物防瘴疠，书劝养形神。
>
> 不知四罪地，岂有再起辰。穷途致感激，肝胆还轮囷。

来时过龙城柳州，还带来了柳宗元的关切和问候；柳宗元作有《送元十八山人南游序》。如其三曰：

> 吾友柳子厚，其人艺且贤。吾未识子时，已览

赠子篇。

寤寐想风采，于今已三年。不意流窜路，旬日同食眠。

所闻昔已多，所得今过前。如何又须别，使我抱悁悁。

而从其六，可见他们同出清远北峡山，随后告别山区之行，进入珠江三角洲，经广州往东南去向潮州——扶胥，即广州东南今南海神庙一带：

寄书龙城守，君骥何时秣。峡山逢飓风，雷电助撞捽。

乘潮簸扶胥，近岸指一发。两岩虽云牢，水石互飞发。

屯门虽云高，亦映波浪没。余罪不足惜，子生未宜忽。

胡为不忍别，感谢情至骨①。

相伴相行，终当一别，至此当别了。由此可见，"初南食"必不在"赠别"之后，然亦当在出峡山之后。无论如何，与潮州饮食没有关系。

韩愈的《初南食贻元十八协律》无关潮州，虽为憾事，但近人方澍的《潮州杂咏》，却也十分值得珍视；该诗刊于陈独秀主持的《青年杂志》1915年第1期，乃笔者治岭南饮食文化史多年，"食在广州"百余年来更

① 钱仲联《韩昌黎诗系年集释》卷十一，上海古籍出版社1984年版，第1123—1132页。

是名满天下表征民国的情形下，难得一见的经典文献，堪与韩愈的《初南食贻元十八协律》和赵翼的《食田鸡戏作》鼎足而三，更是关于潮州饮食早期最重要的文献之一。作者方澍，字六岳，安徽无为人，桐城派鼻祖方苞后人，光绪二十年举人，负有诗才，2014年，后人曾收集整理其存诗为《六岳诗选评注》由黄山书社出版。为李鸿章所赏识，入幕并充馆师。亦与陈独秀等相友善。曾宦游岭南，著有《岭南咏稿》二卷，所"写粤中风物殊肖"，《潮州杂咏》即是其代表。诗虽发表于1915年，实写于1892年游幕潮州时，时年36岁。全诗如下：

> 薏苡能胜瘴，兴渠每佐餐。家书缄未发，强病说平安。南风袭絺葛，北风御裘裳。四时备一日，行觉养生方。绿蔗畦千顷，白云山四围。不教畏霜雪，背叶鹧鸪飞。自续《游仙引》，微闻《水调歌》。三冬中炎疫，煎取兜娄婆。苦竹支离笋，甘蔗次第花。鸡栖豚栅外，三两野人家。唧唧入筵鼠，寸寸自断虫。飞飞鲟似燕，高御海天风。禅悦晨含笑，灯明夜合欢。一空依傍好，壁上倒风阑。旷野栟榈屋，清溪笭箵烟。举觞荐蚶瓦，荷铲种蚝田。朝着抱木屐，暮藉流黄席。百和螺蠫香，沈沈坐苔石。竹鸡能化蚁，啄木能食蠹，那更畜猨狨，田间捕寒兔。海月拾乌榜，蛤蜊劈白肪。晶盘盛瓜珀，斑管谱糖霜。泼泼岸将转，泠泠水始波。云霞

出文贝，丹绁络缨螺。柳絮化飘萍，茑萝附高枝。何如五子树，生辰不相离。已成巾早漉，未及瓮迟开。醉读东坡赋，还沽酒子来。布灰数罟后，乘潮张鬣初。鳗鲡陟山阜，缘木可求鱼。昀昀斥卤滨，耕作聚田畛。但插占城稻，何因植丽春。蝤蛑糁盐豉，园蔬同鬲熬。尔雅读非病，人应笑老饕。晨兴调鹦鹉，晴日上东窗。悯尔樊笼鸟，呼余是外江。两岸鸟须鱼佃（鱼佃一字），一丈龙头虾。无弦更堪听，水底响琵琶。水蛭空潭活，蛃蛼破灶多。古称瘴疠地，旅食近如何？别考污莱远，非关坏地开。落花成颗粒，涂豆满山栽。葛丝采处处，生苎绩家家。漂澼新蕉布，比于波罗麻。食熊与食蜗，肥瘦异形骸。菁芜变为芥，犹是橘逾淮。檐葡雪为花，山樊花似雪。道逢逐臭人，泾浊渭清洁。木棉不可衣，榕林不可薪。愿救饥与寒，珠玉何足珍。

先对其中与饮食有关的诗句随句略作疏解：

　　薏苡能胜瘴，兴渠每佐餐——岭南瘴疠之地，薏米能够治瘴疠，还常有兴渠（又名阿魏，一种原产印度的香料）佐餐而食。

　　三冬中炎疫，煎取兜娄婆——岭南冬天都有热病，便煎了又名苏合香，有开窍辟秽，开郁豁痰，行气止痛功效的兜娄婆来御疾。

　　苦竹支离笋，甘蔗次第花——苦竹陆续长笋，香蕉先后开花。

唧唧入筵鼠，寸寸自断虫——入筵鼠即蜜饯乳鼠，因用蜜涂了，但还活着，吃的时候还唧唧叫呢；自断虫即禾虫，禾熟时期，寸寸自断，煮食鲜美无比。

飞飞鲜似燕，高御海天风——鲜鱼飞出海面像燕子似的。鲜鱼肉质细嫩而洁白，味鲜美而肥腴，补虚益气。

举箸荐蚶瓦，荷铲种蚝田——蚶瓦，即俗称瓦垄子或瓦楞子的一种小贝壳，生活在浅海泥沙中，肉味鲜美。唐代刘恂《岭表录异》说："广人尤重之，多烧以荐酒，俗呼为天脔炙。"著名作家高阳认为即是血蚶，"烫半熟，以葱姜酱油，或红腐乳卤凉拌"，甚美。种蚝田，即到海边滩涂中放养小蚝。

海月拾鸟榜，蛤蜊劈白肪。——《食疗本草》说海月这种壳质极薄、呈半透明状的贝壳："主消痰，以生椒酱调和食之良。能消诸食，使人易饥。"崔禹锡《食经》则说："主利大小肠，除关格，黄疸，消渴。"蛤蜊，也是一种贝壳，佳者称西施舌，肉质鲜美无比，被称为"天下第一鲜""百味之冠"。

晶盘盛瓜珀，斑管谱糖霜——瓜珀即水果腌制加工而成凉果，在潮州地区尤其发达，畅销海内外。斑管，即毛笔，谱糖霜，写下糖霜谱。糖霜即精制的白糖，用以表示糖的精良。潮汕平原是中国著名的蔗糖产区，蔗糖品种多，质量佳，足堪作谱立传。

布灰数罟后，乘潮张鬣初。鳗鲡陟山阜，缘木可求鱼——明代黄衷《海语》详细描述了如何在海鳗随潮水涌到山上去吃草的路上，布下草灰陷阱以捕捉的情形："鳗鲡大者，身径如磨，盘长丈六七尺，鎗髻锯齿，遇人辄斗，数十为队，朝随盛潮陟山而草食，所经之路渐如沟涧，夜则咸涎发光。舶人以是知鳗鲡之所集也，燃灰厚布路中，遇灰体涩，移时乃困。海人杀而啖之，其皮厚近一寸，肉殊美。"山上能捉到鳗鱼，就如同树上能捉到鱼一样。

蟛蜞糁盐豉，园蔬同鬲熬。——蟛蜞是一种小蟹，一般认为是有毒的，"多食发吐痢"，所以一些广东人将其用来喂鸭肥田。但经过潮州人烹制出来，已是味道绝佳的无毒海鲜。屈大均《广东新语》的解释是："入盐水中，经两月，熬水为液，投以柑橘之皮，其味佳绝。"并赋诗赞叹："风俗园蔬似，朝朝下白黏。难腥因淡水，易熟为多盐。"

从上面所引诗句及其疏解中，我们可以了解到潮州地区的一些特色饮食，而其传统则不出岭南的主流，或许这也是传统潮州饮食文献鲜见单列的原因。或者在主流传统之中，其烹制方法有特别之处，连诗的作者方澍也欣然有得，故在诗的后半说："尔雅读非病，人应笑老饕。"有这么好吃的潮州菜，思乡之苦，大可舒解了。

二、《梦厂杂著》开启的潮州工夫茶书写

潮州饮食，最具象征意义的，莫过于工夫茶；工夫茶始于何时姑且不论，最早的经典性描述，莫过于清乾嘉间绍兴人俞蛟的《梦厂杂著·潮嘉风月·工夫茶》：

> 工夫茶，烹治之法，本诸陆羽《茶经》，而器具更有精致。炉形如截筒，高约一尺二三寸，以细白泥为之。壶出宜兴窑者最佳，圆体扁腹，努嘴曲柄，大者可受半升许。杯盘，则花瓷居多，内外写山水人物，极工致，类非近代物，然无款志，制自何年，不能考也。炉及壶盘各一，惟杯之数，则视客之多寡。杯小而盘如满月，比外尚有瓦铛、棕垫、纸扇、竹夹，制皆朴雅。壶盘与杯，旧而佳者，贵如拱璧。寻常舟中，不易得也。先将泉水贮铛，用细炭煎至初沸，投闽茶于壶内，冲之。盖定，复遍浇其上，然后斟而细呷之，气味芳烈，较嚼梅花，更为清绝，非拇战轰饮者，得领其风味。余见万花主人，于程江"月儿舟"中题《吃茶诗》云："宴罢归来月满阑，褪衣独坐兴阑珊。左家娇女风流甚，为我除烦煮凤团。小鼎繁声逗响泉，篷窗夜静话联蝉。一杯细啜清于雪，不羡蒙山活火煎。"蜀茶久不至矣，今舟中所尚者，惟武彝，极佳者每斤需白镪二枚。六篷船中，食用之奢，可想见焉。①

① 俞蛟《梦厂杂著》卷十《潮嘉风月》，上海古籍出版社1988年版，第183页。

韩江浮桥的单面吊塔

同光间曾官两广盐运使兼广东布政使的安徽定远人方浚颐，也视工夫茶为经典名茶——堪与顶级的武夷苦珠茶相媲美："价过龙团饼，珍逾雀舌尖。主人真好客，活火为频添。潮州工夫茶，甘香不如是。君山犹逊之，阳羡差可比。"①

方氏所言工夫茶，非指泡茶之法而指茶叶，这工夫茶叶，当指潮州产待诏茶，也叫黄茶。顺治《潮州府志》卷一说："凤山茶佳，亦名待诏茶，亦名黄茶。"嘉庆《大清一统志》也说："待诏山，在饶平县西南三十里。土人种茶其上，俗称待诏茶。四时杂花不绝，

① 《苦珠茶出武夷山每觔索价银十六两》，方浚颐《二知轩诗续钞》卷十四，清同治刻本。

亦名百花山。"①福建漳浦人蓝鼎元（1680—1733，曾为官潮州）的《饶平县图说》也有记述："待诏山产土茶，潮郡以待诏茶著矣。"②曾游幕岭南居停潮州的江西临川人乐钧（1766—1814），作有《韩江棹歌一百首》，亦有咏及："百花山顶凤山窝，岁岁茶人踏臂歌。阿姊采茶侬采苎，不知甘苦定如何。"并自注曰："饶平百花山，一名待诏山，产茶，名待诏茶。潮阳出凤山茶，皋芦叶名苦苎，苎一作蔁，粤人烹茶必点苎少许以为佳。"③当然，最美的吟咏，来自归籍岭东的丘逢甲，其《饶平杂诗十六首》有云："古洞云深锁百花，香泉飞饮万人家。春风吹出越溪女，来摘山中待诏茶。"④

晚近写工夫茶最好的，则非杭州人徐珂（1869—1928）莫属。1927年，他连续写了两篇加五则，记叙他在上海享用工夫茶的经历，真是为工夫茶以及潮州菜留下了十分可贵的文献材料。他的第一篇《茶饭双叙》说：

> 沪俗宴会，有和酒双叙。和酒，饮博也，珂今乃得茶饭之双叙矣。丁卯（1927）仲冬二十日，访潮阳陈质庵（彬）、蒙庵（彭）于其寓庐。夙闻潮人重工夫茶，以纳交有年，遂以请。主人曰："吾潮品工夫茶者，例以书僮司茶事，今无之，我当自任，惟非熟手，勿哂我。"乃自汲水烹于小炉，列茶具于几。茶具者，一罐子（潮人呼以呼壶，壶

① 《大清一统志》，四部丛刊续编本，卷四百四十六。
② 蓝鼎元《鹿洲初集》卷十二，文渊阁四库全书本。
③ 乐钧《青芝山馆诗集》卷八，嘉庆二十二年刻后印本。
④ 丘逢甲《岭云海日楼诗钞》卷六，民国铅印本。

甚小，类浙江人之麻油壶），置于径五寸之盘，而
衬以圆毡，防壶之滑也。四杯至小，以六七寸之盘
盛之。别有大碗一，为倾水之用。小炉之水沸，以
之浇空壶、空杯之中及四周，少顷倾水于大碗。入
武彝铁观音于壶，令满，旋注茶叶于四杯，注汁时
必分数次，使四杯所受之汁，浓淡平均，不能俟满
第一杯而注第二杯也。饮时，一杯分两口适罄，第
一口宜缓，咀其味，第二口稍快，惧其温暾，饮讫
且可就杯嗅其香。入茶叶于壶一泡，一泡可注沸水
七八次（七八次后之叶倾入大壶，注沸水饮之犹
有味）。

我们今天经典的工夫茶饮法，就是如此；有人说今
天的工夫茶是后来的花哨化，从这篇文章看，非也，的
确是原本如此——潮州工夫茶道早已很成形很成熟了，
就其作为一种非物质文化遗产而言，恐怕也是传承得非
常非常好的。饮完工夫茶，接着吃了潮州菜，也是特色
分明：

> 主人饷两泡，餍我欲矣，既而授餐，则沪
> 馔、潮馔兼有之。龙虾片以橘油（味酸甜）蘸食
> 也，白汁煎带鱼也，芹菜炒乌鲗鱼也，炒迦蓝菜
> （一名橄榄菜）也，皆潮馔也。又有购自潮州酒
> 楼之火锅（潮人亦呼为边炉，而与广州大异），
> 其中食品有十：鱼饺（鱼肉为皮实以豕肉）也，

鱼条（切成片中有红色之馅）也，鱼圆（潮俗鱼圆以坚实为贵）也，鲦鱼也，青鱼也，猪肚也，猪肺也，假鱼肚（即肉皮，沪亦有之）也，潮阳芋也，胶州白菜也，汤至清而无油，无咸味，嗜食淡者喜之。苟饮醉心，午餐饱德。珂两客羊城，屡餍广州之茶馔，而潮味今始尝之，至感质庵、蒙庵之好客也。

正文之末，另附"外三则"，于工夫茶和潮州菜，均属有益的文献：

> 是日平湖陈巨来（郢）亦在坐，为言江都夏宜滋（同宪）好品茶，与香山欧阳石芝（柱）有同好，蓄茗茶至十余种之多。有作荷花香者，且有茶辅于沪，京与石芝共之。

> 质庵言潮人立冬，例享芋饭，以豕肉、鲦鱼、虾仁屏入，农家尤重之，盖力田一年，自为农隙之慰劳也。

> 蒙庵云：潮人日三餐，异于广州之二餐。晨以粥，午晚皆饭，入夜亦或有食粥者曰"夜粥"，非若广州之呼"宵夜"也。又云潮之饭异于江浙，先煮米为粥，于粥中捞取干者为饭。珂曰：此亦予之所谓一举两得也。蒙庵又云：潮以富称，而窭人子亦有常日三餐为粥者。

> 茶具兴奋，恒损眠，铁观音尤甚。珂饮二泡，

巨来曰，今夕必无眠。然自陈家归时已四时，即假寐，至晡始醒，睡至酣也。①

这陈巨来，可是有"三百年来第一人"之誉的著名篆刻家，而其遗稿《安持人物琐忆》，经著名作家和学者施蛰存之手在《万象》连载七年，风靡一时，被誉为民国版《世说新语》，其中赫然有《记陈蒙安》一文——书中"陈蒙安"亦写作"陈蒙庵"：

> 蒙安，名运彰，又字君谟，斋名纫芳簃（生于乙巳，与余同庚），广东潮阳人。其父名开，字青峰，为一目不识丁之商人，相貌堂堂，静坐不谈时，望之若清末大员也。据其自告余云：清光绪中叶，渠一人自潮州坐小木船漂洋过海来到上海，抵埠后，身上只余二角小洋，铜元四十多个而已。幸得同乡收留，给以资本，先作小贩，后开小烟铺，再开土膏店、行，始成家立业云云。入民国后，即将所有土膏店、行完全收歇，改营钱庄业了。一帆风顺，遂致大富，专收购中国银行股票。在甲子前后，正其鼎盛之时也，房地产无数，大弄堂五，以仁（和里）、义（和里）、礼、智、信为排列。钱庄亦五家，均独资者也。生子二，长运彬，次即蒙安也。

由此我们知道，当日他们得享如此讲究之工夫茶与

① 《康居笔记汇函》第一五四则，山西古籍出版社1997年版，第360—362页。

潮州菜，以其家世富豪也。陈蒙安秉承潮人的传统，富而好文，大约是其邀约徐珂及陈巨来的原因之一。特别是拜晚清四大家之一的况周颐为师之后，学业精进，一时成为沪上名流，足以为潮人荣光，惜今人多不知：

> 据蒙安云，曾在复旦大学读书，但未毕业也。渠至况氏拜师，乃毛遂自荐，奉巨金为束修，况公时正窘乏，故即允以学生相待耳。蒙安自拜师之后，拜能勤于用功，故况公对之与叔雍相等，有词来，总详为改削，故学业日进……风格神气，独具

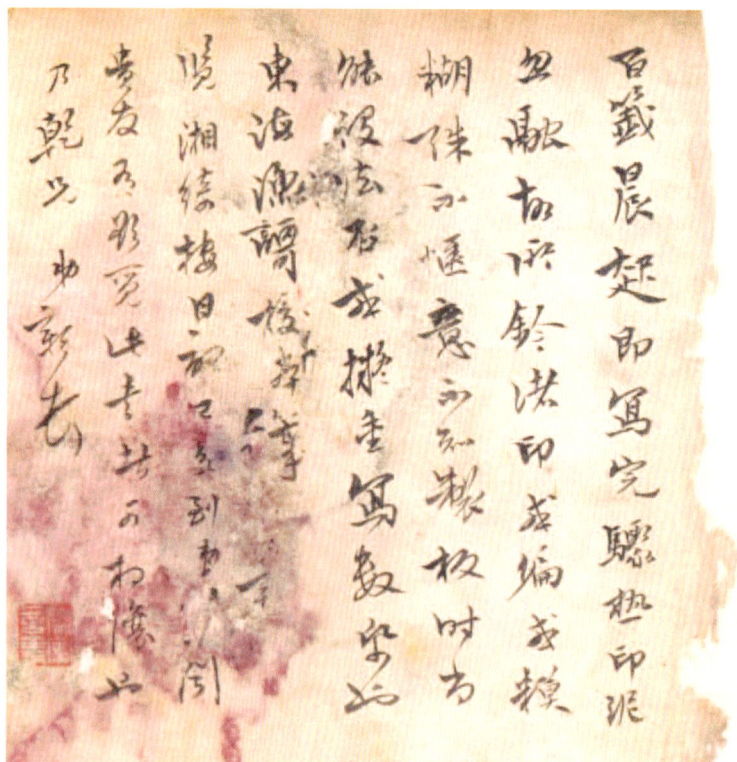

上海著名潮菜馆主人和况周颐的信礼堂藏手迹

一路。时况公已故，渠竟目中无人矣。故人皆以
"十大（小）狂人"之一尊之。余今日平心论之，
上比第一狂人冒效鲁（鹤亭之子）相差太远，与
丹徒诗人许效庳（德高）、九江文人吕贞白（传
元）在伯仲之间，若邓粪翁、陈小蝶，则远不如蒙
安矣。

文中赵叔雍即因编刊《明词汇刊》有功有名于学界
的赵尊岳；冒效鲁则是明末清初著名的"四公子"之一
如皋冒辟疆后人，著名文化人冒广生（字鹤亭，因出生
于广州而得名，曾任中山大学教授）第三子。陈蒙安能
有此声名，因为他除为况氏入室弟子外，在"况公逝世
后，渠又诣冯君木、程子大（颂万）二家请益"。程颂
万即程千帆先生叔祖父及家学渊源所系。因此之故，陈
巨来与其过从甚密："余多识篆隶，独于大草，竟未多
读，几同盲人，总先求蒙安，后请李公，二人所示无不
同也。蒙安又尝与余拟收集近代印人一百零八人，仿清
人某某所作诗坛点将录例，写成印坛点将录……原稿十
之八九，均为蒙安手书者。"[1]

此篇之外，陈巨来又在《记十大狂人事》一文中
专立"陈蒙庵"一节，且列在第三，颇加揄扬："陈蒙
庵，此人与前二公（冒效鲁、沈剑知）迥然不同。他殆
一世中从无二色之正人君子也。"而由此文也知道，他
乃著名的上海圣约翰大学教授："与赵叔雍二人，时时
彼此奚落，余时时见之。但平心论之，文字似不在叔雍

① 陈巨来《安持人物琐忆》，上海
书画出版社2011年版，第137—
138页。

之下也，否则圣约翰大学亦不致聘之为文学教授师也。而他能挈况大作助教，且为之每日准备课文，每与函及文，总曰某某教授兄，此则不负师门，余至今认为可嘉之事。"①上文也说到他与妻子吵架后，大约因"读了《离骚》的原故吧，遂效三闾大夫之行吟，辞了大学教授，往杭州投湖自杀"。只是不知高校合并后，他归属于哪个大学。而其揄扬陈蒙安，或不独因交往，亦因沾亲带故——陈巨来之内子况绵初，乃陈蒙安尊师况周颐之女公子也。

不久之后，徐珂又与陈巨来书所提到的陈蒙安常相请益的程子大往访陈蒙安，也是得饷工夫茶与潮州菜；茶与菜均不同于前次，亦足资记取：

> 丁卯腊八后六日，与程子大丈访质、蒙庵，亦以工夫茶相饷，则见有至自暹罗之茗壶。以砂为之，似宜兴色淡，其当有篆文之章，远望之疑为曼生壶。亭午亦留饭，馔为前所未有。辣椒酱（来自暹罗，其中疑有鱼类羼入）炒牛肉丝也，脯（潮人于肉类之干者皆曰脯，鰔鱼宜为脯，鲜时食之味较逊）炒猪肉丝也，鸭脯（以鸭入酱油浸透，更蒸竹蔗皮熏之，竹蔗与广州之蔗、唐栖之蔗皆异，沪无之，乃代以崇明芦粟之皮）也。火锅中为青鱼头及笋，不加油，亦潮食也。②

由上可知，徐珂非常喜欢工夫茶和潮州菜，但他的

① 陈巨来《安持人物琐忆》，上海书画出版社2011年版，第137—138页。

② 《康居笔记汇函》第一五五则《工夫茶》，山西古籍出版社1997年版，第362页。

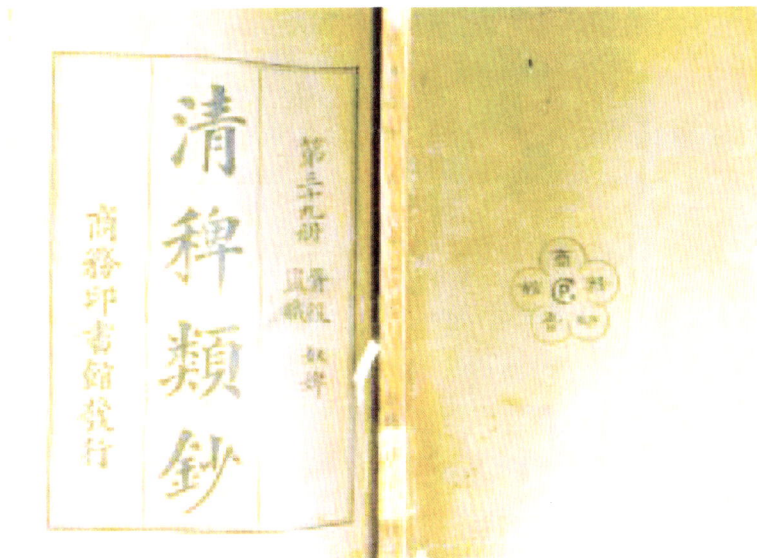

清代学故旦署徐珂《清稗类钞》书影

皇皇巨编《清稗类钞》，却只钞录到一则《潮州人食蔗虫》，或可见出潮州菜在民初尚未见著于文辞：

　　蔗虫性凉，杭人极贵之，出痘险者，赖以助浆，然不可多得也。潮州蔗田接壤，蔗虫往往有之，形似蚕蛹而小，味极甘美，居人每炙以佐酒。姚秋芷茂才承宪尝赋二律咏之，其次首云："蕴隆连日赋虫虫，浊念寒浆解热中。佳境不须疑有蛊，庶生原可庆斯螽。（凡草植之则正生，此嫡出也。甘蔗以斜生，所谓庶出也。吕惠卿对宋仁宗语。）似谁折节吟腰细，笑彼衔花蜜口空。毕竟冰心难共语，一樽愁绝对蛮风。"①

① 徐珂《清稗类钞》第13册，中华书局1986年版，第6496页。

此则似钞自梁绍壬《两般秋雨盦随笔》①，因为文字完全相似，只是不知其最初出处，因为王端履《重论文斋笔录》亦有录，虽更简略，然多加按语：

> 蔗虫性极凉，出痘险者，可以助浆，然不可多得也。广东潮州，蔗田接壤，蔗虫往往有之，形如蚕蛹而小，味极甘美。姚秋芷承宪咏以一律云："蕴隆连日赋虫虫，浊念寒浆解热中。佳境不须疑有蠹，庶生原可庆斯螽。似谁折节吟腰细，爱彼冲花蜜口空。毕竟冰心难共语，一樽愁绝对蛮风。"端履案：痘有寒热虚实之分，蔗虫用疗热证则可，若虚寒者一概用之，则鲜不偾事矣。又杭人言：用活鸽割之，覆于患者胸前，谓可以起浆，此施之于寒证方效，若热证以此治之，亦败坏而不可收拾矣。可不慎哉！②

徐珂固喜欢潮州工夫茶，然未至于推崇，真正推崇潮州工夫茶的文献，当首推飘穷《香港的茶居》直接把潮州工夫茶推为中国之首："中国人对于饮茶确实有研究的，要算广东的潮州人。我在汕头住过三年，觉得潮州人饮茶十分讲究。他们不用大碗，而用仅有五分高大的泥小杯，茶壶是异常巧小，客来，只奉小杯茶一杯，茶味浓得像咖啡，但，不会苦口，咽下去似乎还希望第二杯到来，可惜，主人只许奉一杯。我们饮茶是一杯一口地咽下，真不失为牛饮，而潮州人则不然，他们把茶

① 梁绍壬《两般秋雨盦随笔》卷八"蔗虫"条，上海古籍出版社1982年版，第409页。

② 王端履《重论文斋笔录》，道光二十六年授宜堂刻本，卷八。

杯放在嘴唇边，一点一滴却去尝茶味，他们是饮茶，不是解渴。"[1]

稍后数年，山石的《茶与粤人》亦作如是观。文章先宏观地说广东人嗜茶弥笃，并举省城广州为例曰："粤人嗜茶之弥笃，吾人试观粤省之茶楼、茶室、茶庄，以及嗜茶之大众，便见一斑。单就广州市来说，茶楼达一百六十余间，茶室一百三十余间，大小茶庄不下六十余间，茶点粉面行大小七百余家……"接着笔锋一转，借以大肆推崇起潮州工夫茶来："然广州人虽餐茶，远不若潮州人之甚。我看潮州人饮茶，若极有分寸，以家居言，客至，端茶请客，茗盘之上，端起几只小茶杯，如果客人是内行，则当举杯到口之时，必细斟慢酌，一若无限滋味也者，然后谓之有研究。若一举而尽，则谓之外行。潮人所用之茶壶，尤为讲究，据说茶渍越多，茶壶越有价值，多至不要茶叶而饮时有茶味者为珍品，甚之讲身价财产亦以茶壶为对者，闻家藏有多渍之茶壶，亦一体面之事。其重视大抵如此。"[2]

对潮州工夫茶的推崇，不绝如缕，而且一再推为最会饮茶的广东人的翘楚："我们恒见潮州人的饮茶甚为讲究，如茶壶巧小玲珑，茶杯小如婴嘴，他们不像掘井止渴般那样豪饮，而在悠闲地细嚼，但是广东则是大壶一罐或大杯一只，只管水到色黄，便算是茶，即使一冲再冲，驯而味淡色白，饮之每同嚼蜡，亦不之顾。"[3]

① 飘穷《香港回忆琐记之九》，上海《中华周报》1933年第90期。

② 《社会科学》（广州）1937年第6期，第21—23页。

③ 天香《广东人饮茶三部曲》，《快活林》1946年第12期，第11页。

三、潮州菜的上海往事

上海的著名学者唐振常先生说："八大菜系中无潮州菜，大约以为潮州菜可入粤菜一系，此又不然。通行粤菜不能包括潮州菜的特点，凡食客皆知，试看香港市上，潮州菜馆林立，何以不标粤菜馆而皆树潮州菜之名？昔日上海，潮州菜馆颇多，后来几近于无，近年才又抬头，尽管不地道。有的连工夫茶也没有，问之，答说：茶具没有准备好。虽然，上海人还是喜欢品尝。"[1]言辞之间，既大大地褒奖了潮州，也表明了上海人的喜爱。

然而，潮州菜之登陆上海大众媒体，逐渐广为人知，却是在上世纪二三十年代以后——徐珂所记，已是1927年，尚未即时刊布。依笔者陋见，较早报道潮州饮食的，是《上海常识》1928年第46期明道的《潮州茶食店》，然仅止于茶食，而未及于酒食，而且还说上海的潮州茶食店并不多见：

> 上海的茶食店真多极了。其中大概分苏州广东宁波潮州等几派。现在我先来谈潮州茶食店。潮州茶食店上海很少，只有五马路的勃朗林，和浙江路正丰街的富珍等几家。他们的出品有文旦皮、冬瓜糖、猪油软糖、花生酥、猪油软花生糖等十多种。其中尤以文旦皮和软花生糖二种为他家所没有的。文旦的皮本是废物，但是经他们制造过之后很是可

① 唐振常《所谓八大菜系——食道大乱之一》，《饔飧集》，辽宁教育出版社1995年版，第26页。

口。软花生糖则松软异常，比别种茶食店里的花生糖好吃得多咧。一到中秋节他们有月饼出售，这种月饼在上海别成一式，就是潮州月饼。到了冬季，他们还有热馒头出售，味亦不劣。

说到月饼，同年的另一篇与潮州饮食有关的文献，也是谈此：

> 说起月饼一项，可以分为广东月饼和本地月饼二种。广东月饼中，也可以分为两派，一派是广州人做的，一派是潮州人做的。本地月饼中，也可以分为苏派和宁派。广州人做的广东月饼，南京路先施公司、冠生园等，五马路同芳居，爱东亚路张裕酿酒公司，各大小广东食物铺及虹口一带均有出售，每只的代价从几角到几元不等，他的馅子有甜果、咸百果、豆沙、绿豆蓉、南腿等多种，一只月饼差不多有半斤重呢。潮州月饼与广东月饼却两样的，一个是圆而厚，一个是大而薄，比较本地月饼，约大四五倍，五马路元利糖食店、勃郎林糖食店等，均有出售，代价较广东月饼稍廉，他的馅子是用糖与猪肉捣得烂而润的，吃起来要粘牙的。本地月饼，苏派和宁派是差不多的，他的代价较广东月饼便宜得多了。[①]

① 秦福基《月饼》，《常识周刊》1928年第89期。

在上海，最著名，历史也最悠久最持续的，不是潮州菜，而是潮州糖食店——公认的上海第一家像样的食店，不是本帮，不是苏帮宁帮，而是潮州帮的元利糖食店；以花生糖为代表的潮州糖食店，直到战后仍为人所津津乐道：

> "你是广东人吗？猪油花生糖本来是潮州特产是不是？"
>
> "不，潮州人在城里做作场，他们是专做批发的，现在大家都在做了。"
>
> ……
>
> "近来这种生意很时髦吧，怎么会这样好？"
>
> "这也不过是赶风气罢了。从前也有花生糖，却没有人吃，现在时髦了，吃的人便多了起来。"①

转过两年，潮州菜开始逐鹿上海饮食江湖了。但最初在上海最著名的《申报》打广告的，却并不是潮州餐厅，而只是爱多亚路太平洋西菜社新增潮州菜的广告（1930年11月3日第2版）；再从其广告内容，也恰证潮州菜此前的沉寂无闻：

> 上海各菜皆有，而潮州菜独付阙如，大可惜也。因真正之潮州菜，颇多异乎寻常比众不同之特点：一菜有一菜之做法一菜有一菜之美味，烹调各别，所以味不雷同。但言一味鱼翅，已经妙绝人

① 嘉雪《潮州花生糖》，《语林》1945年第1卷第3期。

民国潮州月饼生产图

寰，其他佳肴更无论矣。本社主事，研究此道，二十余年，深知潮州菜之精美，特托潮帮名人，聘来潮州名厨多位，精治潮州名馔以应食客之需要，今已设备妥当，准于本月五日起，于原有之西菜部以外，增设潮州菜一部，不论大宴小酌，一概顺从客便。至于送菜，则暂分上午九时至下午六时，及六时至九时，又九时至一时，为三个时间，尚祈各界士女，惠临一试为幸。

当然，这种说法有偏颇，前述徐珂已说到陈氏兄弟招待他们的潮州菜，有叫外卖自潮州酒店。大约其已有觉察，故一周之后，在一篇软广告性质的文章中，说上海还是有一家但也仅有一家像样的潮州菜馆，不过水平却远逊他们太平洋西菜社新增的潮州菜：

> 海上菜肆，向以徽宁两帮，最负盛名。近年以来，广州食肆，亦蓬勃而起。盖广州之食，脍炙人口，其方兴正未艾也。虽然，粤中食品，俱皆精美，不独广州为然，韩城（即潮州）之食，亦自擅风味也。
>
> 本埠潮州食肆，其规模较大者，只满庭坊徐得兴一家而已。创办者为一徐姓潮人，彼邦人士，都称其肆曰"老徐仔"，而不以市招名也。所治肴核极精美适口，非若徽宁两帮之过于油腻，而清鲜且胜于广州菜，惟以不宣传故，就食者咸为潮人，外籍人士，鲜有过其门者。
>
> 今太平洋菜社，特聘名厨，添设潮菜，其烹调布置，远胜于徐得兴，故就食者无不称美。尤以鱼翅一味，最擅胜场。其冬令应时食品，则有鱼生边炉等，风味与市上所售者迥别，紫兰主人曾往尝试，许为知味云。[1]

不过有时为了广告的需要，睁眼说瞎话也是必要

[1] 天仙《韩城之食》，《申报》1930年11月11日第13版。

的，故他们同一天的广告还搬出著名潮籍导演郑正秋说上海没有真正的潮州菜：

爱多亚路太平洋西菜社，近因新增潮州菜，特于昨晚宴请报界，由郑正秋君致辞介绍潮州菜之特色，略称上海各色菜肴应有尽有，惟于真正之潮州菜尚付缺如，今太平洋西菜社新增潮州菜，不愧首屈一指。而潮州菜中，尤以鱼翅一项较任何菜馆所制者，更为味浓而滋补。盖以潮州菜中之鱼翅，每碗须费三日工夫始制成云。[①]

虽然广告有偏，总而言之，潮州菜在沪上的声名并不彰显，还可以说势力甚弱。到1935年，杂志上有专节谈上海潮州饮食的文章出来，潮州菜馆也还是只有一家，最好的仍是那家老牌的徐得兴，也只是味道好，陈设装潢却破旧：

广州菜：这个"广州菜"是粤菜中一个总名称，内中还分开三派，一派就叫广州菜，一派是潮州菜，一派是宵夜，无疑的。此中三派，当推广州菜为翘楚了。至于三派的口味，却绝对不同，所以得把它分开来写：

……现在再说潮州菜，然潮州菜亦广州菜之一种，但一样是广东菜，广州和潮州的风味，却绝对不同。全上海的潮州菜馆却很少，除了北四川路

① 郑正秋《太平洋西菜社宴客：新增潮州菜》，《申报》1930年11月11日第10版。

有几家外，其余公共租界上却不多见。据我所知，五马路满庭坊里，有一家徐得兴菜馆，却是正式潮帮，里面陈设虽极破旧，但却很有声望。还有法大马路的同乐楼也是潮帮菜馆。这几家最著名的菜，不过内中要算一只暖锅了。平常各帮菜馆所配暖锅，不外放些肉圆、海参、抽糟、肉片、鸡丝、火腿、蛋饺、虾仁等老花样，决不改变，惟他们却别具风味里面放着鱼肉做饺子，虾和蛋做的包子，再加底里衬的是潮州芋芳，却是又香又脆，令人有百吃不厌，然其售价也不昂贵，只须一元左右，读者不妨尝试一下，包管满意。至于热炒，以海鲜居多，如龙虾、响螺、青蟹、青鱼等，亦为潮帮特色，还有一种装瓶的京东菜，味极可口，门市每瓶约售三四角，亦请读者尝试。①

从此文看，上海人过去一直把潮州菜馆看成粤菜馆之一种，如此，则唐振常先生大可不必太介意潮州菜馆的不独立成系了；或许这也是潮州菜馆在沪上不彰显不发达的另一原因——有了广东菜吃，未必要另觅潮州菜吃。广州菜兴打边炉，潮州菜兴吃暖锅，风尚大体还是一致的——"去冬我同一个潮州同学到四马路书局去买书，经过一家潮州菜馆，那位同学便触起乡情，硬要我同他进去吃一顿潮州菜的十景暖锅，我不便推却，就同他走了进去。"②

可是，也有"意外"的是，中华书局1934年出版

① 使才《一粥一饭：上海的吃》（四），《人生旬刊》1935年第1卷第6期。

② 陈天赐《潮州话》，《申报》1937年1月25日第16版。

Shanghai Chinese Tea house

晚清民初上海广东老茶居易安居

的沈伯经、陈怀圃所著《上海市指南》和1936年出版的
《上海游览指南》，均十分推崇潮州菜，尤其是后者，
在第三编《起居饮食》中介绍各派菜肴及菜馆时，还将
潮州菜单列并置于粤菜之前加以介绍说：“潮州菜为粤
菜中之一派，与广州菜绝不相同。”尽管如此，介绍到
潮菜馆时，也又是屈指可数：“此项菜馆惟北四川路有
之，余则同乐楼（法租界公馆马路）及徐得兴菜馆（广
东路，即五马路满庭坊）。擅长之菜，以海鲜为多，如
‘炒龙虾’‘炒响螺’‘炒青蟹’等；而以冬季之暖
锅为最佳。内容有‘鱼肉饺子’‘虾蛋包子’及‘潮州
芋艿’等，风味比众不同，而‘京东菜’一味，亦极佳
妙，门市可另售每罐约三四角。”

由于潮州菜声名不彰，民国（或写民国时期）两个著名写食家，唐鲁孙和梁实秋，都没有写过潮菜馆的故事。梁实秋毕竟还写到过潮州菜和工夫茶，那是在敝系黄海章教授父亲黄际遇先生府上，时在1930年至1932年他们同时任教于国立青岛大学期间；观其所记，却也十分难得。首先就是黄际遇先生的形象生动有趣：

> 黄际遇，字任初，广东澄海人，长我十七八岁，是我们当中年龄最大的一位。他做过韩复榘主豫时的教育厅长，有官场经验，但仍不脱名士风范。他永远是一件布衣长袍，左胸前缝有细长的两个布袋，正好插进两根铅笔。他是学数学的，任理学院长，闻一多离去之后兼文学院长。嗜象棋，曾与国内高手过招。有笔记簿一本置案头，每次与人棋后辄详记全盘着数，而且能偶然不用棋盘子，凭口说进行棋赛。又治小学，博闻多识。

其次是他的家厨所烹潮州菜以及酒后去觅工夫茶更令人印象深刻：

> 他住在第八宿舍，有潮汕厨师一名，为治炊膳，烹调甚精。有一次约一多和我前去小酌，有菜二色给我印象甚深，一是白水余大虾，去皮留尾，余出来的虾肉白似雪，虾尾红如丹；一是清炖牛鞭，则我未愿尝试。任初每日必饮，宴会时拇战兴

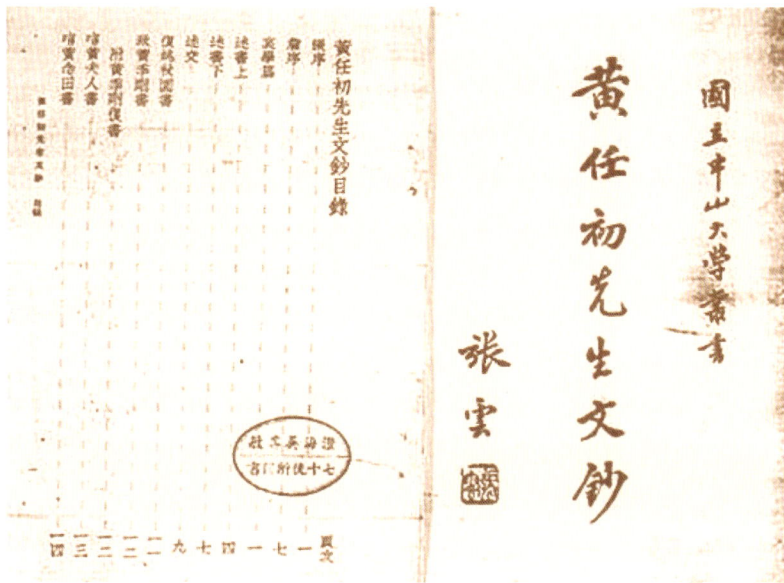

著名潮籍学人黄际遇著作书影

致最豪，噪音尖锐而常出怪声，狂态可掬。我们饮后通常是三五辈在任初领导之下去做余兴。任初在澄海是缙绅大户，门前横匾大书"硕士第"三字，雄视乡里。潮汕巨商颇有几家在青岛设有店铺，经营山东土产运销，皆对任初格外敬礼。我们一行带着不同程度的酒意，浩浩荡荡地于深更半夜去敲店门，惊醒了睡在柜台上的伙计们，赤身裸体地从被窝里钻出来（北方人虽严冬亦赤身睡觉）。我们一行一溜烟地进入后厅。主人热诚招待，有娈婉小童伺候茶水兼代烧烟。先是以工夫茶飨客，红泥小火炉，炭火煮水沸，浇灌茶具，以小盅奉茶，三巡始罢。然后主人肃客登榻，一灯如豆，有兴趣者可以短笛无腔信口吹，亦可突突突突有板有眼。俄而酒意已消，乃称谢而去。①

黄际遇教授英年早逝，生平事迹渐不显于后世，一代学术大师饶宗颐先生早年曾撰专文以致敬意，节录如次，于本文也大有裨益：

先生未冠，已毕四书五经，年十四，补博士子弟员，十七东流扶桑，入东京高等师范学校数理科，暇偕陈衡恪、黄侃，从余杭章炳麟游，兼治文字音韵之学；庚戌殿试中格致科举人，任天津高等工业学校教授。民国三年，任武昌高等师范学校教务长。前后十年，中间于民国九年奉教部派赴欧美考察教育，于芝加哥大学攻治数学，留美二年，得硕士学位。归，历任中山大学教授，北京师范大学教务长，河南大学校长，青岛大学文理学院院长，为维护河南大学，曾聘任河南省教育厅厅长，非其志也。九一八后，睹边事日非，于民国廿四年，复返粤中山大学任理学院数天系主任兼文工两学院教授……其学长于数理分析，蜚声国际，尝发明一定积分定理，著有《Gudepman函数之研究》《潮州八声误读表》《班书字说》，及《畴庵数学论文集》。②

① 梁实秋《酒中八仙——记青岛旧游》，《雅舍忆旧》，江苏人民出版社2014年版，第122—123页。

② 饶宗颐《黄际遇教授传》，《海滨》1948年复刊第2期第97页。

第二节　潮菜新时代：问鼎粤港

　　潮汕滨海，靠海吃海，上焉者为海商，下焉者为海盗；为海商者，驾起红头船，北上上海天津，南下香港南洋，而以香港南洋为盛；所以，上海潮州餐馆不甚兴，而南洋新加坡则是："买醉相邀上酒楼，唐人不与老番侔。开厅点菜须庖宰，半是潮州半广州。"[①]相对而言，省城广州，反不是潮汕人的"菜"——晚清民国有关潮汕人的活动记录不多，有关潮州菜馆的报道则更少。

　　据陈国贤《独具一格的潮汕风味》所述，潮菜名厨朱彪初声名大著，是在1957年到华侨大厦主理潮州菜之后，令潮籍人士，宾至如归，享誉海内外；因为周总理的青睐，还曾应邀北上，充任"御厨"有时。但他们兄弟初来广州时，只是在惠福东路大佛寺街口开设"朱明记"大排档，主营的也只是潮州鱼品粉面、煲仔饭，筵席则不过兼营包办。之所以只有这种小格局，是由于那时广州还没有专门的像样的潮州菜馆，关键是潮人聚集不够，没有像样的市场环境。除朱氏兄弟的朱明记外，另一家位于一德东路叫"侨合"的小店，认真经营地道潮州小食如煎蚝烙、炒粿条、沙茶牛肉等，也有声名。除此之外，即便像上海太平洋西菜社那样，聘请潮汕名厨主理新增的潮州菜的情形，也并不多见。其中较有名的，在民国时期，首推沙面胜利大厦，因为经理是潮州人，故有特聘潮州名厨精制潮州菜式和美点，颇能为潮菜开道。再后来，新的南园酒家1963年在海珠区开业，1964年聘得潮州大厨李树龙，也开始供应潮州风味菜式，但李先生此前售艺于潮汕福建一带，不谙广州市场，影响终究有限。[①]

网上搜检到汕头的饮食文化名家张新民先生发表在《汕头特区晚报》上的一篇《潮菜厨师竞风流》的文章，认为潮州菜"始于潮州，兴于汕头"，并提供了一份"汕头开埠百年潮菜厨师历代表"，说第一代潮菜厨师活动时间是在上世纪二十至四十年代，"第三代大师"活动时间是上世纪五十年代至七十年代，代表人物有朱彪初等11人。如此，则与外埠的观察，基本一致。同时，也说明市场对于饮食业的发展的重要性，尤其是声名外传的重要性。

真正的潮菜潮做，那得要等到改革开放，尤其是有高速公路之后。因为潮州菜以海鲜为主，有些品种的海鲜还是潮汕特有，有的则他处的海产商并不供应，所以你现在去地道点的潮州菜馆，无不标榜海鲜新鲜运到——大酒店有自己的运输渠道，小餐馆也会联系固定一辆早班大巴，以确保及时运抵。再者，也只有改革开放，广东经济发展，广州餐饮市场发展，产生足够的食客群体，才是地道潮菜的有效保障。潮州菜的新发展令万众瞩目，以至于治上海史的文化大家唐振常先生在其《饕飨集》就曾为潮州菜抱屈："八大菜系中无潮州菜，大约以为潮州菜可入粤菜一系。此又不然，通行

潮菜大师朱彪初

① 《广州文史资料》第四十一辑，广东人民出版社1990年版。

粤菜不能包括潮州菜的特点，凡食客皆知，试看香港市上，潮州菜馆林立，何以不标粤菜馆而皆树潮州菜之名？"

现在广州的潮菜馆，最富标志性的特色名菜之一是卤鹅，尤其是鹅头，而粤菜则是烧鹅。推而广之，潮菜多卤味而少烧腊，粤菜则多烧腊而少卤味，从这个角度讲，潮菜、粤菜的区别还是蛮大的。潮汕人的卤水特别是卤鹅传统还是很深远的。比如，潮汕人逢年过节祭祖拜神，多用卤鹅，广府则用鸡，前已有述。鸡头如砒霜，广府人多不吃，烧鹅头也紧致乏味，而卤鹅头则是潮菜尚味。这潮汕卤鹅啊，可不像广州烧鹅用的小型黑鬃鹅，而是用澄海种重达二三十斤、有"世界鹅王"美誉的狮头鹅，头大得很，一个鹅头连脖子可切成一大盘，卤熟的鹅头是又烂又入味，老年人都能吃得津津有味，其呈狮头状的肥美的额颊肉瘤，更有特别的脂香。因此，鹅头是越大越好，从前这种大鹅头往往取自养了三四年的种公鹅，现在市场需要，就有专门饲养两三年的公鹅，这种上等的大鹅头，售价动辄800元、1000元。当然，"味出潮州"的味，不仅是鹅之味，更是卤之味。潮州卤水，高汤为底，配以二十余种香料，其中不乏名贵者；还有被称为潮州姜的南姜和引自东南亚的香茅等独门配方。潮州卤水，常被视为潮味秘籍，外人是难以学精卤水调制的。近年来，潮籍美食达人蔡昊倡导用英格兰出产的单一麦芽威士忌，如30年的格兰杰（GLENMORANGIE）来配卤狮头鹅头，那当然是人间美味，鹅的骨香、酒的果香和调料的辛香配合得天衣无缝，让人回味无穷。但这种高年份的酒已经是天价，卤出来的鹅头更是"此鹅只应天上有，人间能得几回尝"。一"头"得道，"肝肠"升天。在卤水鹅头的带动下，潮州卤水鹅肠、鹅肝，也成了席上之珍；整得好的鹅肝，还企图叫板法国鹅肝呢！鲍汁鹅掌或者辽参鹅掌，那更是经典名菜了；饶平的鹅血汤，配以豆芽、酸菜、葱头，极其嫩滑可口。

从卤鹅我们已可看出，潮州菜与粤菜在调料上的重要分野是，粤菜以酱油为主，而且对粤菜特色的形成影响深远，如清人胡子晋《广州竹枝词》所咏："佛山风趣即村乡，三品楼头鸽肉香。听说柱侯传秘诀，半缘豉味独甘芳。"海天、致美斋先进百年老店至今青春焕发，尤其是海天酱油等调味品，所占市场份额仍为全国之最。而潮菜则基本不用酱油，而以卤水和点酱为主；粤菜的配料多是复合着用，潮菜则是分开的，品种繁多，一席之上，小碟无数：鱼露、红豉油、橘油、梅糕酱、沙茶酱、咸柠檬、咸酸梅、南姜末、蒜（葱）头朥、韭菜盐水、三渗酱、普宁豆酱、姜米陈醋等众彩纷呈；如果要上粥，还要辅以杂咸、菜脯、橄榄菜等。尤其是鱼露，为潮菜所不可或缺，乃是用鲜江鱼卤盐沤烂，再经过蒸煮提炼而成，味极鲜，是酱油或豉油的标准替代品；其因鱼腥味，外人颇难适应。下南洋下出来的沙茶酱，用以烹制潮菜特有的沙茶牛肉、串烧等，别具风味。孔夫子说不得其酱不食，潮菜是不得其佐料不食。一道最普通的牛肉丸汤，除了碗里已撒的鱼露、胡椒粉、猪油炸蒜泥（蓉）、冬菜、小磨香油、芹菜碎或生菜叶，还外加一小碟沙茶酱，供蘸牛肉丸之用。即使潮粤同食的白切鸡，佐料也大异其趣；潮菜通常要配上香油、豆酱、鱼露、橘油，以及在盘正中撒一把生芫荽。其他各样大菜上席时，必有不同佐料相配，如生炊龙虾必配橘油，生炊蟹必配姜末醋，干烧雁鹅必配梅膏芥末，清炖白鳝、清炖水鱼必配红豉油，酱碟繁多，蔚为大观。令人眼花缭乱的同时，舌尖缭乱。

潮州菜，在把一只普通的鹅头整出高大上的至味来，还能把粤菜中并非上佳的响螺整成上味。响螺乃东南沿海所常见，在粤菜中却从来没有好到哪儿去；从前的清人竹枝词说："响螺脆不及蚝鲜，最好嘉鱼二月天。冬至鱼生夏至狗，一年佳味几登筵。"是连蚝都比不上的。但在今天的潮州菜中，变成了"燕翅鲍参肚"之的顶级食材，在一些高级餐厅，一片堂焯响螺可能售价高达1000元左右，堪称奢华食物的新贵。日前去潮州采访调研，在千禧投资公司蔡伟群先生的一次午宴上，许永强师傅当堂示范，一只大响螺，切出十来片，焯出来，视熟如生，吃起来，鲜美脆嫩、爽口多汁，真是至味；一片一千，不虚食也。吃响螺，还有一点讲究，那就是如最早征服羊城的潮菜大师朱彪初在《潮州菜谱》中所谓："螺尾最香，一定要摆上。如食客见无螺尾，食后就不付钱，这是潮州人的规矩。" 白焯之外，还有一种火腿烧螺的吃法，是将响螺连壳在炭火上活烧，目的是让响螺吐尽黏液、去除异味，称为洗螺。然后才灌入火腿末、上汤、香料等，直烤至酱汁收干，才将收缩离壳的螺肉取出，切片摆盘。烧得好的响螺，吃起来就像溏心干鲍，余香满口。这炭烧响螺更难做，市面上几近失传，蔡澜当年到汕头，还是通过张新民才请得美食大师林自然出来演示了一番。

据张新民先生介绍，烧螺的大体做法是，先将带壳的响螺架放在红泥风炉上用炭火烤，其间先用箸尖刺一下螺鼻，使其喷出黏液后洗净，接着往螺口倒入用火腿末、川椒、肥肉、生姜、青葱、黄酒、上汤、酱油等调成的烧汁，略为腌制烧开后倒掉，以洗掉响螺之腥。然后正式烧烤，先武火后文火，直至再放的烧汁被螺肉吸干为止，历时约40分钟。最后脱壳去肠切片装盘。与白焯螺片大异其趣。

说是这么说，这种明炉响螺，要烧得既脆且香，火候非常难掌握，简直无法教、无法传，人谓"裤头方"。其实，因为响螺唯潮汕所产为佳，向来是潮州名菜，当年朱彪初在广州华厦、李树龙在广州南园，都标为招牌名菜，格于当时潮菜声名未达，故如今仿如新起；这也恰恰说明了潮菜今日至尊的江湖地位。人所不知的是，炒响螺，在民国三十年代的上海，就已是闻名遐迩的潮菜招牌；中华书局1934年出版的沈伯经、陈怀圃版《上海市指南》就将其与炒龙虾、炒青蟹并列为三大招牌潮菜。

第三节　回到潮汕

鲍参翅肚和响螺之类的高档菜，如果真堪一系一派的代表菜，那也应该是居于某系某派的金字塔尖，也就是说其下广得深厚得很，否则再高端也无用。回到潮汕，回到潮菜的故乡，你就会有深深的体会。

广东多山少平地，珠江三角洲和潮汕平原是两处难得的鱼米之乡，繁荣富庶，自非他处可比，明人周元暐《泾林续记》也说"粤中惟广州府各县悉富庶，次则潮州"。故在饮食上，广州以外，唯潮州为上。但晚近以来，珠三角多有废稻种桑，不似潮汕平原，始终精耕细作，饮食也在大米上精细雕琢；另一方面，潮汕人长期局于一隅，耕田耕海而外，固拓殖商业，北上南下，乃至经营南洋，但多是走出去，不似广州的"走广"走进来，故其饮食，又最具地域特色。

一、粿味潮汕

潮汕地区，虽属鱼米之乡，滨海为南海东海之交，海产甚美，但晚近以来，地少人多，总体说来，难以繁华富庶论，但其饮食，虽比不得广州作为天子南库的高大上，然其精细繁复，则有过之。以米论之，潮州光米制小食——各种粿类，已可抗衡广州的"星期美点"，令人称奇。潮汕人做粿的精细，从其"种田如绣花"的源头上已体现出来；这种精细，也是潮人的秉性，他们的潮绣、他们的工夫茶、他们的木雕，无往而不精细，因此，他们的菜式与点心，也无往而不是粗中出精。

先说粿条。潮汕粿条是一种用大米粉蒸制后切成条状的食品，有些类似广州的沙河粉，但历史更为悠久。张新民先生根据《秋八月观神之八》（箸头尖，箸尾摇，箸头尖尖夹针菜，箸尾摇摇夹粿条）这首古老的"关神曲"，推断粿条这种食物，至迟应该在明代就已经出现并且成为潮人祭祀的供品和食物。到了清代以后，伴随着潮人大量移居海外，潮汕粿条也在南洋华人世界中扎下了根，与福建面和海南龟啤（咖啡）并称，成为东南亚最大众化的食物之一。在马来西亚和新加坡，粿条的英文按照潮州音的发声写作"KUE TEO"，香港的食店音译过来后称为"贵刁"。美食家庄臣说他在巴黎华人区也吃过粿条，还说那里的唐餐馆大多都有粿条售卖。巴黎的粿条汤也称为"金边粿条"，其实是上世纪七十年代后柬埔寨难民带过去的。而柬埔寨的金边与泰国的曼谷一样，也曾经是海外潮人的重要聚居区。潮州的粿条食品博大而精深，有泡、炒、干三大吃法，每一种吃法又可根据不同的食材产生出不同的风味美食。

所谓"泡粿条"，实际是指煮粿条汤，只是做法较为特别，要一碗一碗地"泡"，绝不能贪图方便煮成大锅再行分勺。泡粿条汤的锅中间是分隔的，一边是沸水，一边是骨汤。粿条要先在沸水中烫热才捞进碗里，碗中则先放上冬菜、鱼露、味精、芹菜珠、葱花或蒜头油，然后才泡上滚烫的骨汤和用这骨汤汆熟的肉片、猪肝、鲜虾、蚝仔或淡菜等料头食材。如果料头是牛肉丸，就称为"牛肉丸粿条"。泡粿条汤的高明之处是确保汤水的清鲜，粿条本身所带的淀粉质经沸水汆烫后已经消失，如果料头带有异味或血水，比如猪肾或猪肝，也要先在沸水锅中汆烫后才移进骨汤锅中。潮州汤菜之所以著名，由此可以略见一斑。

再说炒粿条，是一种看似简单实则复杂的烹饪技艺，要求不烧粘，不多油并且能热透，为此必须先学会烧鼎（烧洗锅镬）和翻勺等厨艺基本功。潮州炒粿条一般分为素粿和荤粿两种。可以将食材与粿条同炒，也可以将粿条炒透后垫于盘底，再将各种食材做成"料头"浇在粿条上面。较有名的潮州炒素粿有芥蓝素粿和菜脯素粿等。功夫全在油膀（固体油脂）及火候。

"乾粿"实际是一种干捞的食法，先将粿条在沸汤中焯熟，捞进碗后拌以花生酱、沙茶酱、味精、鱼露，也可加上肉片、生菜等。二十几年前我与诗人杜国光、书法家许润东等文艺界朋友组成民间"食协"，每次聚会之后大家照例要到中山路和大华路口的宵夜食摊吃上一碗沙茶牛肉乾粿才分手。现在想起，牛肉乾粿的诱人香味竟又穿越时空飘然而至。

粿条而外又有粿卷及肠粉，与广州肠粉大同小异，唯其做工更精细，配料更丰富，常加上鸡蛋、香菇、虾米、鱿鱼、青菜、南瓜等等，以普宁洪阳为著。

三大类粿条而外，著名的尖米丸，也可视为类粿条，只不过它比粿条短些，而且两头尖尖而已。又，如果粿条为大种，各地还有不少类粿条的亚种。比如说粘米丸，其形似介于粿条与尖米丸之间，可谓最新鲜的粿条。它是把浓米浆倒在密布小孔的木板上，挤流于其下的七八十摄氏度的热水锅中，烫熟即浮，浮即捞起，过清冷之水后晾干，即可泡浓汤而食，新鲜爽口，浓汤惹味。粿汁则是一款杂粿条，其浆杂用七成米浆三成番薯浆，摊于平鼎，焙熟晾干，食时细切煮成酱状，淋上浅棕色的卤汁，辅以卤肠、卤肉、卤蛋、豆干等，趁热唏溜，美味醒神，乃早餐的上佳选择；其不淋汁者，则为干粿。杂粿而外，又有无米粿；这无米不是顺德的无米粥的不见米粒，而是在制作过程中，米粉换成了番薯粉来制粿皮裹馅，用膦穷煎，粿皮干赤酥脆，淋上香辣酱料，满口香爽。但这已近于粿糕，非复粿条了。

粿糕也有许多种，首推的当是炒粿糕；把精制的白米糕均切成小块，调入鱼露、甜酱油煎至金黄，再和入新鲜的芥蓝、虾肉、猪肉、蚝仔、鸡蛋等，佐以沙茶酱、辣椒酱、雪粉水、上汤等，外酥内软，滋味繁复、营养丰富，真是可以小吃吃到饱。咸水粿，洁白细腻的小小船形粿体，盛以潮州菜脯，也是独具风味。菜头粿，大抵同于广州的萝卜糕，但佐以芹菜、蒜花、花生仁、胡椒粉等，较广州要丰富味美些。鲎粿，米浆配薯粉和鲎汁裹馅蒸熟，复文火煎至不黄不焦。鲎酱可是稀罕之物。鲎的米珠经过烹调炒熟，其香无比；鲎肉经

蒸粉虎地粿

腌晒成鲎酱，能助消化、祛风，乃佐餐之尚物；以此制粿，得无美乎！干同粿和芋粿，皆以薯粉为粿皮，土豆（干同）为馅为干同粿，芋头为馅为芋粿。韭菜粿，顾名可思义。水晶球，以生粉为皮，晶莹剔透，馅肉分明，可多种多样，多姿多彩。乒乓粿，粿皮与他粿大同而馅大异，传统以黑芝麻、糖粉、花生碎，渐加豆沙、香芋，又加槟醅麸、葱珠油等。

各种粿中，笋粿甚具特色，也相对贵气，俗语有"乞食婆想食笋粿"，如同说"癞蛤蟆想吃天鹅肉"。潮州山好笋，而且出夏笋，乃是笋中之奇。另有一种墨斗（乌鱼）卵粿，因墨斗卵产量甚少，也只有在汕头一带才吃得到。

粿类外的米制糕点，还有许多。如卷煎，腐皮包裹糯米掺和的香菇、虾米、腌猪肉、栗子、莲子、芋、莲角，调以芹菜珠、鱼露等，上笼蒸熟，也可再煎。味甚美。落汤钱，也叫软果，用花生、芝麻粉和成粉团，蒸熟切件即成，有益气止泻、消渴暖脾胃之效。米润，由糯米、白糖、麦芽糖和猪油制成，一块一块，晶莹洁白，富胶黏感却不粘牙，甜而不腻，香醇清爽。爽口弹牙的糯米糍，各处都有。糯米酿莲藕，其实还有花生、红枣、莲子、红豆、红糖。书册糕，洁白晶莹，形似书册。鸭母捻，因为数上央视，颇负盛名，虽类汤丸，其馅之美味则远胜一般的汤丸；其干捞吃起来也很有名，并有美名凤凰春。

"时节做时粿"。潮州之粿，也是中国所有点心的一个重要源头，乃为祭神拜祖的供品；广州早期茶点，也是脱胎于此。潮州还有许多应节之粿。如红曲粿、酵粿、白饭桃等用以祭神拜祖，红曲粿主要用于送灶日；春节有鼠曲粿，系将鼠曲草熬成汤汁，调入粿皮，裹馅压模，置叶上蒸熟而成；元宵节的甜粿、酵粿（发粿）、菜头粿"三笼齐"，以取甜、发、有彩头之意；清明节有朴籽粿，系用是朴籽树嫩叶和青朴籽捣烂，和大米粉、白糖、发酵粉混合成浆，倒入陶碗，上

咸水粿

蒸笼猛火蒸成；端午节有栀粿，系用中药材栀子与草药铺姜煅制浸渍滤出的浸液和糯米浆制成；中元节有碗糕粿（即笑粿）；中秋节，有老妈宫粽球，形似粽子而制法大异，它是要先把浸好的糯米下锅用猪油加适量上等鱼露炒至米粒晶莹透亮，油香润滑，和以甜、咸双拼料馅，再用竹叶、咸草包裹扎成六角球形煮熟；端午另一应节小食猪头粽更是与众（粽）不同：必须选用新鲜猪后腿肉及部分首皮作原料，调以鱼露、酱油、白糖、高粱酒和八角、川椒、丁香、桂皮、大茴、小茴等十多种香料作调味品，用豆腐膜包裹起来，置于一个特制的木规之中，压挤出其中的猪油和水分，香远幽发，余味无穷。这"时节做时粿"的丰富多彩，还有一个"时令防时病"的因素在里边。像鼠曲粿可御春寒咳嗽，红曲粿可消食健脾；菜头粿可去邪热气；麦粿可利便养肝；栀粿可助消化、增食欲，祛疾病。特别要提到的是潮州笋粿，那绝对是不容易吃到的特别小吃，一是鲜笋入粿（饺），世所罕见；二是潮州的春（夏）笋五六月份才上市，更为罕见。

"粿"势之下，其他面类小吃点心等也纷纷姓米叫粿。比如"麦粿"，乃是用不去麸皮的面总面调糊加糖烙成。又如草粿，主要以麦制雪粉为之，其实凉粉也。

此外还有难以列举的厚合粿、菜钱粿、尖担粿、米豆粿、层糕粿、油粿、粿条卷、龟粿、钱仔粿、芋头粿、小米粿、墨斗卵（乌鱼蛋）粿等，无虑百十种；没有哪个地方有这么多种，也没有哪个"鱼米之乡"有这么多种，而且种种精美；粿之外，各种面点、包点，亦复不少，同样精美；从平凡中创造新奇，最足见出潮州人对于饮食之道的不懈追求和饮食境界的不断创造，这才是潮汕饮食领潮的根基。

这一根基，也是市场的根基；潮州小吃的市场份额，如果严格统计，肯定要超过大酒楼，利润率，或许更高。笔者多次出差潮汕，颇有体会；此次为撰作计，特往调研考察，盘桓多日，更可确认。比如在西湖边上寻觅一家著名的牛杂店，没想到下午五点多钟赶去就已是铁将军把门早已打烊；原来他们不想赚太多，每天四点半结束营业。好在这只是老爸的总店和大哥的分店的作风，小老弟后起，钱或许还没有赚够，据说会营业到晚上，立即拍马过去，竟然还得排队等上半天；一碗牛杂粿条上得来，大快朵颐，一气"灌"饱，味在不及味其味之间，真是有味。二十大洋一碗，其实也不便宜了，而如此数十年的畅旺，哪家酒家比得上？又一日，蒙潮州工夫茶非遗传人叶汉钟先生带领，在牌坊街附近觅得一蚝烙摊，说吃得好不好不敢讲，吃饱肯定没有问题——这就是潮州小吃的格调，反小吃为主食了；他处是以此形容主食的。这蚝烙摊，在小街两面各占一个门面，但内进太窄，摆不了几张塑料凳（木椅是没法摆下的），只好在外面的屋檐下靠墙根再摆一些。蚝烙问题暂且搁下，下节要详讲，只想说，如此简陋，仍然得候位；如此简陋，据说老板的身家却很丰富，理据是，十几二十年前，老板嫁女，陪嫁是五十万现洋，那个谱啊，真可入了富二代的谱。既然摆蚝烙摊能赚这么大的钱，为何不把门面弄得"富一代"一些？或许形式一变，质也变了——潮州饮食，质在小吃？

在大潮州地区因开埠而独立在汕头市区，还有两家专卖潮汕小吃的百年老店：飘香小食店和榕香蚝烙店。飘香小食店上世纪五六十年代公私合营时由多家小食摊档合并而成，溯其渊源，当然几近百年；其蚝烙传承自1930年创建西天巷蚝烙的姚老四（姚永义）和林木坤，其虾米笋粿和桃粿传承自新中国成立以前潮成号小食店的杨潮贤和林剑秋；其粽球传承自当年驰名潮汕的蔡七记粽球店的蔡加琪和陈惠琴。正是因为有了这种传承，飘香的虾米笋粿和桃粿在1991年就被评为全国名小吃。榕香蚝烙更是正宗嫡传，店主蔡武乳的祖父上世纪三十年代已在揭阳进贤门外摆摊煎蚝烙，其父移居汕头后也曾走街串巷叫卖蚝烙，三代相传，自有秘技呈芳。

小食最见饮食风情。以粿为中心的潮州小吃，别说外人有的闻所未闻，本地人也未必数得过来。所以，近年来蔡伟群先生出资策划组织韩江师范学院的学生开展全面的调查，统计发现潮汕地区各类小吃，多达五百余种；潮汕地区饮食文化之发达，由此可见一斑。由于粿在潮人生活中的地位，进而有了广泛的象征意义，如抢劫被称为剥粿糕；清人陈坤《岭南杂事诗钞》就有同题之咏。

二、鱼味潮汕

潮汕平原，鱼米之乡。其实在说米（粿）时，我们已经说到了鱼：许多粿馅料或有鱼，或用鱼露。再如别处的烧卖，潮州宵米，其米乃虾米等"米"也。又如驰名的砂锅粥，则非有鱼虾螃蟹等不可。有些小吃，字面上有米或面，其实纯鱼鲜。比如鱼饺，名虽有饺，无关传统饺子的面或者潮州饺子的粿，徒有饺子的形而已；它的饺子皮系用海鳗肉打制成，当然用了一点薯粉起凝固剂的作用。最绝的是鱼饭，完全是以鱼为饭，外人是殊难想象的。鱼饭这东西原本是船家为了及时保存海上的渔获而因地制宜想出来的烹饪之法，原材料为巴浪鱼和"那个鱼"（广州人称"狗棍鱼"）等经济价值不高的鱼；好的鱼是舍不得当饭吃的，当然现今的高档潮州菜馆，也有用苏眉、东星斑等上等好鱼来制作鱼饭的。鱼虽普通，而且制作也似乎简单，不过把新鲜出水的鱼清洗干净，装筐煮熟晾冷即是，但细微的讲究还是有的，比如鱼要鲜，装鱼的筐要新，关键是煮鱼的盐水乃是带配方的高浓度盐水，这样煮出来的鱼饭，便透出一股甘甜，一股竹的清香，几可以表征潮汕海鲜。

鱼饭鱼饭，现在的鱼饭当然不会当饭吃，但在过去确曾是当饭吃的，尤其是"以舟楫为家，采海物为生""不粒食"的蛋民；南宋中兴四大诗人之一的杨万里为官潮州时，有《蛋户》诗云："天公分付水生涯，从小教他踏浪花。煮蟹当粮那识米，缉蕉为布不须纱。"潮州工夫茶非遗传人叶汉钟先生也认同此说，并认为工夫茶之兴，就有解鱼饭之滞腻的因素。

鱼饭而外，腌膏蟹、腌血蚶、腌蟭蛑（小刀蛏）、腌虾、腌小扁蟹、腌虾姑（螳螂虾）、腌三眼蟳（红星梭子蟹）和金不换炒薄壳、咸薄壳、咸虾姑等，也远比那些高大上的品种更具地域特色，因而更具代表性；一些带冰分切的腌制品还被誉为"海鲜冰淇淋"；食俗也有将薄壳米、红肉米和冻红蟹、冻小龙虾等贝壳虾蟹归

巴浪鱼饭

为鱼饭的。

在鱼饭不当饭吃的时代，有时反而更显得当饭吃。比如在一些大点的打冷档（又称"夜糜"或"夜糜档"，即广州的宵夜档），鱼饭常常多达二十几个品种，像伍笋（马友）、白鲳、黄立（黄鳍鲷）等高档鱼类也常被做成鱼饭，价钱却很低廉；如此味美价廉，这个尝尝，那个试试，吃到饱还不知道，岂非鱼饭胜饭了？

潮汕鱼味，出在其因鱼制味。比如石斑鱼清蒸与他处同，以酸梅汤煮则唯潮汕，石干鱼以菜脯条焖也是独沽一味；龙舌清蒸或以豆酱煮，油带鱼则以青蒜、辣椒煮，也都是潮汕做法；小鱿鱼（尔仔）潮汕多白焯，他处有美极的做法；鲳鱼他处可清蒸可煎焖，但绝不会像潮汕用黄瓜煮；其他如贡菜焖马友（伍笋），咸菜或菜脯煮三黎（斑鱼祭），咸菜或菜脯煮鳗鲶（沙毛），梅子蒸鳗堤（裸胸鳝）或煮汤，芹菜、辣椒煮河豚（青乖），青蒜带汤煮红目连，半煎半煮乌尖（棱鲻），粉丝肉臊煮佃鱼（龙头鱼）汤等，等等，纵览沿海中国，没有如此多种多样，异彩纷呈的。

广东潮汕一带，不仅海鱼多而美，成为潮汕特色，其鱼生也美，丝毫不逊广府，只是由于远避海隅，较少引起公共关注而已。比如嘉庆《澄海县志》说："澄地多鱼，人善为脍，披云镂雪，洁白可爱，杂用醋齑等物，食之谓之鱼生……其余如蚝生虾生大率仿此。"1934年出版的《汕头指南》记录的汕头市区"鱼生糜饭业"竟有20家。笔者在潮州实地采访时，当地人颇自负鱼生之美，及其传统之悠久。因为潮州的韩江，至今仍清澈；虽为大江，却自称为溪，所产之鱼，称为溪鱼；好水出好鱼，溪鱼便是好鱼生，至今仍脍炙人口。其做法是，档主要在下午或傍晚先将草鱼放血打鳞开腹去皮，然后将两片切除骨头的鱼肉吊挂起来，让寒风吹干部分水分。到了夜晚，每逢吃鱼生的客人点好盘数之后，才取下鱼肉当面斫脍。张新民先生说，他见过的最好斫脍刀功，是潮州庵埠老市场头那家鱼生档的老板，切时甚至正眼都不看砧板上的鱼肉，唰哧唰哧很快就切下一小堆，然后逐片摆放到竹篾盘上。这时仔细一看，不但盘数与所要的相符，每片鱼生都跟清初屈大均在《广东新语》中所记述的一模一样："红肌白理，轻可吹起，薄如蝉翼，两两相比。" 潮人多有移民南洋，鱼生在新马一带，衍变为春节"捞鱼生"的习俗，亦以记念故土；吃时将所有食材倒落大盘中，众人一齐举箸，将食物挑起又放落，一边高喊"捞起！捞喜！捞个风生水起！"如此反复多次，才将愿望和着鱼生吃进了肚子里。

三、菜味潮汕

从来没有一个地区，会像潮汕一样，把一样大米做出百十种粿糕来；也从来没有一个地区，会像潮州一样，把普通的海鱼，做出丰富而精美的鱼饭来；然而，还不仅如此，也从来没有一个地区，会像潮州一样，把配席的蔬果，做出极品的菜式来，这才是一个小小的潮汕，能顶立一个菜系的最深厚的基础。

潮菜重蔬，首先是一种饮食文化的需要。比如潮汕喜宴必有两道甜菜，一道作头甜，一道押席尾，头道清甜，尾菜浓甜，寓意生活幸福，从头甜到尾，越过越甜蜜。甜菜品种多，而且用料特殊。红薯、芋头、南瓜、银杏、荸荠、莲子、柑橙、菠萝和豆类等植物固然常用，肥猪肉、五花肉等荤料也可制成上等名肴。以植物做的甜腻相宜，代表作品有金瓜芋泥、清甜莲子、羔烧白果、甜皱炒肉等。潮菜最重要的当然是海鲜，而其海鲜的烹制固求清淡，而这清淡，潮人称为"整甜"。这种"甜文化"的物质根源是"潮白"——潮汕土法白糖，又称潮州土糖。潮白与潮蓝（蓝印布料）、潮烟是清朝海禁开放以来潮州对外贸易的大宗，尤其是潮白，更是垄断国内市场达二百年以上。文化，通常是物质欲望的一种祈愿；甜，是潮州人的一种文化之根；饮食之中，主要由甜素菜担当。潮州人能把别处粗黑的土塘精制成白糖，也能把别处粗贱的素菜精制得清淡鲜美，营养丰富。因此，蔬菜在潮州菜里，地位从来不让荤腥。

因为潮菜重蔬，故有潮州三件宝之说：菜脯、咸菜与鱼露。先说菜脯。"菜脯一下，潮味就来。"潮汕味道，菜脯当先。菜脯其实就是萝卜干；萝卜干到处都有，潮州的特别好，尤其是腌制得好，像饶平的"高堂菜脯"，色如琥珀、肉厚酥脆，不仅卖到全国，还远销到东南亚、欧美和中东。次说咸菜。咸菜即大芥菜腌制品。大芥菜，在潮州地位尊显；从前，元宵之夕，女子到地里"坐大菜"，祈求"明日选个好夫婿"，可不得了。芥菜之被选择，因它在潮州味道里太重要；鳗鱼咸菜、咸菜蚝仔汤、咸菜车白汤等，咸菜的滋味，早已融化成为最有代表性的潮汕味道，"火腿芥菜煲"，更是高大上的味道。从来潮汕人外出，菜脯与咸菜总是最令人眷恋的故乡味道，也从来是潮汕出口产品的大宗；一些老菜脯啊，如三十、五十年的，一斤几十元，那是比肉贵多了；这样的老菜脯，送稀饭，清肠胃，美味又保健。

潮汕人还有一类咸菜，就是咸蚝等"充园蔬"的生腌海鲜。过去穷的时候，咸蚝与菜脯咸菜一样属于日常必需的"杂咸"，吃它们是为了"拌糜"，是为了最低限度满足口感对盐的生理需要。而生蚝一类，则属于生活的奢侈品，是为了享受而吃的"吃巧"，而不是为了生存而吃的"吃饱"。从这个角度出发，美食，还可以理解为由于某种原因而不能经常吃到的家常菜肴。这些原因有时是经济的，有时则是技术（烹饪技艺）的，还有可能是文化的。

潮汕的咸菜、菜脯等，常见的有贡菜、橄榄菜、冬菜、乌橄榄、豆酱姜、咸水梅、咸蛋、荞头、盐水蒜肉、腌制虾菇、腌制蚬、腌制蟹、蟛蜞、钱螺鲑、饶子脯、芥蓝茎、腌杨桃、咸巴浪鱼、花仙、腌黄瓜等，主要是配潮州白粥（潮州糜）用的，多达100多种，也是他处所无法想象的；汕头有一家知名大酒店，就将杂咸作为招徕之一，摆出一百种精制靓装的杂咸，名曰"百鸟朝凤"。

"好鱼马鲛鲳，好菜芥蓝薹，好戏苏六娘"，芥蓝菜的稚嫩花茎，与马鲛鱼、鲳鱼这类优质好鱼和传统潮剧中最优秀的剧目《苏六娘》，是可以相提并论的；沙酱芥蓝炒牛肉，或者清炒芥蓝，是潮菜的经典出品。广东的地域性青菜能风靡全省的，除潮州芥蓝外，则余水东（电白）芥菜和增城迟菜心。

毛罗勒，俗称九层塔，号称"金不换"，是潮州人最宝重的调味香草。有了金不换，他处用来喂鸭的烂贱的薄壳，便炒成了潮州名菜。

"刺仔花，白披披／阿妹送饭到田边／保贺阿兄年冬好／金钗重重打一支／刺仔花，白抛抛／阿妹送饭到田中／保贺阿兄年冬好／金钗重重打一双。"这首具有诗经风味的潮州歌谣《刺仔花》所歌唱的苦刺心，过往一直是潮州人的至爱；民初胡朴安的《中华全国风俗志》也有记载："苦菜一名苦刺，系野草之一种，丛生茂盛。清明时妇女儿童持小竿竹篮，随打随拾，归来洗洁，与豆芽同煮。俗传食之可以清血解毒。"只不过在环保养生的今天更受宝重，或以之煎蛋，或清水煮，皆极受欢迎；因系野生，颇不易得。

益母草，谁都知道可制妇科良药，潮汕人却把它变成席珍草；"焯碗益母草"或"焯碗真珠花菜"，点菜时，总是免不了。有一原籍杭州的美国华人画家眉毛（王介眉），酷好潮州菜，曾经一月之内两抵汕头，声

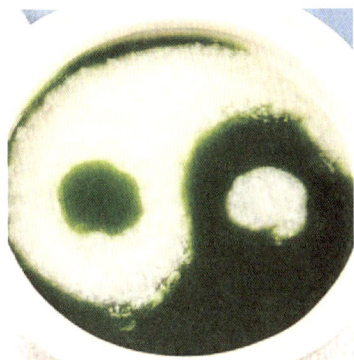

护国菜

称一定要去吃益母草，因为"这个月两次了"，语带双关，十分诙谐地凸显了益母草的味道。

最奇的是麻叶，这种中国最古老最广大的男耕女织的作物的叶子，却被潮汕人变成一种顶级潮菜馆也少不了的菜肴。

当然，顶级的莫过于护国菜。护国菜其实不过是番薯叶做成的，但历史悠久，据说有700多年历史的。传说南宋最后一个皇帝赵昺兵败南逃到潮州，仓皇之中，饮食无着，土人将番薯叶（传说如此，或是他物，因为彼时番薯尚未引进中国）捣碎制成汤羹献上；小皇帝饥不择食，吃后连连称好，并有言："大宋危难，这小小番薯叶，也能助朕，就将它封为'护国菜'吧！"这种菜羹，或许早已有之，但继此之后，随俗喜好，乡民愈加用心，做得越来越精细入味，延及苋菜、菠菜、通菜、厚合菜（广州叫君达菜），皆可入馔，成为潮菜筵席首选汤羹之一，也成为潮菜粗菜精制的典型和象征。如今通常的做法是，切取鲜嫩番薯叶的前三分之一，以确保其嫩；去掉其中的粗脉络纤维后，用刀细细切碎，并用碱水浸泡压干，再用浓缩鸡上汤煨制，辅以北菇、火腿蓉。如此色泽碧绿如翡翠，煞是好看，喝起来也清香爽滑，又营养丰富。有的还做出各种形状来，如在碗面调成绿白两色之太极图形，堪称潮菜之极品。

最具特色的潮汕菜，连《舌尖上的中国》都热捧的，就是海产的紫菜；广东市场所售，大抵出自潮汕。在广州，我们多是用来焯个汤，或者做寿司，但在潮汕，还可炒可煮可烤，是很美味的家常菜，可以炒芹菜，可以焯珍珠蚝，可以炒蛋或做蛋卷，可以直接烤来吃，如果用来焗饭，那更比寿司好吃。

四、茶味潮汕

作为鱼米之乡的潮州，除被称为白米的大米之外，还有一米，即茶米；潮州人向来不径称茶叶，而称为茶米的。这反映了茶叶，也即工夫茶，在潮州饮食中，与大米一般须臾不可或缺。

叶汉钟先生说，把茶当米，既是环境决定的食俗，也是经济决定的食俗。工夫茶流行于闽粤的汀泉漳潮四府，而以潮州为最盛，亦以潮州为最富——越过汾水关，平畴万顷，海天万里，洵非闽南三州可比也。此地盛产稻米，盛产蔗糖，盛产海鲜；海鲜须淡以出鲜，糖食尽甜以抵饿（普通大众尤有需要），如此一来，高脂高糖，又兼地有瘴疠，如何是好？工夫茶便变得必不可少。绿茶清淡，不顶事的，唯工夫茶，浓香出味，既对海鲜之清淡，复消糖脂之滞腻；工夫茶的解瘴之道在于，这深加工的茶安神，安神则精神放松，精神放松则身体放松，身体放松则全身毛孔放松，全身毛孔放松则汗容易出，汗出则瘴疠解矣！

有一个后妈的故事，最能见出工夫茶解腻的效用。话说一个后妈，既讨厌前妻留下的儿子，又不想担恶名，遂心生一计，即每天用猪油炒饭给这儿子吃，这小孩可高兴得不得了啊！在旧社会，猪油炒饭，可是有什么喜事，比如生日，比如做了值得奖励的好事时，才配享有的；不明就里的外人，也会觉得这小子遇上好后妈了。可是，日子既久，人渐消瘦，瘦得学校的班主任关切深究——哦！原来是因为吃油炒饭。这班主任也不动声色，不想坏后妈名声，只是每天上学后，课间叫这小同学到舍间喝几口工夫茶，直喝得这小同学渐渐复原，甚至渐渐丰肥，弄得这后妈差点赔了油炒饭又折名声。

这工夫茶，是既克了油，又复似肉。也是。茶家论茶之好否，往往以"有没有肉"作评。说"有肉头"，意味茶的浓郁、醇厚，不轻滑，回旋于齿颊间不去，如

潮州工夫茶炉茶具，以橄榄核为燃料

有一层东西，好东西——"肉也"。喝茶如吃肉，吃肉要喝茶；这就是潮人生活的艺术与艺术的生活。所以，潮州菜馆的宴席上，总会有几巡程式讲究的"潮州工夫茶"，让你小杯低斟品尝，令你回味无穷。

配茶的小吃，广府旧称茶素，潮汕称茶配，皆是饮食文化的重要组成方面或者菜系发展的重要"前戏"。潮汕茶配深具特色。随着潮商红头船的北上经营，上海第一家广东食品店，就是1839年潮阳人开设的源利号，主要经营茶配饼饵。此后便日益昌盛，至1949年中秋，京剧大师梅兰芳为上海源诚号潮式饼食店写下了"潮食泰斗"的题词。潮州糖饼闻名上海滩最重要的基础，是潮州土糖在上海市场几乎居于垄断地位。在潮州，作为茶配的糖饼主要有朥饼、腐乳饼、糖葱薄饼、鸟饼、桃饼、束砂、酥糖、糖狮、米糕、豆沙糕、淋糖、姜糖、明糖、芝麻条、老妈糕、芋泥月饼、米润、兰花根、菱花、斋五牲、蛋黄酥等。此外，还以其繁多的蜜饯出品支撑着京苏广福四大蜜饯流派的广式蜜饯：柑饼、老香黄、冬瓜册、山枣糕、黄皮豉、老药桔、黄梅、化皮榄、苏州橄榄、甘草油甘、柿饼、五味姜、加应子、柚皮糖等。其中的老香黄，因其肠胃保健作用突出，最为珍贵。自明代即已获得大名的糖葱，则最具代表性；葱糖技艺传人姚香庭拉出来的葱糖，可以有16大孔256小孔，因此，得如明人郭子章《潮中杂记》所说："极白极松，绝无渣滓。"

五、夜味潮汕

广东人的夜生活是出了名的，广东的宵夜，也是"冒健康之大不韪"而长盛不衰；民国时期，在上海，如前面所述，是"宵夜表征了食在广州"。新时期以来，潮汕菜馆大举进入广深等地，人们宵夜又也变得相对丰富和高大上；往常的宵夜，炒两碟河粉、油菜，来两瓶啤酒，大抵如此，可潮汕的店里，有海鲜砂锅粥，有炒薄壳等海鲜，有各种卤水，当然也会有一些粿糕等等。但是，如果你回到潮州、汕头，广州的宵夜就弱爆了；在一些大的夜糜店，像汕头的富糜，几条长桌一字摆开，所有"打冷"陈列其上，那个品种之多啊，几可谓琳琅满目，目不暇接，光鱼饭一箩箩就有红目连、伍笋、迪仔、鲳鱼、红鱼、鹦歌鱼、赤鲗、那哥等十几种；隆江猪脚、卤猪大肠、肥鹅肝、卤五花肉等卤味一大堆；传统的青蒜焖乌鱼、酸菜蚵鲗鱼、香煎马鲛鱼，新鲜的小黄鱼、大斗鲳、活血鳗以及虾蟹现炒应席；猪肉镶苦瓜、炸排骨等肉食点缀其间，青菜、杂咸更不用说了。

现在的潮汕夜糜档，已不再是打冷独撑场，而是将传统的海鲜大排档融为一体，提供简直比打冷更丰富的小炒。比如小黄鱼、大斗鲳、石角鱼、三黎鱼、活血鳗、蚓鳗、金钱花鱼、淡甲鱼等新鲜鱼类以及各种虾、蟹，都是寻常的供应，加上时令的蔬菜，耳目撩动着舌尖，物美而且价廉；有一次，南方日报记者陈小庚回汕头，发回一张当地最负盛名的"富苑"的夜糜照，三菜一粥28元，你能不咋舌？

如此营养丰富的美食，再用黏软品种米煮成的"水米融洽，柔腻如一"的潮州白粥——"糜"相送或送"糜"，"粥后一觉，妙不可言也"，可谓一夜舒坦，一天舒坦，一生舒坦。

在这绚烂的夜糜档上，一些普通的食材也变得高大上起来。比如红蟹，有个冷笑话很能说明问题："熊是怎么死的？笨死的；红蟹是怎么贵起来的？冻贵的。"红蟹因为肉质松，含水多，吃起来没有什么肉，可谓"蟹肋"，但冻过以后，却变得肉质鲜美，身价便腾贵了；在王家卫的《重庆森林》中，那顿情人晚餐，正是一份冻红蟹啊！——蟹当然可以助情；潮汕人的半荤俗语说："吃蟹夜夜会，吃虾耐一夜。"

第四章

客家占地主

广州是省会，广东各地区各族群的菜系，在既往交通不便的时代，往往通过广州来展示，或者融入以广州或广府菜为代表的粤菜之中，如此粤菜方为粤菜；其中，客家菜或曰东江菜尤为典型。

第一节　助成国菜风范

广州人以前有一句俗话："客家占地主。"即是说客家既为客，遂随处客居，以至反客为主；于饮食之道，倒可输出与吸收并举，予粤菜以长期的相互影响。比如说，现在作为"食在广州"最具代表性之一的沙河粉，就是客家人所创。劳赛班老先生说，一百多年前，一些以打石为业的东江客家人从五华县到沙河定居。这些人家家都有石磨，用石磨将大米水磨成浆，以白云山泉蒸出的山水河粉又薄又韧又爽又滑。后来自食之余，开店外销，由于价廉物美，人人爱吃，生意越做越旺，渐渐成为名点。再如国宴主厨顺德肖良初的代表作"八珍盐焗鸡"，也是建基于客家传统名菜"东江盐焗鸡"之上。其实，从民国名媛吴慧贞推荐的多款盐焗鸡谱中，也依稀见出客家菜早期的影响，同时又有广府菜的特色和新意：

　　盐焗一味可以补身代药，鸡香肉嫩，绝无油腻，保全原质，不失原味。烹法先取肥姑鸡扯净，用布抹干里外，再以玫瑰露酒擦匀吊干后，用石湾出产的瓦制砂煲（即薄瓦煲），以海田产之生盐薄敷煲内，将鸡原只放入，再加生盐以盖过鸡面为度，随把煲盖盖上封密，放炉上以慢火烧约五十分钟，即可取食，半酥软滑，皮肉皆香。不过烹制时有二点极需注意，就是鸡身宜干，一有水份，其味即苦；火要慢而匀，才不致有鸡未熟而瓦煲先爆裂之虞。也有以蜜糖、香料之类擦鸡肚内，虽增香味，但嫌杂浊，不及味清为美。

广东还有一种很特别的客家鸡肴，外人是很难学的，就是客家的娘酒鸡，是用天然红色的糯米甜酒煮的，漂亮得很；酒香肉嫩，味道好得很；而且深具滋补功效，因为原本主要是做给月子里的母亲吃的。梅州客家颇得中原之遗，故其鸡的烹调方法，除著名的盐焗鸡和娘酒煮鸡之外，还有扣鸡、扒鸡、熏鸡、烤鸡、卤鸡、炸鸡等种种，丰富了广东鸡肴。

有学者认为客家的扁米酥鸡以及玫瑰酒焗双鸽，更得久远的中原传统之遗。扁米鸡乃是将扁米填进宰净的鸡腔内，先蒸后炸而成，色泽金黄，外酥内嫩，香味浓烈。扁米其实就是将糯米蒸熟成饭，盛在笋里，上盖湿布，置通风处晾干，饭乃变成扁小如芝麻，故名扁米，但因此而具有正气开胃的作用，宜其扁米酥鸡成为传统东江名菜。至于玫瑰酒焗双鸽，其法是将双鸽宰净抹干，覆摊于瓦钵内，鸽下横放竹筷两根，使鸽身与钵底

广州名媛吴慧贞在1947年上海《家》杂志专栏页面

有一点距离，以畅势力；取玫瑰酒一杯置于两鸽之间，然后整体放入铁锅，加瓦盆作盖，取中火烧锅。鸽熟时杯中还存清酒半杯，但是酒味已荡然无存，而鸽肉则酒香扑鼻。通常认为客家民系源自中原，保守宗风，菜系亦然；有谓扁米之制，即可见于《南齐书·虞宗传》，或属可信。①

又如客家的梅菜，系粤菜中应用甚广的辅料之一，民国吴慧贞在上海《家》杂志开专栏介绍《粤菜烹调

① 张秀松《〈广东客家菜〉序》，黄华《广东客家菜》，广东科技出版社1995年版。

法》，屡屡言及；当年在广州忠佑大街著名的东江饭店，许多海外游子归来，不问鲍参翅肚，指名要梅菜扣肉，为的就是勾起一些少时的回忆；客家人深厚的家乡观念，使得在以清淡为主的粤菜中心区域，口味较重的客家菜仍能占一席之地，历久而不衰，今人周简章的著作《老滋味》还说，梅菜是上了国宴的大雅出品。

客家占地主的另一标志性事件是广州东江饭店的命名。东江饭店始创于1946年，最初叫云来阁，后又曾更名为宁昌馆，1972年才经批准更名为"东江饭店"，在当时是以菜系地域表征作为店名的唯一一例。因其传统的东江风味备受青睐，盛极一时；独创的"东江盐焗鸡"更是趋之者众，风头一时无两。它的菜式特点是以家禽三鸟为主料，主料突出，烹调朴实大方，味道浓郁。它有十大名菜，除东江盐焗鸡外还有东江香酥鸡、红烧海参、爽口牛丸、红糟泡双肱、七彩杂锦煲、八宝酿豆腐、东江卷、梅菜扣肉、东江大圆蹄、咸菜肚片等。它的"八宝酿豆腐"可谓现在驰名广州的客家酿豆腐的极品，乃是选用猪上肉、鱿鱼、虾米、冬菇、咸鱼肉、大地鱼肉和葱米拌成肉馅，酿入豆腐之中，用中火煎成金黄色，放进垫有"菜胆"的瓦罉内，加上味料和上汤，慢火滚熟后上席。这道菜鲜香嫩滑，滋味浓郁。

客家菜不仅影响广府菜，也影响潮州菜，比如著名的潮州牛肉丸，就源起客家，有人认为系抗战时期从梅县、兴宁传过去，但只做小吃，当不了大台面，不像东江菜的清汤牛肉丸可充筵席上菜。当然客家菜也充分借鉴潮州菜，最奇绝当属从潮州工夫茶借得灵光，创制出绝味的工夫汤。工夫汤不用炖盅、砂锅，而是用茶壶。把灵芝、枸杞、当归等中草药和农家鸡、瘦肉等食材一起放进茶壶，上炉慢蒸几个小时，蒸得清纯似茶；喝汤自然也不用汤碗，而是小茶杯，如饮工夫茶，滋味醇厚，齿颊留香。在饮工夫茶的潮汕席上，倒是基本不喝老火汤，多是即煮的牛肉丸、鱼丸汤或者滚个豆腐第鱼汤。客家人的五指毛桃汤，也是独沽一味的。

最令客家饮食扬眉吐气的，或许当属梅州大埔人张弼士1892年在烟台创办的张裕葡萄酿酒公司；粤人两大魁首，武如孙中山、文如康有为，莫不顶礼志庆：1912年，孙中山先生为题"品重醴泉"，以示嘉勉；康有为则亲往参观下榻，并赠一绝："浅饮张裕葡萄酒，种植豆台芍药花。更复法华写新句，欣于所遇即为家。"百年老店，青春依然，能不骄傲？！

第二节　粄里客家

邻近的大梅州客家地区，有一种粄，近似潮州的粿；从前客家人生计维艰，奢华不起来，故多在主食大米上下功夫，唯其如此，始得精美。比如平远的黄粄，系用糯籼混合米在上等的草木灰包滤出的水中浸泡数小时后，加工成米浆，用文火煮成柔软而又富有韧性的粄团，取出置于铜盆中蒸熟，然后放入臼中舂糍，就成了金黄香嫩的黄粄；其黄色源于草木灰中的杨梅叶汁。

又有一种味酵粄，老少咸宜，叶帅八十还乡，都未曾忘怀，特地要求品尝。味酵粄的制作更为简便，用粳米磨浆，配上"枧沙"蒸熟即可；或蘸用黄糖及少许酱油煮成的"红味"或点"蒜仁味"就食。

大埔一带盛行老鼠粄，实则一种用搓板搓出的粉条，因为两头尖形似老鼠而得名，香港客家雅称为银针粉，台湾客家则称为米苔。

又有一种"猪笼粄"，实即米制菜包，因外形似圈猪的竹笼而得名；原本只是上山耕作时随带果腹的白饭团，有条件讲究了，就包入各种馅料，成为美食。

又有一种人丁粄，以粘糯混合的米粉加水揉成长约15厘米的圆柱条，入笼猛火蒸透即可，多作为供品，以寓意家庭幸福，人丁兴旺。主要盛行于大埔农村。

又有一种两熟粄，先把大米加水磨成米浆，放入已经爆香的猪肉、香菇、鱿鱼、碎花生米和虾糠，加适量的盐，再倒进大锅里用旺火炒，炒时勤翻勤压，以防粘锅，待成糊后，用手挤成乒乓球大小的丸子，入水煮沸，加入葱花和芹菜花，用胡椒、味精等调味品拌匀即可。

又有一种萝卜粄，或叫菜包粿，同于广府地区的萝卜糕。

又有一种叶子粄，以搽了猪油的竹叶包裹揉进了豆沙的糯米粉，蒸熟后，兼竹叶的清香、糯香以及豆沙、熟油、砂糖等的香味，可谓五香俱备。

又有一种 "仙人粄"，实似凉粉，有降温解暑之功，而无受冷患寒之弊；客家习俗，入伏这天吃了，可保整个盛夏痱子都不会长。食时调入蜂蜜，洒上香蕉露，清甜爽口，沁人心脾。以河源紫金一带所制为佳。

今属潮汕的揭西客家，有一种鸟仔粄，因其形似小鸟而得名，以豆腐干、葱、蒜、虾米、猪精肉等杂以为馅，色香味俱全，可与潮州之粿媲美。仅在县城河婆镇主要街道就有50多家做这种粄，仅清河路、河西四路就集中10多家，堪称"鸟仔粄"一条街。如此繁荣，除本地人喜爱，还有外销的需求。

又有一种九层粄，咸一层甜一层地夹杂着，味道很特别。

又有一种忆子粄，名甚特别，且历史悠久，不知里面有何故事；以肉片、鱿鱼丝配以葱、姜作馅，味道香美、老少皆宜，深受大众的喜爱与推崇。

绿豆粄的主要原料并非绿豆，绿豆只占一分，与四分红糖加一分桔饼、枣肉、龙眼肉、瓜片等作馅，三分糯米作粄皮，包置于蕉叶之上蒸熟，清甜香鲜，有"沙里淘金"之美誉。

客家人遇办喜事会大做红粄，用粄脆包甜豆沙、花生粉、红豆馅，再用"粄印"印出龟甲的花纹，以求吉祥喜庆。

潮汕人有一道创意青菜——炒麻叶，客家人则有一道创意粄品——苎叶粄，因其特有，最资怀乡。以鲜嫩苎叶和粳糯米加井水于石臼捣烂、黏合，形成青翠欲滴的粄团，捏成小块，可蒸可炸，清香甘润，别有风味，且能耐饥渴、长力气，除皮肤疾患，强身健骨，老少咸宜。

发粄是年节之粄，因为经过发酵，蒸后粄面会从碗里隆起来，有发财之谐兆；常会裂口，因此又叫"笑粄"。客家人过年，家家户户都会蒸发粄，更会蒸甜粄，有不蒸甜粄不过年一说；甜粄必须保留一部分到二月初二日，在初二日当天将甜粄切成小块用油煎来吃"谓之撑腰骨"，意味着吃完要挺起腰骨开春忙家活了。

又有笋粄，一称酿粄、包粄，以薯粉制皮，以肥猪肉及竹笋配虾米、鱿鱼丝、香菇、胡椒粉等为馅，类如潮州笋粿。

客家笋盘子

清明粄最有名，最悠久，也最富特色；清明时节，广州的酒家也很容易吃得到。以半粳半糯之粉，和以鲜嫩的艾叶、苎叶、白头翁、鱼腥草、鸡屎藤和使君子等，充分捣匀成青色粄团，再于案板上使劲反复搓韧，分掰蒸熟即成，既有春天的芳香气息，又有祛风祛湿等保健功效，故又称为药粄。

又有一种灰水粄，系用稻秆灰或黄豆苗灰等滤水浸米磨浆，然后蒸熟即可，多见于平远等地。

还有一种线刀粄，制作中用的是稻秆灰包，但不是浸米，而是用来吸去磨好的粄浆的水分，使其成为嫩滑的浆团，然后薄摊于光滑的瓢背，以苎线为刀，将粄块匀切成一条条泥鳅般的粄条于沸汤之中，不须调料，已是米香氤氲，口感滑嫩。线刀粄已近似广州的沙河粉，相传沙河粉由客家人发明，也可谓渊源有自；陈村粉后出，当受沙河粉的影响。

潮州梅州，俱属粤东，也称岭东。粤东之粿与粄，精磨细做，丰富多彩，最能体现"食不厌精、脍不厌细"的中国饮食文化传统；以奇为尚，以贵为尚，乃土豪之风尚。魏晋是士族制度形成的时代，以文化维系宗族的士族才是真正的贵族，未闻有士族纵食豪奢。新贵如开国元勋之子石崇与国舅王恺斗富，宰相何曾日食万钱而无处下箸，反被士族目为伧夫。长期以来，广东味道，奇味在外，奢味在外，其实那只不过是冰山之一角，金字塔之尖顶，最基本的或者说最根本的，也最有代表性的，当属这世代长存岭东的粿味与粄味。

广东番菜

第五章

西餐东传，不仅在中国饮食史上，在中国文化史上，也是值得重视和探讨的。而西餐东传的首功，按理说，应该属于两千多年来一直保持对外开放，明清以来长期维持一口通商局面的广州。可是，由于上海的后来居上，由于北京的帝都气魄，由于广东的"沉默寡言"（当然也有人会解读成没有文化），这功劳与贡献常常被剥夺加诸京沪。比如包天笑先生说："西菜始流行于上海，起初名曰番菜，又名曰大菜，内地当时尚无之，故内地人到上海来，有两事必尝试之，一曰坐马车，一曰吃番菜。此两者均为新奇之事。"①赵珩先生则说北京早已有之："康熙时宫里就有番菜房做番菜，置办了整套的西餐餐具，包括各种不同的酒杯，喝香槟使什么杯子，喝葡萄酒、喝威士忌酒、喝白酒各使什么样的杯子；什么是鱼刀、什么是黄油刀、什么是餐刀，那都分得清楚极了。"②如此，后来乾隆时马戛尔尼使团访华，享受到西餐的招待，那就不足为奇了。但是，皇宫里的事儿，不足为北京据；再者，皇宫里的西厨从哪儿来？绝非北京，更非上海，只有广州。

第一节　粤仆与西餐的兴起

广州人很早就学会了做西餐，因为很早就有了广州人用西餐招待西人的记录。据程美宝、刘志伟教授考证，早在1769年，行商潘启官招呼外国客人时，便完

① 包天笑《六十年来饮食志》，《杂志》1945年第15卷第5期，第25页。

② 赵珩《西风东渐说"番菜"》，《南方都市报》2014年7月8日。

全可以依英式菜谱和礼仪款客①，这足以改写当下的中国西餐起源史说，同时也反证了中国菜的不待见。通过程美宝、刘志伟教授的研究，我们还知道，旅居广州的西方商人，在朝廷厉禁之下，不得携家带口，许其雇请中国仆人，已是网开一面。如嘉庆十五年（1810）广东布政使在回复英国东印度公司的请求时，就说："府议以十三行及澳门公司馆内，向来雇用挑夫、守门、烧茶、煮饭、买物等项人等，均不可少，请照旧章准其雇用。"②当然厨师也是由仆人充任。

而从外文文献中，我们从未发现夷馆里的华仆做他们拿手的粤菜，而是做得出十分高明的西餐及点心、饮品。一位奥地利女士观察记录说："早餐包括炸鱼或炸肉排、冷烤肉、水煮鸡蛋、茶、面包和牛油……正餐包括龟汤、咖喱、烧肉、烩肉丁和酥皮糕点。除了咖喱之外，所有菜都是英式做法——虽然厨子都是华人。"③

法国作家老尼克著《开放的中华：一个番鬼在大清国》所述莫菲·岱摩医生183（？）年（按，是书未标具体年份）住在广州夷馆奥地利商行双鹰行时，某个周六所享用的奢华西餐以为例，那更是欧洲本土西餐都难以企及的。午餐："一盘咖喱鸡、鸡蛋、油炸小点，还有几片没有配菜冻肉、火腿和牛肉。"晚餐则更为丰盛：

> 都柏林行会是从不曾如此奢华的。首先是两道或三道浓汤，喝马德拉葡萄酒、雪利酒和波尔多红葡萄酒，每瓶都用湿棉布裹着，以保持清爽口

① 程美宝、刘志伟《18、19世纪广州洋人家庭里的中国佣人》，《史林》2004年第4期。

② 梁廷枏《粤海关志》，广东人民出版社2002年版，第556页。

③ Ida Preiffer, A Woman's Journey Round the World, London, Office of the National Illustrated Library, 1850, p95—96.

感。然后是一盘鱼，通常吃这道菜只喝啤酒。接着，就是这个时候才开始真正的晚餐；烤牛肉、烤羊肉、烤鸡和必不可少的牛峰肉、火腿。有时，为了换换口味，会有一块来自欧洲的昂贵的肥鹅肝或小山鹑肉。和这道菜搭配的酒是波尔多红葡萄酒和索泰尔纳酒。所有这些菜撤掉后，开始餐中甜食和烤野味。有当地的一种叫做米雀的巫鸟，有野鸭，有小野鸭，等等。这时，开始喝香槟，还有波尔多红葡萄酒。紧接着加味菜：鲱鱼、孟买的洋葱、奶酪、沙丁鱼。总之，足够多的消化菜以缓解五六道容易消化不良的菜。啤酒没有间断过，一直到仆人们——穿着白衣服、蓝鞋子，辫子系着红发带——端上餐后甜点。这时，每个人根据自己的喜好和酒性开始品尝葡萄酒。

最后，我们来到客厅。在那儿，利口酒和咖啡为这顿奢华的日常餐画上句号。您可以猜猜这顿饭的费用，想想几乎所有菜的原料——甚至烧菜的木炭——都来自欧洲，都必须支付进口税。[1]

文中没有明言厨师是否广州人。再从亨特《广州番鬼录》的记述看，夷馆基本是没有洋厨师的。1839年春，林则徐开始在广州禁烟，一个措施是勒令夷馆的华仆撤离，"突然（3月24日）有几百名中国人（估计约800人）被迫离开商馆，商馆好像死地。在各种服役工作方面——连一个帮厨的人都不准留下，外国居民简

---

[1] ［法］老尼克著，钱林森、蔡宏宁译《开放的中华：一个番鬼在大清国》，山东画报出版社2004年版，第20页。

十三行商馆图

直束手无策。结果，为了生存，他们被迫自己尝试做饭、收拾房间……当我们尝试去烤一只阉鸡、煮一只鸡蛋或马铃薯时，与其说是诉苦，不如说是好笑……我们的主任格林，试着煮饭失败之后——煮出来像一团硬胶……洛先生自觉地干他力所能及的事，但当他把面包烤焦，又把鸡蛋煮成硬的葡萄弹之后，他放弃这份工作……"[1]

这些华仆厨师，由于西菜做得好，还被介绍到国外去："我已经把以下由你以前的买办介绍的4个中国人送到Sachem号上去了。他们分别是：Aluck厨师，据说是第一流的。每月10元。预付了一些工资给你的买办为他添置行装。从1835年1月25日算起，一年的薪水是120

[1] [美]亨特《广州番鬼录》，广东人民出版社2009年版，第141页。

元。"①另有一个叫Robert Bennet Forbes的也将一个英文名叫Ashew的华仆带到波士顿为他妻子的表亲Copley Greene服务。②因此,早期欧美人在其本土,虽见到了中国人(当然,也还有更早远赴欧美生活过一段时间的中国人,最早的是1645年郑惟信赴意大利罗马攻读神学,稍后1694年沈福宗也被派到欧洲学习神学,那都是无由烹制中国菜的),却没有吃到中国菜。这在后来大肆鼓吹靠菜刀实现"中国梦"者看来,真是令人痛心疾首的遗憾!

而由仆人引导的中西饮食文化交流,仍在继续,只是未确其为中餐,其为西餐,至少既能中餐,亦能西餐。其中最著名者,第一当为1901年附捐毕生积蓄一万二千美元创建美国著名大学第一个汉学系——哥伦比亚大学东亚系——的广东"猪仔"丁龙;他贴身服侍的雇主卡彭梯尔,被其感动,捐献了十万美元巨款!第二当为自1871年至1953年一直服务于西海岸历史最悠久女子学院奥克兰米尔斯学院的广东籍厨师。③其实,这些史实,也在一定程度上会改写中国西餐的历史。

夷馆的厨师是粤人,早期洋人开的西餐馆的厨师,大抵也是粤人,特别是在广州,既不允聘洋人充厨师,那洋厨师万里迢迢跑到一个小洋饭馆来"打工",可能性也就不大了。最早写到广州的洋饭馆的是老尼克的《开放的中华:一个番鬼在大清国》,说一个名叫马奎克的人——"他是这里的罗伯特、索耶、瓦泰尔、维利(译注:英国皇室名厨),开在商行区小街上的那家

① John Murray Forbes to John P. Cushing, from Canton, 26 January 1835, Forbes'Family Volume, vol. F-6, Baker Library's collection, Harvard University.

② Phyllis Forbes Kerr, 1996, p77, dated 18 December, 1838.(上述外文文献转引自程美宝、刘志伟《18、19世纪广州洋人家庭里的中国佣人》,《史林》2004年第4期。)

③ 他们可以视为泛意义上的仆人,蒋彝只记录到这一年,详见〔美〕蒋彝《旧金山华人纪事》,中外关系史学会、复旦大学历史系编《中外关系史译丛》(第4辑),上海译文出版社1988年版,第242、246页。

饭店兼咖啡馆兼桌球房的旅馆就属于他……还有他的竞争对手圣特和马克斯开的店……这两家店十分相似，院子一样的狭小，房间一样的简陋，仆人一样的冷漠、无表情、无所事事、屋里挤满了仆人，却只有一人招呼客人，其他人看着他忙得晕头转向，却没有抬根指头去帮他。"由此可见，某些夷馆西餐的主厨，或有可能是西人，当然其他厨师等等皆由粤仆充任，自无可疑。同时也可见出，这应当是文献所见中国大陆最早的纯正西餐馆了。这样的旅馆和餐厅，就像彼得·伯驾（1804—1888）1835年可以在夷馆区的新豆栏等创立眼科医局一样，大约是清政府所允许的在夷馆区内开设的简单的基础的配套服务设施，固其简陋也。

中资的洋行，因为工作需要，也学着洋商做西餐搞接待，并渐渐地成为风尚。我们今天所能见到的广东人最早以西餐待客的记录在1844年10月间，法国公使随员伊凡受当时最著名的行商之一潘仕成之邀参访广州城，就曾被饷以西餐，只是他对太中国化的西餐吃得很痛苦，特别是竟然让他吃老鼠："他们用欧洲礼仪来招待我们——也就是说，个中国仆人，学会做某些可怕的英式食物。"这可怕的食物"是一只老鼠，一只真的老鼠。什么也不缺，不缺头也不缺尾。我们甚至能看清死厂并不年幼：上颚的门牙很长，与遗忘在纸盒底下的两条老鱼一样发黄了"。除此之外，至于餐后甜点，潘仕成的13个老婆做的蛋糕和小甜乳酪以及做得更好的汤，则更充分也更合适地显示了当时广州人做西餐的水准：

"它们香甜可口，我们再也找不到更好的词语去描述它们有多么香甜。这说明这些小块蛋糕真的很好很好。顺便说一下，汤做得更好。"①

对此，瞿兑之教授的《人物风俗制度丛谈》说：

> 现在之所谓大餐，其名由广东之洋行而起。嘉庆中张问安《亥白集》中有诗云："饱啖大餐齐脱帽，烟波回首十三行。"嘉庆中，上海不是还未开埠吗？又说：昆明赵光（字文恪）在其年谱中记道光四年游粤情形云："是时粤府殷富甲天下，洋盐巨商及茶贾丝商，资本丰厚。外国通商者十余处，洋行十三家，夷楼海舶，云集城外，由清波门至十八铺（甫），街市繁华，十倍苏杭。……终日宴集往来，加以吟咏赠答，古刹名园，游览几遍。商云昆仲又偕予登夷馆楼阁，设席大餐，酒地花天，洵南海一大都会也。

有了这些证据，瞿教授便判定：

> 据此则一百一十余年前，广州已有租界气象，官场应酬已以大餐为时尚矣。

再说远一点，我们在前面也提到过，广东的西餐，最早应该是从澳门传入，并举了香山与澳门交界处的岐关的西式乳鸽，数百年来一直独盛不衰的例子。因为葡

① ［法］伊凡《广州城内——法国公使随员1840年代广州见闻录》，广东人民出版社2008年版。

萄牙人骗占澳门，其目的在于生意，生意也需要生活，华葡之间，饮食相关，自然而然。另一方面，早期传教士也基本假道澳门入境，因此，最先接触西餐的，除了澳门，就是香山县城岐关。但是，岐关太小，影响甚微，真正承接的，当属广州。因为当年香港尚没有怎么成港，作为千年商港及海上丝路重镇的广州的对外贸易水道，主要是沿珠江口出伶仃洋，而澳门乃门户之地也。如此说来，方彼明代，上海真乃一渔港也。

在上海，葛元煦1876年出版的《沪游杂记》载有外国人开的西餐馆的记录："外国菜馆为西人宴会之所，开设外虹口等处，抛球打牌皆可随意为之。大餐必集数人，先期预定，每人洋银三枚。便食随时，不拘人数，每人洋银一枚。酒价皆另给。大餐食品多取专味，以烧羊肉、各色点心为佳，华人间亦往食焉。"[1]只是在想，这些西人开的西餐馆，厨师会是谁呢？外国人？中国人？中国哪里人？曾与关注此间的牛津大学史学博士出身的程美宝教授讨论，揆诸当时种种情形，外国厨师的可能性不大，充其量厨师长是外国人；当然十月革命后的白俄餐厅有例外。洋人西餐馆间或出现洋厨，或许兼充教师之职；粤仆当然不可能不学而能西餐。这种教导是广泛存在的，比如在传教士那里。在晚清的时候，包吃住、年薪5美元就可雇到一个中国厨师，他们要学会做面包和黄油，主要由传教士的妻子或女传教士来教他们。1866年，一位南浸礼传教士的妻子马莎·克劳福德出版了一本教做西餐的书，旨在帮助外籍人士的

① 葛元煦《沪游杂记》，上海古籍出版社1989年版，第30页。

广州第一家西餐馆太平馆

妻子给她们的厨师解读西方食物的做法。这应当就是那本著名的《造洋饭书》。一位美国长老教会的传教士约翰·倪维思还说，传教士们在雇用中国厨师时有必要对他们解释清楚，他说如果中国厨师不按要求去做，就是对基督让他们做的特殊工作的疏忽。[1]

至于洋人的西餐厅何以在上海率先兴起（前述附着广州夷馆的西餐厅，或许因为存在时间不长，一直不为人关注），那是因为上海开埠以后，洋人的地位和活动空间，较之广州时的严格受限，不啻悬隔。同时洋人数量也与日俱增，在公共租界里，各年录得的人数是：1843年26人，1844年50人，1845年90人，1846年120人，1847年134人，1848年159人，1849年175人，1850年210

[1]　［英］约翰·安东尼·乔治·罗伯茨著，杨东平译《东食西渐：西方人眼中的中国饮食文化》，当代中国出版社2008年版，第53页。

人；法租界1849年10人，1865年460人；到1870年，公共租界的外国人已达1666人，其中有工程师60人，手工业者25人，商人226人，银行家9人，牧师教士15人，自由职业者38人，服务人员34人，妇女儿童358人。[①]因应日益增长的饮食需求，洋人的西餐馆便在上海滩开了出来。

第二节　番菜引领时尚

　　不管你承认不承认，在洋行当厨的粤仆徐老高在街边挑箩卖担卖了一段时间煎牛排、赚足了开店的钱后，于1860年在广州开设了一家西餐馆太平馆，这无疑称得上中国人开的第一家西餐馆。十五年后，上海才出现中国人开办的番菜（西餐）馆，而且老板还是粤人：

　　　　上海番菜馆林立，福州路一带，如海天邨、富贵春、三台阁、普天春、海国春、海国春新号、一家春、岭南楼、一枝香、金谷香、四海邨、玉楼春、浦南春、旅泰等，计十四五家。以上各家均开设于光绪二十一年后，独一品香最早。该号坐落英租界四马路老巡捕房东首第二十二号，坐南朝北，二层洋房。号主徐渭泉卿（周按：即徐渭泉、徐渭卿兄弟，均粤人），开设于光绪十四（周按：1875）年，其中大小房间多至四十余间，聘著名粤厨司烹调之役。

① 邹依仁《旧上海人口变迁的研究》，上海人民出版社1980年版，第69页、142页。

自此，上海也才有与洋人开办的西餐厅相抗衡的番菜馆："自蜜菜里、礼查、金隆、汇中各番菜外，以一品香为最。近四年，市面暂西行，故该号主特设一枝香于胡宽第三十三号，以吸受食客，夏秋之交，生涯极盛，并于沪宁铁路界线每日开行之饭车上，亦归一品香包办。是亦见其魄力之厚矣。"①诚然，一品香还是理所当然的饮食时尚地标："登楼呼酒劝加餐，花样全翻旧食单。消费何曾钱十万，谁知下箸尚嫌难。"②此后相继开出的杏花春、蓬莱春、吉祥春、万家春、舫咏楼等番菜（西餐）馆，均设于四马路。那可是广东人在上海的"唐人街"，那么这些西餐馆，虽设于上海，无异于广州。

当然，是不是以一品香为最早，历来有争议，迄今尚无定论。主一品香的主要是徐珂，并说"当时人鲜过问，其后渐有趋之者，于是有海天春、一家春、江南春、万长春、吉祥春等继起，且分室设座焉"③。曹聚仁则认为："华人自办的番菜馆出来，以万家春为最老，后来又有岭南楼和一家春。后来市场西移，在西藏路上的一品香，那就是最有名的一家。有如美丽华酒店一样，有客房，有礼堂，有酒楼。"④曹聚仁此处定有混淆，因为一品香最初实不在西藏路，1918年才迁过来，所以不足以征信，还是宜推一品香居首。

有学者将1880年2月18日《申报》广告《精烹英法大菜》视为最早的番菜馆一品香的开业广告，不知何以会作此种解读。今检得其原文曰："英法大菜，重申布

① 《一品香》，环球社编辑部《图画日报》第1册第10号第7页，上海古籍出版社1999年版，第115页。

② 招隐山人《申江纪游》，《申报》1883年5月28日。

③ 徐珂《清稗类钞》第13册，中华书局1986年版，第6271页。

④ 曹聚仁《上海春秋》，上海人民出版社1996年版，第248页。

闻。择于正月初五开张，厨房大司业已更掉广帮，向在外国司厨十有余年，亨危才练也。士商绅富中外咸宜，倘有不喜牛羊，随意酌改，价目仍照旧章。"这显然是指餐馆内部整理后的重新开张，而非新创的开张。但其意涵仍很丰富。一是厨师的改换：撤掉原来的广帮厨师，换上在国外司厨十余年的新厨师。那这种新厨师，是不是就不是广东人了呢？其实也只能是，只不过是相对原来土生土长的广东厨师而言，他们在国外帮厨了十来年；在那个时代，有可能赴海外厨的，也只有广东人；谷后叙。意涵之二是，一方面要换上做西餐更地道的广东厨师，另一方面又要迁就华人，俾"士商绅富中外咸宜"，而且强调"倘有不喜牛羊，随意酌改"——舍去牛羊，还成西餐？再则，即使视1880年一品香番菜

一品香番菜馆，粤厨主理的上海最早也是最有名的番菜馆之一

馆那则广告为开业广告，那比它早的广告也多了去了；《申报》1873年12月17日、1875年11月27日、1876年12月12日均刊有生昌番菜馆的广告："生昌番菜号开设在虹口老大桥直街第三号门牌，以自制送礼白帽、各色面食、承接大小番菜，请诸君惠顾。"

包天笑先生说在上海："大概开番菜馆者，有两处地方人，一为广东人，一为宁波人。故广东人所开之番菜馆，可称之为广东大菜，而宁波人所开之番菜馆，则称之为宁波大菜。" 宁波人跑到上海去开西餐馆，是因为近水楼台，上海商帮中，又以宁波帮为主，再就是宁波人所做的"宁波大菜，颇合上海人的胃口，若真正之外国大菜，恐怕华人问津的不多吧？"上海是个典型的移民城市，恐怕更合更广大移民胃口的，还属广东大菜吧。

不过广东人到上海开西餐馆，初衷自然不是为了对上海人的胃口，相信宁波人也不是，宁波是自然而然对得上，广东人则是在广州开得风生水起名闻遐迩富有经验了，所以要北上当一回"捞仔"。广州第一家西菜餐馆太平馆早在1860年就开张了，那时上海才开埠未几；而太平馆的创始人徐老高，几多年前，就离开洋人的厨房，挑担卖牛排，并赢得了一众官商缙绅的青睐，赚够了银子，才开馆子，由行商转为坐贾。广州的西餐馆，可不像上海的番菜馆，"颇合上海人的胃口"，在"颇合广州人的胃口"的同时，更合外国人的胃口，而且让他们自愧弗如。1861年2月22日《纽约时报》新闻专稿

《清国名城广州游历记》说："上午10点钟当我再次醒来时，不想喝那鸡尾酒了。我洗漱完后，就自己到餐厅去用早餐。在这里，我们开始谈论一种最豪华的清式大餐，是用牛排做的。先前，我常听人说广州牛排如何如何美味，但从未有亲口尝过。"[1]揆诸当时情形，应当指太平馆的牛排了，而美国人冠其名曰"清式大餐"，则显见广州人已将这番餐完全洋为中用，推陈出新，同时又显得更加洋气了。

是故，上海开埠后，西方人涌进上海，要觅西厨，首先想到的，自然是广东人。1862年7月19日的《上海新报》第67期的一则招聘广告就直说："现拟招雇厨司一名，最好是广东人。"当另一重要口岸天津也要发展西餐以应时需时，也唯广东帮马首是瞻；1907年4月，天津广隆泰中西饭庄在《大公报》发布的广告就称："新添英法大菜，特由上海聘来广东头等精艺番厨，菜式与别不同。" 所以，上海西餐（番菜），以广东为正宗。

言归正传，回到民国。向来西餐给人的印象，由于实行分食制，餐具要求高，环境要求也高，价格往往也相应要高些。但在广州，由于发展时间久，西餐馆多，竞争激烈，到清末，西餐在成为时尚消费的同时，也成为大众消费。许多酒家更是中西并营，打出"有唐洋酒菜，海鲜炒买"之类的广告，像著名的岭南楼，还以"全餐收银五毫，大餐收银壹圆"相招徕，比起当时四大酒菜动辄五六十元一碗的鱼翅大餐来讲，便宜到哪去

①　郑曦原《帝国的回忆——〈纽约时报〉晚清观察记》，当代中国出版社，2007年版。

了。再加上当时西式舞会、晚会、婚礼、教会节日等成为时尚，进一步带旺西餐业，到二十世纪二十年代，广州西餐馆即已发展到30多家，其中不少西餐厅更从之前的矮楼木屋搬到高楼大厦。稍有名望的西餐馆，其席位多为军政界、工商企业界人士以及教授、学者、华侨和外国人等"高等顾客"所占领。

　　广州的西餐馆，在清末受到官方的追捧已如前述，在民国，可以太平馆为代表。当时国民党党政要员蒋介石、陈济棠、李济深、李汉魂、陈策、汪兆铭、林森等等，无不光顾，周恩来、邓颖超新婚期间也在那里请过客呢。更具历史意义的是，1926年7月，国民革命军北伐在北较场举行誓师，太平沙的太平馆包办了1万多份的茶点；1931年10月中山纪念堂落成，宴开1200多席，太平馆竟能揽下，堪称西餐馆发展史上的奇迹！而上海，则要等到1927年北伐事竣，才有太平馆这样风光的西餐馆。至于其发展到如广州这样时尚而大众，乃至便宜过中餐，则要等到战后。圣迹先生的《中餐与西餐》就说："好像战前，吃西菜所费高于中菜，至少是相等，而近年来却相反了。这点，也许是我国人抬头的一点。譬如在战前，说请你今夜在国际饭店吃大菜，主人固然眼睛朝着天花板（也许双手还硬棚棚地插在裤袋内）像煞有介事，表示自己的阔绰；做客人的，也垂涎三丈，似乎等不到天暗，趋之若鹜。但到了现在，情形完全相反，括皮朋友，多数是邀你上CATHY HOTEL去谈谈的，因为在那边，五十元可从果盘吃到咖啡，这一类代价，在华贵的中菜馆中，仅仅能吃到六分之一只XX鸡吧！"

方此之际，当年主导上海西餐业的广东帮，反过来固守起中餐的大本营来，因为"中菜与西菜的营业，近年来似乎是大相径庭了。譬如说像握住最高营业纪录的新都中菜馆——听得人家说——恐怕需要五家普通西菜馆与他比较吧"。而新都同样是中西并营的，"据新都副经理崔叔平君对人家说：'我们花了很多力气，想把七楼营业提高，但无论怎样抵不到六楼，每天营业收入十五万，七楼所占的，连夜花园在内，不过五万多一些，但是已经忙得可以！'"（《新都周刊》1943年第23期）其实，这不能简单地说是西餐的没落，中餐的复兴，而是聪明的广东人，已经将西餐的优秀成分，充分吸收到中餐中来，自然非舶来的西餐所能比。这一点，戈正璧先生刊于《大众》1943年第4期的《大饭店》有很好的解答，这里暂且不表，后面还要详说。总而言之，民国西餐，无论如何，都只能是广州味道。

而充分吸收融化西人之长，"令广东的茶点及菜肴成中华一绝"（程乃珊语），乃是西餐别裁的更重要成果；程乃珊的描述令人感同口受：

"食在广州"四大名点之蛋挞

> 如菠萝油，即酥皮面包热腾腾地上来，内夹一块厚厚的白脱油，入口白脱即融，与酥皮面包的焦甜松软相融相合，香溢满口。明知此食高糖高脂，是健康的鸦片，但笔者每每仍如飞蛾扑火般铤而走

险，事后又要引起长长一段时间的自责……这就叫
人生吧！需知，诱惑，也是人生一道很诱人的风景
呢！此外，就是众所周知的广式奶茶。广式奶茶原
则上应属西式的，因中国茶从来是不加糖不加奶，
着重的就是茶叶的原香；真正英式红茶远没广式奶
茶如此稠浓、厚重。大约华人习惯喝浓烈的功夫
茶、花茶，一般的英式红茶口感不够强烈，因而就
有此独创的广式奶茶，又称"丝袜奶茶"，即为将茶
及奶通过一条长长的粗布袋反复调匀，最后就成又稠
又厚的广式奶茶。而那白粗布袋因反复运用，被茶汁
染成深褐色，长长的酷似女人的丝袜，故有此别称。
此外，如"姜汁撞奶""大良奶皮""焦糖炖奶"
等，酷似西点中的奶冻布丁之类，只是可能因为中
国人不习惯冷食，因而都是炖得热腾腾的端上桌。[1]

程乃珊另一篇刊于《食品与生活》2012年第6期的
《蛋挞与葡挞》说蛋挞、葡挞更是充分吸收西点之长的
广东点心的代表。这两款现今广东酒店茶楼必备的名
点，给人的感觉是近十来年因港澳的影响才风行起来，
其实据程乃珊所述，上世纪二十年代就成为当时风行的
茶餐厅的主打点心，进而风靡上海滩，直到五六十年
代，在广东点心店林立的四川路，如"利男居""一定
好""新亚"等茶楼酒店，无不当街开市，现制现卖，
大受欢迎。

[1] 程乃珊《叹早茶》，《食品与生活》2010年第5期。

第三节　杏花楼往事

由晚清到民国，粤菜在上海的地位是节节攀高，至于风头一时无两，尊享殊荣。尤其是最古老的粤菜馆也是上海最古老的番菜馆杏花楼，至今仍傲然屹立于上海滩头，成为最著名的老字号之一。但是，据今日杏花楼集团的官网介绍，杏花楼创建于清朝咸丰元年（1851），1913年由最初的一间小店扩建成一座老式两层楼房，取名"探花楼"；1927年，探花楼为了适应日益发展的商业交易往来的需要，决定扩大业务，成立了"探花楼升记股份有限公司"，又在原址翻建成七开间门面，钢骨水泥结构的四层楼大饭店，后经建议将"探花楼"更名为"杏花楼"，全称是"杏花酒楼升记股份有限公司"。如此，则史实上，或多有出入；坊间所谓其老板为陈腾芳等，也显属不实。

杏花楼成立于1883年10月4日是无可置疑的；据《申报》1883年9月28日第4版《杏花楼启》："启者生昌号，向在虹口开设番菜，历经多年，远近驰名。现迁四马路，改名杏花楼，择于九月初四日开张。精制西式各款大菜、送礼茶食、各色名点，荷蒙仕商惠顾，诚恐未及周知，用登《申报》。"即沿国人好前溯以彰历史久远之习，那我们且追溯一下生昌号的历史吧；也确实应该追溯，因为杏花楼只是生昌号迁址改名而来，并非新创。但生昌号的成立，也仅早了十来年，且并没有留下1851年线索，因为首见《申报》1873年5月29日第6版生昌号的广告，是置于"新开"一栏的，而且初初并不及番菜："启者：本号常有送礼蜜饯、干湿糖果、苏制仁面、苏制桃片、奇味甘草仁面、甘草香枕发客，诸尊赐顾，至四马路文运里口生昌号便是。四月廿八日，生昌隆谨启。"但是，到年底，他们便开始供应番菜，不过须注意的是，他们只是承接，像广州早期的酒楼，主要承接上门到会服务，也即不在店内提供酒食：

> 启者：本号开设在虹口老大桥直街，专办自制送礼翲人、白帽及各色面食，承接大小番菜，价目相宜，如贵客光顾者请到本店面议可也。十月廿八日，生昌号启①

至于坊间各种著述文章，煞有介事地说沿自一个叫胜仔的广东人1851年开办的一家只有一间门面的夜宵店，卖广东甜品和粥类以及腊味饭等，这种说法在民国年间就不被杏花楼认可。如1933年他们举办了一系列建店七十周年庆典活动，显然最多只能追溯到1863年，而无法及于1851年：

> 本楼开设迄今，瞬已七十周年，素崇实际，力戒虚浮，惟知精究烹调，从不廉价号召，所备中席西餐，各式细点，猥蒙各界交相誉扬，许为沪滨独步，感愧之余，益自奋勉。兹值七十周年纪念，为

① 《各色面食发售》，《申报》1873年12月17日第6版。

杏花楼粤菜馆，上海最早最有名的粤菜馆之一

酬答各界历年赐顾盛意起见，爰自明日（即夏历八月初一）起，至中秋节日止，无论中西大菜，以及门市各货，一律九折，并于初一至初五日五天内，举行赠品，在此期内，凡蒙惠顾中西酒菜者，概赠中秋月饼，藉伸征意，聊表谢忱。[①]

复又做"粤菜鼻祖杏花酒楼七十周年纪念"的广告（《申报》1933年9月20日第11版），则即已自称鼻祖，已毋庸再追溯了。

再如说杏花楼的创始人系广东人洪吉如、陈腾芳等，如果指1873年的生昌号，则可信，但坊间往往归之为1851年那间小店，则显非了；他们哪有那么老！因为到1913年的时候，陈腾芳还出来打假：

> 本楼开设四马路历有年，所今闻有人新开酒馆，在外云及是小楼分出，并有歇伙招摇冒认为鄙人之侄，诚恐有坏小楼名气，故特登报奉闻，望各宾号切勿受他之愚。杏花楼陈腾芳谨启①

而未曾有人提及的是，到1919年，陈腾芳却不知因何彻底出局了：

> 启者：本楼向由陈腾芳君经理，兹另有高就，于巳未年正月初一日起，生意统归升记，照常营业。以前杏花楼新记，倘有与人来往并担保等项，均归陈腾芳君自行理楚，与升记无涉。特登《申》《新》两报奉闻。②

方此之际，陈腾芳应尚年轻，否则说不到另谋高就，也再次证明，他不可能是1851年开办的那家小店的创始人，同时也表明，陈腾芳只不过是经理人，而非老板；真正的老板，洪吉如才是，把两人混为一谈称老板，是不对的，其实洪也只是老板之一，因为还有其他人参股：

> 启者：洪吉如、陈维记、合盛堂合股开设四马路杏花楼中西大菜生意，兹陈维记名股份八股、

① 《声明并无分店》，《申报》1913年9月22日第4版。
② 《杏花楼升记启事》，《申报》1919年2月4日第1版。

合盛堂名份二股，自愿退股拆出所有本息，当众清算，准于本年闰二月廿四日，本息如数交回陈维记、合盛堂收理，其股份俱归洪吉如照数承受，退股之后，杏花楼日后生意兴隆，概与陈维记合盛堂无涉。此布。洪吉如启[1]

方此之际，洪吉如这老板，做得算是相对稳阵了，因为后来杏花楼确实如启事中所言，越来越兴隆了。而从1913、1919两则陈腾芳亲自发布的启事看，也不存在官网介绍的1913年扩建改名的事。再则，杏花楼1873年开始供应中国化也即广东化的西菜——番菜，不仅上海最早，较之北京，那更是早了几十年，洵堪骄傲："燕春园为北京番菜馆创设之始，前两年所作……"[2]

[1]　《告白》，《申报》1890年4月11日第6版。

[2]　解彡《食谱》，《风雅报》1907年第238期，第6页。

南食化

岭饮文

第六章

海鲜为王

中国海岸线从北到南，绵延数千上万里，但没有任何一个地区，像岭南这样以海洋性为其表征，也没有任何一个地区的饮食文化，具有如此鲜明的海洋性特征——说起海鲜，无人不想起岭南；大凡到了岭南，无不冲着其海鲜，尽管岭南珍馐无数，殊不知，岭南河鲜，也是备受追捧，声名远扬，至于沪上。

第一节 海鲜当素食

岭南海鲜，著称于世，首先有赖其天然的品质。这种天然的品质，是自然环境决定的。环中国海，南海要干净深邃许多。一来其所受江河泥沙影响小，二来洋景广阔，这就决定了其品质的纯粹与上乘。故史有"海至南而异鱼尤大且众，非特中土所无，亦东海北海所未有也"之说。其实，广东人还在普泛意义上使用"海鲜"这个词，即将河鲜包括在内。这是有道理的。珠江水质之干净丰沛，在国内是突出的，这是其所产之鲜足以与海鲜相抗的原因。再则，岭南还有一个独特之处是河海鲜的共生。清人张渠在其《粤东闻见录》里就提到："语云：'鱼，咸产者不入江，淡产者不入海。'唯粤鱼不尽然。"最突出的例子就是珠江入海口的河豚，较之江南地区纯淡水的河豚，味道要好多了。这些天然品质，使岭南人酷嗜海鲜，以至于近海楼台，也售价不菲，文献中多有岭南海鲜腾贵的记载，民间竹枝词也唱道："要想食海鲜，莫惜腰间钱。"岭西人甚至将海鲜视为素食，以突破办丧事期间不得食荤腥的戒律。

广东人好鲜，饮食自然能就着产地最好，所谓"赶趁鲜鱼入市售，穿波逐浪一扁舟。西风报道明虾美，还有膏黄蟹更优"，那漱珠桥畔，酒楼餐舫就应运而生了。金武祥《粟香随笔》载清代大诗人王渔洋到此，也感而纪以诗云："行乐催人是酒杯，漱珠桥畔酒楼开。海鲜市到争时刻，怕落尝新第二回。"岑徵的《梁洛舫招饮漱珠桥酒楼》（飘渺高楼夹水生，漱珠桥市旧知名。连樯每泊餐鲜舫，灭烛犹闻赌酒声。）与何仁镜的《城西泛春词》（家家亲教小红箫，争荡烟波放画桡。佳绝明虾鲜绝蟹，夕阳齐泊漱珠桥。），则兼及酒楼与餐舫。或许更重要的是，漱珠桥畔，除了饮食，更别有文化风情，如黄佛颐《广州城坊志》所谓："桥畔酒楼临江，红窗四照，花船近泊，珍错杂陈，鲜藟并进，携酒以往，无日无之……泛瓜皮小艇，与二三情好薄醉而回，即秦淮水榭，未为专美矣。"只可惜，这种饮食与文化风情，在延续到民国中期后，随着南华路兴建，1938年漱珠桥的拆废，变得风流云散，而潘飞声歌咏漱珠桥的《珠江春夜》诗——昨夜虹船趁绮寮，笙歌吹短可怜宵——则仿如历史的谶音。这是指中心省城广州，至于沿海海鲜产区，那自是毋庸讳言了。

当然，广东人嗜食生猛海鲜，也并非仅仅是贪口福的需要，而是生存的必需，诚如《广东通志》所言："介与鳞相若，而粤中获介之利居多，镂甲为珍，充庖

漱珠桥畔，晚清食海鲜的圣地

为馔，盖民生所资也。"食风所致，有以海鲜为斋厨者。如清张心泰《粤游小识》载："蚝豉生水中，虽系动物，然由人布种，故粤中茹素者皆啖之。高云岩有《过僧房食蚝豉》诗云：'蚝豉虽然属海鲜，当时播种出沙田。几回香积厨中过，留我同参合掌禅。'"清代诗人查慎行《海幢寺》诗中也有"斋厨菜豉丰"的诗句，这说明了岭南食蚝豉为素之风的普遍。宋周去非《岭外代答》卷六有"钦（广西钦州）人亲死，不食鱼、肉，而食螃蟹、车螯、蚝、螺之属，谓之斋素，以其无血也"。故在岭南以蚝为素的风尚起码可以追溯到宋代。

岭南海鲜既盛，以至于可以充分讲究，可以严格到"不时不食"，即什么季节最应该吃什么，由此我们可以看看最能反映历史和民情的谣谚，即知岭南海鲜的过去以及将来：

正月带鱼来看灯。

二月溪虾假金龙。

三月马鲛价不菲。

四月巴浪身无鳞。

五月程村生蚝胜牛奶。

六月鲈鱼最美肥。

七月赤棕穿红袄。

八月鰯沙扁又滑。

九月螃蟹一肚膏。

十月冬蛴脚无毛。

十一月墨鱼收烟幕。

十二月黄鱼来正好。

另一个版本是：

正月虾蛄二月蟹。

三月咖剌没人买。

四月海螺五月鱿。

六月生蚝瘦过头。

七月石斑八月虾，黄油重皮肥到家。

九月泥鳀与金仓，马鲛马友整条劏。

十月黄花和石头，斋鱼杂鱼肥流油。

冬月泥丁来过节，沙虫白仓发请帖。

腊月骨鳝与章鱼，鱼虾蟹鲎齐拜年。

第二节　鱼翅最是表征

从内地的角度，昂贵的海味的代表，是鲍参肚翅——干鲍鱼于广东人而言，吸引力是不大的；海参可占一席之地，然地位也不甚高——鱼肚与鱼翅，那可是堪为"食在广州"的表征，特别是鱼翅。再说，"食在广州"，也主要是缘于外来视角。事实上也是，晚近以来，"食在广州"驰誉海内的昂贵海味乃鱼翅而非海鲜——鱼翅随处可领略，海鲜非在地不可，特别是在没有航空运输或民用航空运输非常不发达的年代。

从美国人威廉·C.亨特的《旧中国杂记》的记录看，鱼翅尊显于粤菜的历史是很悠久的："想想一个人如果鱼翅都不觉得美味，他的口味有多么粗俗。"亨特的鱼翅观也不只针对粤菜，全中国都很尊崇鱼翅，但内地是无论如何也做不好的，唐鲁孙先生就说，民国"北平饭庄于整桌酒席上的鱼翅，素来是中看不中吃的，一道菜，一个十四寸白地蓝花细瓷大冰盘，上面整整齐齐铺上一层四寸来长的鱼翅"，煞是排场，但"凡是吃过广府大排翅小包翅的老爷们，给这道菜上了一个尊号，称之为怒发冲冠"。而在北京最能给"食在广州"长脸的，非红遍北京的谭家菜莫属，谭家菜最出名的，正是黄焖鱼翅。后来张大千的酷嗜鱼翅，正是自谭家而起。据说他好谭家的招牌"黄焖鱼翅"好到瘾上来了，便托人从北京谭家取了刚出锅的鱼翅，即时空运至南京；在那年头空运，可稀罕着啦。饮食江湖上还有另一谭家翅，到底也还是广东翅。梁实秋先生的《雅舍谈吃·鱼翅》说："最会做鱼翅的广东人，尤其是广东的富户人家所做的鱼翅。谭组庵（延闿）先生家的厨师曾四做的鱼翅是出了名的，他的这一项手艺还是来自广东。"谭延闿之所以好鱼翅，还在于其年少时随其做两广总督的父亲谭钟麟在广东生活过。他后来考了清室的功名，却又转投奔孙中山，与广东的渊源更深一层。"食在广州"的另一代表——广州江孔殷江太史的家宴，也是以鱼翅为首膳的，蛇羹并非常席。

1946年至1948年间，岭南名媛吴慧贞在上海《家》杂志上开设专栏《粤菜烹调法》，先是肯定鱼翅地位："粤东名贵的筵席，必须具有鲍参燕翅，才算上乘。"而"粤席惯例，席单与出菜次序，又必以鱼翅一味为先"。同时辩驳说："据近来科学家证明鱼翅含有百分之八十三以上的蛋白质，而粤法的烹调，更加以肉类精制之上汤，再三煨脍，它养料的充足，可想而知，推为席上首珍，确不是没有来由的。"所以，她也就"依粤席惯例，以鱼翅列前，更以鱼翅居首"，一口气介绍了"红烧生翅""蚧钳生翅""蚧黄生翅""鸡蓉生翅""红炖群翅""炒芙蓉翅"等好几种，给人以丰富的感慨空间——的确，说岭南饮食文化，是不能不说鱼翅的。

鱼翅如今在粤港仍是名贵佳肴，早些年，香港人的口头禅是"有钱了去吃鱼翅捞饭"，但近年来随着动

鱼翅

物保护意识的兴起，食势渐淡。但再回过头去看民国时期，那可真是最具表征"食在广州"意义的时代——不仅因为好，而且因为贵。

早在清季民初，著名食家、曾任南洋烟草公司经理的胡子晋的《广州竹枝词》，就极咏贵联升酒楼的鱼翅之贵："由来好食广州称，菜式家家别样矜。鱼翅干烧银六十，人人争说贵联升。"民国上海名记郁慕侠在其传世名著《上海鳞爪》中有一篇文章《一席菜值三百元》，乃是说广州菜之昂贵，并以此作为"食在广州"的注脚——在他看来，广州菜贵，是有道理的，因为"广东人对于别的问题都满不在乎，唯独对于吃的问题，是非常华贵、非常考究，一席酒菜值到几百块，一碗鱼翅值到二十块以上，在广东人看来很平常稀松的事，以故'吃在广州'一句俗语，早已脍炙于人口了"。是也，一碗鱼翅都二十块以上了，一席八位，也要一百六十元以上，当然要几百块了。几百块在当时是什么概念呢？"古人说：'富家一席酒，穷汉半年粮。'若以三百元一席的菜肴而论，要超过穷汉好几年的粮食了。"胡朴安教授在他的名著《中华全国风俗志》里也说："（广东酒楼）莫不以鱼翅为主要之品，其价每碗自十元至五十元；十元以下，不能请贵客也。翅长数寸，盛以海碗，入口即化，鲜美酥润，兼而有之。"[①]徐珂也说："粤东筵席之肴，最重者为清炖荷包鱼翅，价昂，每碗至十数金。"[②]

具体到民国时期作为表征"食在广州"的南园、文

① 《广东的酒楼》，胡朴安《中华全国风俗志》，上海广益书局1923年版。

② 《粤闽人食鱼翅》，徐珂《清稗类钞》第十三册，中华书局1986年版。

园、西园、大三元"四大酒家"，当时有一段顺口溜，十分形象："食得系福，着得系禄。四大酒家，人人听到耳都熟。手掌咁大只鲍鱼（南园），食到嘴都嘟；江南百花鸡（文园），胜过食龙肉；鼎湖罗汉斋（西园），一味清香无啲浊。喂喂喂，大翅（大三元）更扬名，六十元有价目，食落自己个肚，胜过起大屋。你睇厅房咁排场，四围有格局，仲有广源的美酒，诸君饮过添丁添才添寿又添福。"广州大三元以六十元大群翅著名，上海的大三元粤菜馆也同样以鱼翅著名。曹聚仁在《上海春秋·新雅、大三元》里说："广东馆子'大三元'，对我这土老儿'如雷贯耳'……五十元一味大排鱼翅，当然把我们吓住了。其实，大三元的大排翅，还不及郑洪年先生家厨子做得好，也不及张大千先生家的排翅。"而郑洪年与张大千，渊源仍在广东。郑作为上海暨南大学的创始人，也是一个地地道道的广州人，因此就自不待说了。

相对而言，民国时期，鱼翅的原材料应该比现在更易得、价更低廉，为什么卖得那么贵呢？看看当时的做法，或许就能明白，同时明白其何以能够表征"食在广州"了。这里据吴慧贞女士介绍，还算是普通的呢。首先，鱼翅的漂洗就是一个难题。解决之道：先将原翅下锅，加些菜灰和水滚数次，然后捞起原翅，刮去皮沙，如此反复，俟刮净后再用清水滚透，取去翅肉，净留翅针，再滚一次，随后放在冷水内浸，宜勤换清水浸透，务使灰味漂清。洗净之后，煨炖功夫也繁复：先用上汤煨三次，次下些姜汁、绍酒和葱白二条，以去原翅腥味，煨透取起，去汤，随用净上汤再煨两次，务煨至极脍，翅始入味，而易消化。翅煨好后，取起成只上碗，再以上汤加些蚝油、宪头①，或加些火腿细丝在上面，使味美甘芳。吃时还须佐以浙醋一二小碗，既助消化，又令口味香和。举纲之后再张目，介绍几款当年的鱼翅的具体做法，更可见出其何以金贵：

——蚧钳生翅。用漂透生翅，如前法以上汤煨三次至极脍后，上碗时用蚧钳拆肉同会，以蚧垫底，上面加火腿上席，其味鲜美而清爽。

——蚧黄生翅。漂透生脍，以上汤三煨生翅后，上碗时加蚧膏，调薄宪头在面，其味鲜美甘香。该菜又名"大展宏图"，用于开展筵席，以讨吉利。

——鸡蓉生翅。漂净生翅以上汤三煨至烂取起，用鸡胸肉去皮斩肉如细酱，用些豆粉、猪油拌匀，以上汤和搅稍稀，先下上汤于锅，收慢炉火，不可使汤滚沸，然后下鸡蓉即兜匀，淋上翅面，或连兜匀亦可，但鸡蓉以九分熟为度，若滚至十分熟，则老而不滑，并且生渣。

——红炖群翅。将洗净漂透之鱼翅，出水去腥，在食前一夜以成只翅同精熬上汤以炭火炖一宵，食时去汤渣上碗，汤中精液，饱吸翅中，美味滋补兼而有之。

① 浇在青菜等上面，用炒蒜、酱油等配制的调料。——编者注

——炒芙蓉翅。鱼翅漂透去腥后，用上汤煨至极烂，取起去汤滤干，先用冬笋、北菇、火腿切丝炒熟，然后用鸡蛋和鱼翅、盐花、小菜拌匀，再下油镬煎成饼上碟，味甚香美。

在中国的饮食传统中，山珍海错，以示高贵。海味之中，鱼翅居首，除了闽粤尤其是广东沿海一带外，内地人一般不会弄，因此，居于其次的海参便当仁不让是海味的首选了。笔者小时候，听爷爷辈的人形容清季和民国时期宴客的高贵，便说："那可是吃的海参席啊！"海参席之受到尊崇，还与方便储藏、运输、加工颇有关系。沿海地区，固可用湿海参、鲜海参，内地则用干海参，一发泡即可用，方便得很。加工成菜，也颇为方便，而且款式丰富，味道鲜美，彩头也不错。且看几款民国粤式经典海参菜单，便可明白。

——婆参乳鸽。先将猪婆海参煮滚出水，开肚去净沙泥，再用牙刷把外面沙泥灰刷净，再滚一次，再刷再洗，然后用清水冷浸，泡透后，连同剽净乳鸽，上汤隔水盅炖至烂，其味甘阴，有滋阴之功，为席中珍品。

——心印良缘。先将海参如制婆参方法，滚透、刷清、泡透后，用上汤滚至烂，再以斩猪肉、虾肉加些豆粉，搓成肉丸，下油镬炸好，同会上碗。此味因"参丸"与"心缘"谐音，故嫁娶宴席，多喜用之。

——海参羹。先将海参洗净泡透，用上汤滚烂，取起切粒，小菜用冬笋、冬菇、猪肉切粒，同会上碗时加些宪头、火腿松在面，味颇清隽爽口。

由猪婆参之名，我们应该知道，广东人吃的海鲜是有很多种的，这里不详加介绍，而着重要说的是，海参在粤人眼里，更有妙用，就是海参胜良药。这是清人梁章钜《浪迹丛谈》里介绍的。他说，他在做广东巡抚（省长）时，属下的桂林知府（市长）兴静山身体极好且滴酒不沾。问他为什么能如此守酒戒。他说二十多岁时因为嗜酒，虽然没有醉死，也差不多成为废人。后来有人教他每天将掏洗干净的海参不加盐淡吃两条，不仅酒疾痊愈，而且身体日益强壮。但是，要做到这一点不容易，因为淡吃海参，实在难以下咽，那些仿效他这样做的人，因为忍不住放了点盐，效果便大打折扣。孤证不立，梁氏又举了另一例子。说他的一名幕客（私人顾问）八十多岁了，体健无病，全靠海参——海参的功效，简直不可思议。他自幼家贫，后来做幕客也没有多少钱，一生所吃海参，竟然靠亲友招待与馈送维持，"以此至老不服他药，亦不生他病"。有此妙用，于海参才算名实相副吧；而凭此妙用，参席的身价应该更高，包天笑先生更不应该将其排名那么靠后了——包先生是小说家，但愿那是小说家言吧。

还有一种腾于众口的南海名产，则是鱼胶。鱼胶

海参

是好东西，有奇效，广东人大抵是知道的。它的一个重要功效就是助孕、保胎，也助产，此外还防癌抗癌。笔者的一个女同事欲怀孕生子，就托我们弄一点价廉物美的鱼胶，因为鱼胶太贵了，而且名目、品种混杂，质量参差不一——太贵，吃不起，市面上普通的黄花胶，已由前几年的七八百元一斤涨至一千一二了；便宜，恐属劣次，影响功效。需要特别指出的是，现今餐馆酒家里一百至几百元一盅的所谓花胶，并不是广东人传统意义上的花胶，而是鱼肚。传统的花胶是鱼鳔来着，几百元的花胶，炖出来后，融入汤中，看不见多少影子，故酒店多不敢用，不然顾客以为你蒙人；酒店所用者，皆鱼肚也。

花胶不仅有助孕之效，关键是助人产子，还产得多多的，这在中国的国情里，自然属奇货可居了。典型的例子，记在清人吴震方的《岭南杂记》里："鱼胶大者径数尺，小者如盘，厚且坚，不知何鱼之鳔。或云齐明帝所嗜鲢鮧即此。余年伯王文贞公服之，连举八子，甚诧其效。"清人张渠《粤东闻见录》予以佐证并阐明其因由："阳江土产有鱼肚，径数尺，厚白而坚，取充庖馔，俗呼鱼鳔，究不知何物。或云齐明帝嗜鲢鮧，即此。方书载鱼鳔白为丸，可以种子（使人的精子与卵子容易结合并着床）。本朝王敬哉尚书服此连举八子，甚诧其效。大约鱼属火，可以滋阳。"

有此奇效，贵自然不在话下，但笔者还是得给你举一例子，让你知道怎么个贵法。笔者一个同事的父亲，

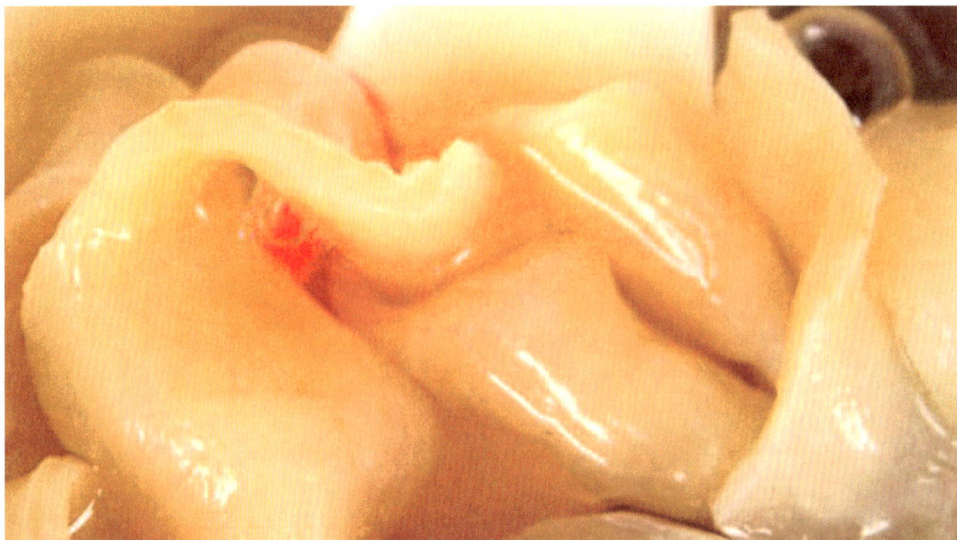

鱼胶

收藏了一斤上等鱼胶，已历十数年，一直舍不得服用；读者诸君当知道，好的鱼胶，是可以收藏不坏的，而且确有收藏价值——十几年前一千多元一斤的鱼胶，现已涨至逾万了。一次这爷们出差，他老婆检点家什，发现了这玩意儿，以为海鲜之属，留久不宜，遂烹而食之。其夫出差回来闻讯，不由拊掌颓然。

是啊。现今报章屡屡报道，因为工作压力、环境污染等缘故，男人精液质量持续下降，不孕率持续升高，癌症患者也同样多。鱼胶既有此等奇效，诚属上佳之选；纵无此奇效，鱼胶对于调节滋养因压力、不规律进食造成的胃肠疾病，也属于上品。总之，有钱了，吃点鱼胶，有百利而无一害，大大的好咧。

第三节　嘉鱼美，鱼生鲜

现今岭南以海鲜著称，特别是上世纪八十年代岭南的生猛海鲜曾引领全国仿效。其实，长期以来，海鲜获取并非易事，更广大的广东人，偏好的水产主要是淡水河鲜，而水量丰沛纵横四境的江河湖塘，也为此提供了上佳的保障。食谚"食在广州，厨出顺德"，顺德菜中，河鲜塘鱼，就是首选：比如鱼生，比如鲮鱼，比如鳗鱼，都成为饮食文化的闪亮名片。

一

在淡水鱼类中，最能代表岭南的，则非嘉鱼莫属——堪比江南的鲥鱼和松江的鲈鱼。嘉鱼之名，最早见于《诗经》。宋人周去非《岭外代答》说："嘉鱼，苍梧大江之南，山曰火山，下有丙穴，嘉鱼出焉。所谓'南有嘉鱼'，诗人传之也。嘉鱼形如大鲥，鱼身腹多膏，其土人煎食之甚美。"并记载了烹制的方法："其煎也，徒置鱼于干釜，少焉膏溶，自然煎熬，不别用油，谓之自裹。"唐人刘恂《岭表录异》记载了另一种烹法，评价更高："嘉鱼，形如鳟，出梧州戎城县江水口，甚肥美，众鱼莫可与比，最宜为鲊。每炙，以芭蕉叶隔火，盖虑脂滴火灭耳。"不过刘恂的记载不确，嘉鱼主要还是出在广东而非广西（或者刘恂沿用古说——古梧州治所在今广东封开）。屈大均《广东新语》对其产地及其何以绝美有详细记载："孟冬大雾始出，出必于端溪、高峡间，其性洁，不入浊流。尝居石岩，食苔饮乳以自养，霜寒江清，潮汐不至，乃出穴嘘吸雪水。在粤中大、小湘峡（位于今清远地区）者，以十月出穴，三月入穴，西水未长，则四五月犹未入穴。"后出的吴震方《岭南杂记》对此予以印证："为鱼中第一，广鱼无味，此鱼出自石穴，盖食乳水，故肥美。"此所谓一分水养一分鱼，什么水养什么鱼，好水当然出好鱼了。清末民初著名莲船女史的一首竹枝词则不仅反映了其时嘉鱼仍多，而且印证了捕食嘉鱼的最佳时令："响螺脆不及蚝鲜，最好嘉鱼二月天。冬至鱼生夏至狗，一年佳味几登筵。"

直到民国时期，著名学者、掌故大家瞿兑之，也即晚清军机大臣瞿鸿机之子，贵介公子也，二度游粤，在广州著名的南园酒家接受宴请时，就发表了当代最富代表性的粤菜的鱼翅不如嘉鱼的观点："主人肃吾入席，食纯翅，果腴美，然犹不及嘉鱼之嘉。嘉鱼出西江，薄而多细骨，其味清醇。"[①]

二

嘉鱼不易得，鱼生则可顿顿吃。现今我们知道，广东人好吃鱼生，且并不以为是舶来之物；但一度有许多人认为鱼生是外面传进来的吃法——多以为来自日本。故名作家高阳《古今食事》说："谈到生鱼片，并非日

---

① 铢庵《粤行十札》，《旅行杂志》1936年第10卷第5期。

本菜中所独有……广东吃鱼生，则更为讲究。大致凡鱼嫩无刺的淡水鱼，都可以做鱼生；广东的鱼生，还要加上很多作料，最主要的是萝卜丝，须榨得极干，自然不辣不苦；其次是薄脆或麻花、馓子之类香脆之物，捏碎和入；调味品有盐、麻油、胡椒、红辣椒丝、芫荽，细丝切的橘树叶等，独不用酱油。食时中置大盘，倾入材料及调味品，大家一齐动手拌匀，雪白的鱼片及萝卜丝杂以鲜红的辣椒丝、碧绿的芫荽及橘树叶，颜色清新，更增食欲。"

屈大均《广东新语》记载的广东人好吃鱼生的原因，则不止于其做法讲究，味道上佳，更在于礼数，也反映了广东人吃鱼生的深厚传统："有宴会，必以切鱼生为敬。食必以天晓时空心为度。每飞霜锷，泡蜜醴，下姜葇，无不人人色喜，且餐且笑。"清人陈徽言《南越游记》从另外一个角度对岭南人为什么吃鱼生作了解释："岭南人喜取草鱼活者，剖割成屑，佐以瓜子、落花生、萝卜、木耳、芹菜、油煎面饵、粉丝、腐干，汇而杂食之，名曰'鱼生'，以沸汤炙酒下之，所以祛其寒气也。"吃鱼生要喝酒，既祛寒，也消毒。故进入民国，此风仍盛："冬至鱼生处处同，鲜鱼脔切玉玲珑。一杯热酒聊消冷，犹是前朝食脍风。"（汪兆铨《羊城竹枝词》）因此，时下有以吃鱼生易得寄生虫病为由主张禁之，有些不考虑岭南气候水土的实际；再者，关键不是禁，而是建立标准，使其卫生无虞也。同时，还应该考虑到气候地理对于人身健康的需要，不能光图好吃好看，而要讲究"卫生"（护卫养生），复兴鱼生"古道"。其实这也符合中国以复古为革新的传统，是另一种时尚。需要说明的是，上面所讲的岭南传统鱼生，多仅提及淡水鱼鲜，主要是海鲜相对要贵，平常百姓人家是吃不起的；海鲜由于本身品质好，对配料也不甚讲究，故乏记述，但并不表明岭南人不好海鲜鱼生也。

鱼生在广东，始终是上味。尽管有人考证说，《诗经·小雅·六月》里"炰鳖脍鲤"的脍就指鱼生；隋炀帝嗜好的"东南佳味""金齑玉脍"的脍也是鱼生，其实并不见得。孔夫子说："食不厌精，脍不厌细"，把鱼和肉，切薄些，不生吃，炒了吃，涮了吃，都易熟保鲜，更好吃。到了明代，才有文献证实"脍（鲙）"可指鱼生。元末明初刘伯温的《多能鄙事》"鱼脍"

鱼生

条云："鱼不拘大小，以鲜活为上，去头尾、肚皮、薄切，摊白纸上晾片时，细切如丝。以萝卜细剁，布纽作汁，姜丝，拌鱼入碟，杂以生菜、胡荽、芥辣、醋浇。"而李时珍在《本草纲目》中的警示，则从反面证明鱼脍为生："鱼鲙、肉生，损人尤甚。"

然而，就在医学大师的警示声中，在他处吃鱼生变成文献变成传说的时候，文献所见的岭南食鱼生的风气却渐次达至高潮。首先是明末清初屈大均《广东新语》的大书特书。其他的笔记史料，只要写到广东风物，往往都会写到鱼生。如凌扬藻《国朝岭海诗钞》辑录的诗谚说："鱼熟不作岭南人。"张心泰的《粤游小识》说："广人喜以鱼生享客，小菜碟数十，不同样，谓之吃鱼生。吃余，即以生鱼煮粥，谓之鱼生粥。谚云'冬至鱼生'是也。"李调元的《南海竹枝词十六首》说："每到九江潮落后，南人顿顿食鱼生。"到了清末，《时事画报》登载了一幅《食鱼生》图，甚为生动形象，附文说："鱼生一物，不减莼鲈滋味，吾粤人多嗜之。脔鱼作片，雪葡为丝，每到秋风一起，则什锦鱼生，足供人嚼，不必待冬至阳生，然后食此也。"将其与著名的江南松江鲈鱼相媲美，视为岭南的一大特色。同时的一首《竹枝词》呼应道："海国秋深水族增，盘餐风味话良朋。肥鱼斫脍多腴美，何必莼鲈感季鹰。"

这种风气，在民国，有过之而无不及。民初，番禺汪兆铨为此写了一首《羊城竹枝词》："冬至鱼生处处同，鲜鱼脔切玉玲珑。一杯热酒聊消冷，犹是前朝食朕风。"而对民国广东鱼生记述最生动最详细的，当数来自有"刺身"传统的日本的吉田里。他首先澄清说："大多数的中国人，以为刺身是除了日本以外中国地方是没有的，但是广东、福州一带倒一向嗜吃鱼生。"还认为中国古代就有吃鱼生的传统："有句俗语叫'惩羹吹朕'的，它的意思就是说吃羹时往往会烫痛喉咙，所以吃朕时也要吹了。有了这种俗谚，是中国古代吃生鱼的根据。"接着就以其亲身经历说到民国广东鱼生的盛况："秋天在广东，江门、顺德的街道里步行时，到处是这种鱼（生），尤其在江门，还有专吃鱼生的馆子。"最后感慨道："真的，吃过鱼生的人，才知道它的美味。"[1]

第四节　鲮鱼胜莼鲈

如果嘉鱼近乎传说，罕见于国人之席，顺德鲮鱼，则至今为"厨出顺德"的代表之一——且不说入席必点的顺德鱼饼，即甘竹牌的鲮鱼罐头，也风行至今。又不独在本土，即在民国时期的上海滩头，也是闻名遐迩。叙其渊源历史，不啻岭南文化史之一斑。

早年，北京大学著名教授顺德籍黄节就曾深情吟咏故乡这一名菜："客厨自有烹鲜计，不及乡风豉土鲮！"广州的吴慧贞女士1943—1944年间在上海《家》杂志连载《粤菜烹调法》，大推特推鲮鱼菜式。她说：

① ［日］吉田里《鱼和中国菜》，《大众》杂志1944年第16期。

"土鲮以产于粤省顺德的最为肥美，以肉滑味鲜见称，运用何种烹调法，风味均佳，乃是粤人独享的口福。"鲮鱼可以做成各式菜肴，吴慧贞介绍了几款佳品，如清蒸土鲮、发财如愿（发菜鱼丸，在斩鱼肉时加少许曹白咸鱼肉同斩，则更为鲜美）、香糟鲮鱼、腌煎鲮鱼、香酱鲮、蟹翅肉丸等，今日多有不闻。

佛山驰名省港的金姐鱼环，也是一款鲮鱼菜肴；金姐乃服务于民国佛山中山桥、民政桥一带紫洞艇上的一代女名厨。

唐鲁孙吃过的上海秀色大酒楼的一款"玉葵宝扇"，可谓最具传奇色彩的土鲮鱼菜肴。它里面隐含了一个凄美的故事。说是有一位罗公子，有一柄传家宝扇，能起死回生。恰巧有一天罗公子的未婚妻在溪畔浣衣，不慎失足落水而亡，罗公子亲摇宝扇，一日一夜终于救回。顺德人喜欢用清蒸鱼类下饭，如果用新鲜土鲮鱼跟上品曹白鱼同蒸，一鲜一咸香味交融，就如同故事里罗公子救活未婚妻，故名"玉葵宝扇"。如此蒸出来的鱼，红肌白理，令人口味大开，不负美名。曾出任伪职的柳雨生，也即后来移居澳洲的汉学大家柳存仁也说："土鲮鱼的味道极佳美。"[1]所以，杂佾的《岭南食品：鲮鱼、彭蜞子》，便写尽其对鲮鱼的莼鲈之情，十分感人："余广东人也，旅沪已十余年，于广东土产中，最爱食者为鲮鱼与彭蜞子……余十余年来，鲜者不得食，常有弹铗之叹，惟亲友中有知我之所好者，腌以寄余，亦慰情聊胜无耳……古人当秋起则忆莼鲈，兹者阳和景明，鲮鱼彭蜞子已上市矣，思之不可复复得，余草此篇，而不禁饶涎垂三尺也。"①

　　回到广州，还有一款上汤（鲮）鱼面，乃孙科的最爱，系广州北园酒家"鱼王"骆昌的独创。其制法是先用新鲜鲮鱼打成鱼胶，用蛋白拌匀，挞透，蒸熟，再切成面条样烩上汤，爽滑清甜。北园酒家后来的掌门大厨，顺德籍的黎和大师，也利用鲮鱼改制出了一款经典名菜：他把北园传统的家常名菜"郊外鱼头"里的豆腐用鲮鱼腐来代替，一时身价倍增，一举成为北园的十大名菜之一。这鲮鱼腐，可是顺德的传统名菜，乐从鱼腐至今仍是顺德的金牌菜式。

　　菜肴之外，民国年间西关浆栏路口的味兰粥店制作的一味菊花鲮鱼球粥，土鲮鱼味正鲜甜，加入秋季开放的菊花瓣，色香味堪称一绝，耸动食肆，历久不衰。

　　鲮鱼既有这么多的做法，足见其味道之美与顺德人嗜爱之深。鲮鱼味道之美，馋煞江南人，顺德人便出来安慰说："近来已有罐头制品，可以运销各处了。"这是晚清民国的时候。而最早的鲮鱼罐头的记录是1897年4月4日《申报》的一则广告——《虹口路同协成启》："本号新到广东罐头鲮鱼、鲜嫩竹笋、白雪澄面……"这也是广东食品工业化的一个可知的记录，也可视为"食在广州"发达的一个表征。如今，各式鲮鱼罐头，尤其是甘竹滩的鲮鱼罐头，仍然风行海内外，足见其永恒的魅力。

　　今天的顺德厨师，又不断推陈出新，而且精益求

① 《申报》1926年6月11日。

鲮鱼

精。代表性的一款鲮鱼新菜是八宝酿鲮鱼，那可是让民国的食家恨不得长生不老以求尝的。其做法高难度。要先把鲮鱼的骨、肉取出，而皮相完整。将取出的鱼肉以诸般佳料和制成鱼滑，再酿回鱼皮囊中，又成一条完整的"鲮鱼"。如此煎或者蒸出来，那敢情就是"八仙鲮鱼"了。在款式上，现在也比民国时期更繁复多样；顺德厨师协会会长罗福南先生说，他们可以用鲮鱼做出一百三十多道菜，是超标准的百鱼宴。顺德著名女厨师"奶奶群"吴旺群，当年参与制作的鲮鱼宴，还上了中央电视台；留存下来的菜谱可见一斑：锦绣拼盘（蚬蚧鲮鱼饼、葱蛋煎鲮鱼肠拼侨社招牌鸡）、发财鲮鱼羹、肖蒸大鲮公、碧绿炒鲮球、家乡鱼酿鱼（即酿鲮鱼）、翡翠炒绉鱼卷、迎来鱼米乡（鲮鱼青鱼子）、鲮鱼（骨）上汤时蔬等。

岭南饮食文化

南食化

第七章

以鸡为凤

　　俗语谓"杀鸡安客"，意即杀鸡待客，总是很有礼数了；孟浩然诗"丰年留客足鸡豚"，鸡也是过年的主打菜。因此，吃鸡可以说在何种情形下，都上得了档次。吃鸡，也可以说是中国饮食最重要的传统之一。但是，重中之重，还得看广东，尽管广东菜给人的印象是吃海鲜为主，但鸡同样顿顿难离；吴慧贞在《家》杂志《粤菜烹调法》专栏中谈到广东鸡时，竟认为"鸡肉营养价值之高，超过任何其他肉类，且其生殖繁而长大速，最宜作为日常滋养之品"。并列举了一系列优良鸡种："粤省所产的十全竹丝鸡、佛山的贮丝鸡、防城的白肉鸡，以及文昌鸡、牛奶鸡等都是优越的品种，且以饲养得法，为所食者所称誉。""如十全竹丝鸡具有重冠、黑舌、有髻（头上缨毛）、配裙（脾茸毛）、穿裤（足有茸毛）、子孖脚指、竹丝毛、乌面、绿耳、黑骨肉这十种特点的，它不但被视为席上珍馐，且用以配药，为白凤丸的主要原料，其滋补力之大可知。"像贮丝鸡如何饲养得法以成佳味呢："先择身矮而足骨细，冠红大及脚髀如八字叉开者，放于暗室内，以玉糠煮糟连饲二星期，不使它动，则自能肉足脂丰，软滑甘香，其味之美，非经亲尝，难以想象。"贮丝鸡也叫槽鸡，民国作家兼画家、《文华》主编张亦庵先生也有一说："'槽鸡'之法，其法将鸡禁闭于暗无天日的狭小异常的笼子里，使其没有可以回旋活动的余地，又受不着异性的诱惑，饲以充分的芝麻等富有脂肪性的食料。这样的清心寡欲、养尊处优生活下去，经过若干时日，这鸡便被'槽'得脑满肠肥，全身发福，不特肉嫩油多，连骨头也变得软了。"①

　　其实先贤屈大均早已从形而上的高度论证过岭南之所以产好鸡了："鸡为阳积"，而"岭南阳明之地，乃鸡之宅"，故岭南不仅产好鸡，而且产神鸡、仙鸡；以鸡为卜，是岭南最为悠久的文化传统之一。所以，鸡成为粤人最佳的上味。同时，鸡、吉谐音，无鸡不成筵，鸡也成为筵席上必不可少的佳肴，进一步刺激了鸡馔的发展。

　　新时期以来，白切鸡留给外地人的印象，未必逊色于海鲜，但仍仅一管之见。如果我们再往前追溯，特别是追溯到在商业决定的民国饮食业最大都市上海，以信丰鸡为象征的广鸡风靡一时，适堪作"食在广州"的另一种象征。

第一节　上海滩的信丰鸡

　　民国食家张亦庵先生说："粤菜馆中的菜谱，往往把鸡称作凤，如'凤足山瑞''凤入罗帷''龙凤大会'等，这大概也不是没有根据的。徐正律曰：'黄帝之时，以凤为鸡。'不过粤菜谱中则反其道而行，以鸡为凤罢了。"在广东菜系里，鸡确如凤一般尊贵；而其尊贵，除了粤人烹调得法，还在于其质地的上佳："我国北方的鸡，听说价钱很便宜，战事发生以前，在津浦

①　张亦庵《谈鸡》，《新都》杂志1943年第10期。

路所经的地方，可用十个铜元买得煮熟的鸡一整只，比之当时上海便宜十倍以上。"价钱便宜，是因为"味道并不怎样高明，坚韧粗糙，远不及江南"，当然更不及广东了，"广东所产普通的鸡，也胜过上海的"；上海鸡在江南算是好的了，"浦东鸡便是比较好的，江北鸡则较逊"。"然而比之信丰鸡依然望尘莫及。"因此，"以前上海的第一流粤菜馆，多用信丰鸡供客。"①

这信丰鸡，现在很多人会误认为是江西信丰县出产的鸡，其实是地道的广东鸡：

> 吃广东菜的人，好像总要点一样信丰鸡，否则便不是吃客。信丰鸡，广东馆子，叫广鸡。其实叫广鸡是对的，因为有人误会到信丰是地名，如果是地名，那么是江西的信丰，那可差太远了。信丰两个字的来源，是因为广州有一处沿江街的地名叫做杉木栏，那里有一家几十年的老店，是专卖蔬菜杂货的，他家专门采办广鸡，店的牌号叫"信丰"。他家的鸡，喂养的考究，并且因为名驰远近的关系，四处都他批销，如果吃鸡不是信丰的，便不名贵。他的喂养方法很特别，是把小鸡关在黑暗的地方，不叫它见亮光，如此养出的鸡骨格虽然瘦小，肉却特别细嫩，并且分外的香甜，这是老饕都分辨得出来，绝不如别种鸡的肉，老而且木，只能煨汤可比。②

① 张亦庵《谈鸡》，《新都》杂志1943年第10期。
② 刘硕甫《谈信丰鸡》，《家庭》1937年第2卷第2期。

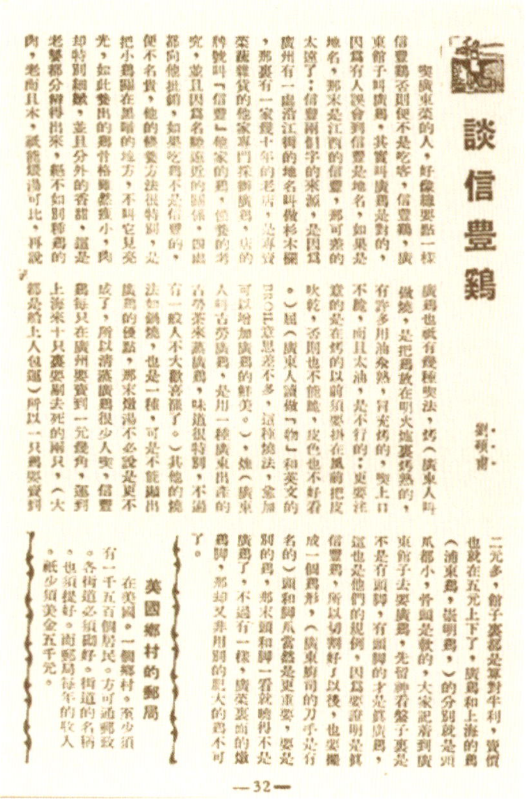

談信豐鷄

劉穎甫

喫廣東菜的人，好像總要點一樣信豐鷄否則便不是吃客，信豐鷄，廣東館子叫廣鷄，其實叫廣鷄是對的，因爲有人誤會到信豐是地名，如果是地名，那末是江西的信豐，那可錯的太遠了：信豐兩個字的來源，是因爲廣州有一處沿江街的地名叫做杉木欄，那裏有一家幾十年的老店，是專賣菜蔬雜貨的，他家專門採辦廣鷄，店的牌號叫「信豐」他家的鷄，飼養的考究，並且因爲名聲遠近的關係，因此都向他批銷，如果吃鷄不是信豐的，便不名貴，他的修養方法很特別，是把小鷄關在黑暗的地方，不叫它見亮光，如此養出的鷄骨格雖然纖小，肉却特別細嫩，並且分外的香甜，這是老饕都分辨得出來，絕不如別種鷄的肉，老而且木，祇能煨湯可比，再說廣鷄也祇有幾種喫法，烤（廣東人叫做燒，是把鷄放在明火爐裏烤熟的，有許多用油灸熟，冒充烤的，喫上口不脆，而且太油，是不行的；更要注意的是在烤的以前須要掛在風前把皮吹乾，否則也不能脆，皮色也不好看。）屈（廣東人讀做「物」和英文的BROIL意思差不多，這種燒法，愈加可以增加廣鷄的鮮美。）燉（廣東人叫古勞廣鷄，是用一種廣東出產的古勞茶來蒸廣鷄，味道很特別，不過有一般人不大歡喜罷了。）其他的燒法如鍋燒，也是一種，可是不能顯出廣鷄的優點，那末燉湯不必說是更不成了，所以清蒸廣鷄很少人喫，信豐鷄每只在廣州要賣到一元幾角，運到上海來十只裏要剔去死的兩只，（大都是給上人包運）所以一只鷄要賣到二元多，館子裏都是算對半利，實價也就在五元上下了，廣鷄和上海的鷄（浦東鷄，崇明鷄，）的分別就是頭爪都小，骨頭是軟的，大家記着到廣東館子去要廣鷄，先留神看盤子裏是不是有頭腳，有頭腳的才是真廣鷄，這也是他們的規例，因爲要證明是真信豐鷄，所以切斷好了以後，也要擺成一個鷄形，（廣東廚司的刀手是有名的）頭和腳爪當然是更重要，要是別的鷄，那末頭和腳一看就曉得不是廣鷄了，不過有一樣，廣菜裏面的燉鷄腳，那却又非用別的肥大的鷄不可了。

美國鄉村的郵局

在美國，一個鄉村，至少須有一千五百個居民，方可通郵政。各街道必須劃好，街道的名稱也須釘好。而郵局每年的收入，祇少須美金五千元。

—32—

《谈信丰鸡》，原载《家庭》1937年第2卷第2期

信丰鸡不仅成为广州各大酒家的首选用鸡，连上海的粤菜馆也前来购运，并以为招徕顾客的头牌之一；粤菜馆在报章大做广告，几无不以信丰鸡为招徕。以《申报》的广告为例，如味雅酒楼1926年5月14日的广告：“肥大信丰鸡项，精制太牢食品，改良各种面食，专办广东美酒。”广东安乐园酒家1927年5月19日的广告：“本园特自广东佛山聘到名师，专制‘烧’‘卤’各精良食品，味道佳妙，无以复加，助餐送礼，皆极适宜。

每日上午十一时起下午一时止，随时均有应市。兹将各名目列下，以为醉心家乡风味者告：'柱侯食品、挂炉鸡鸭，正信丰鸡、白水熏蹄……'"燕华楼酒家1929年2月1日的广告，先特别标出"新到广东信丰鸡"，然后才说："擅于搜罗粤郡土产，巧制应时珍馐食品，其味道之精美，久已脍炙人口，闻最近又运到大帮广东信丰鸡，非常肥嫩；该楼特另辟一小屋豢养，如顾客食即临时提出生杀，故其味道的确香滑。"最后又再度突出其珍贵："如各界将以馈赠亲朋，作为年节礼品，可称为无上之珍物云。"大名鼎鼎的冠生园酒家，也同样以此为招徕：

冠生园饮食部：知己小叙，腻友谈心，尝尝粤东风味，品香茗，进名点，吃信丰鸡，饮冰淇淋，斗室生凉，尘襟挹爽，南京路上，不易得此。名流淑媛，盍兴乎来！

南京路冠生园二楼饮食部，开办以来，因布置美化，座位雅洁，食品可口，以故座客常满，营业极佳。该部新近更从粤办到大山瑞、正信丰鸡、及广西梧州海狗鱼等，俱为粤地著名特品，滋味丰饶。"①

食客甚至老饕食后也确实买账，并将感受披诸报端："新新酒楼制肴绝精，海上粤菜堪称上选，滑鸡翅、红烧鲍，其味鲜美，而信丰鸡其皮脆嫩且腻，更得同人赞叹不绝口。"②像在粤商富绅为京剧四大名旦之

① 分见《申报》1928年6月3日、1928年8月2日。

② 刘恨我《大嚼狂欢记》，《申报》1926年12月30日。

一的程砚秋的饯行宴上，仍大受欢迎，更显出信丰鸡凤头之健：

> 粤绅陈炳谦家肴馔之佳，有名于时久矣。然凤号老饕之下走，得快朵颐，犹是破题儿第一遭也。且陈之设宴，系为名优程艳（砚）秋饯行，予特一陪客耳。是日同座数十人，强半皆绅商界有名之人物，予所识者，为劳敬修、路锡三、金仲荪、刘豁公、鲍康荣、潘子澄诸君，其余皆非所悉。程郎之来，与金潘俱首向主人寒暄，次与予辈作循例之起居，而与一面目清癯之西装客谈话独多，意颇亲密。予初不知其为谁，询诸座客，始知为陈濂伯，广东某银行之行长也。此筵完全为香山式，盘碗之巨，异乎寻常。肴亦无多，而烹调绝佳，令人食之不容稍留余汁。是时予辈老饕，固以风卷残云之手段，恣意饮啖，即悃悃如好女儿之艳（砚）秋，亦克尽吃客之能事。席中有鸡一味，肥嫩可口，不类常鸡，盖取信丰鸡雏，以极佳之食料，畜诸江浔牧场者。又有"鸡绒翅针""鸡汁口磨泡肚""燕窝羹"三味，均以状如小锅之巨碗，盛置案上，媵以小碗十数，由主人次第盛以奉客。是为中筵，参用西法，或为香山宴客之故例，则非予所敢知矣。闻金君云，南洋烟草公司拟特置香烟一种，以程之名为名，已由豁公君征得程郎同意，即将从事制造，与梅兰芳香烟同时问世云。[1]

① 老饕《陈门大嚼记》，《申报》1926年10月22日。

进而被食客视为珍稀异味：

> 二日今日霉雨，未能出游，纯哥欣然入室，以陈皮梅饷余，别有风味，神为之爽。又出鸡胚干剖而共食之，味更适口，余问何来此珍品？纯哥笑曰："试猜之。"余曰："莫非冠生园乎？"纯哥点首。三日晴，纯哥偕余游梵王渡公园，归经南京路，至三友社购自由布毛巾及新出卫生纸。久和厂购进步袜。香亚公司购化装（妆）品。复往冠生园购糖果，以佐明日杭游之消遣（遣）。登楼至饮食部，品茗用点，不觉日之已夕。纯哥曰："时晏矣，盍一尝广州风味乎？"乃点菜数种，而以信丰鸡为最佳，他日当挈诸姊妹同尝此异味也。[①]

信丰鸡的声名煊赫之下，成为鸡肴标杆：

> 旅杭同乡聚餐会，适于其时举行。厨司为王君邈达家所用，完全故乡风味，为久客异地者所不易领略。予离乡近二十年，闻言不禁垂涎三尺；且不及一一往拜同乡，能于其时聚首一堂，又饱饶腹，何可不去！席凡三桌，同乡到者近三十人。菜为十碗，丰厚无伦。如予健胃，亦不待终席而不克举箸矣。白鸡一盘。鲜嫩倍胜信丰鸡。询之为钱君雄被家中所饲养，特宰以供客也。[②]

① 畹香女士《蜜月中日记之一页》，《申报》1928年6月29日。

② 张寄涯《湖上零话》，《申报》1928年8月29日。

在上海，终民国之世，信丰鸡都是"食在广州"的标配珍味。如上海四大百货之一的大新公司五层楼酒家1946年11月19日在《申报》刊登的广告说："著名时鲜，岭南珍品：信丰鸡、汕头响螺、山瑞，新近运到，日夜供应。礼堂雄视海上，唯我独尊；喜庆宴会，请早预定。"地位且驾乎响螺、山瑞等著名海味山珍之上了！张亦庵的《谈鸡》也有总结性陈辞："上海的第一流粤菜馆，多用信丰鸡供客。"

广州、上海，隔山隔海，要想吃到广州的信丰鸡不易，时人有观察说："信丰鸡每只在广州要卖到一元几角，运到上海来十只里要剔除死的两只，（大都是船上人包运）所以一只鸡要卖到二元多，馆子里都是对半利，卖价也就在五元上下了。"①鲜鸡不易得，腊鸡也能安客心。如《申报》1926年1月20日安乐园的广告说："东武昌路安乐园酒家附设之腊味部，刻以岁聿云暮，各界送礼纷忙，特乘时制备大批腊味应市，如各种腊肠、金银肫、开刀肉、酱油鸭等，以应社会年礼需求。并新由广东运到信丰鸡、海狗鱼、南安南雄腊鸭②，均属粤中名产。"至年底，1926年12月6日又在《申报》打广告说："腊味尚有十余种，要皆物美价廉，并有肥大腊信丰鸡发售，至为美味。"

盛名之下，即使不打信丰鸡的牌，只要是粤菜鸡肴，均具招徕之效。如1927年6月20日《申报》广告："章记酒家以烹调新奇粤菜著名，其靶子路之分号自恢复营业后添聘厨司，现新出'柠檬紫姜鸡'，其烹调纯

① 刘硕甫《谈信丰鸡》，《家庭》1937年第2卷第2期。
② 原文如此，当时南安板鸭和南雄板鸭都很出名，地方相近，所谓南安板鸭，常常是南雄产，南雄产板鸭，又常常打南安的牌——编者注。

用新法，味极可口。"又如1928年4月2日《申报》新闻《武昌路西湖楼之特色》称："该馆食品素为粤帮公认允推沪上独步之粤菜馆。今闻扩充营业，特由粤添聘广州四大酒家名厨十余人分制擅长美味，尤以佛山柱侯卤味如肥鸡、肥鸽等类为沪上不易尝得之特别风味，且价平物美云。"

广东信丰鸡既得大名，那消费者分辨清楚不当冤大头，生产者养出又多又好的信丰鸡，专业人士追求进一步的推广和改良，都成了题中之意。在分辨上刘硕甫教了一招：

广鸡和上海的鸡（浦东鸡，崇明鸡）的分别就是头爪都小，骨头是软的。大家记着到广东馆子去要广鸡，先留神看盘子里是不是有头脚，有头脚的才是真广鸡。这也是他们的规例，因为要证明是真信丰鸡，所以切割好了以后，也要摆成一个鸡形，（广东厨司的刀手是有名的），那末头和脚一看就晓得不是广鸡了。不过有一样，广菜里面的炖鸡脚，那却又非用别的肥大的鸡不可了。

专业刊物和专业人士也纷纷介绍广鸡的"威水"，这也就难怪粤菜中的鸡肴地位可与海鲜并驾齐驱：

广州（鸡），即生产于广州市附近各乡村的鸡种，非是来自潮汕两阳或其他等处。外貌色以黄黑混杂者为多，惟羽或浅黄色，雄者较深，而羽脚毳雪白者，为最佳种。脚色黄白，趾四只，与竹丝鸡五只不同，冠多数单冠，身材甚圆。性颇活泼，一雄可配十数雌，如温暖地方，放饲或槽饲均宜，故人多喜畜。春秋气候温和，且多昆虫，若行放饲，生长既速，产卵亦丰，惟夏热冬寒，于此时期产卵减少，成长亦稍慢，若管理得法，可于夏冬间多得鸡卵，及行肥育。——即槽肥，在秋末冬初行之最宜——。成长时期，自孵化成雏后，约经五六个月，便可成为中大的鸡，雄者体重约二斤至三斤，如经过肥育时期，可重至四五斤，雌者则较轻一斤余。肉的油滑，味的甘香，非其他鸡所能比美。用途位于肉用种，及卵用种之间，自成为兼用种，而与外国有名的鸡种，路爱兰列，或米诺加种相似，盖其产卵每年约一百只至百余只，卵产量适中。有些特质，故可以发行成为良好卵用种，或良好肉用种。[①]

又如专业的《农事月刊》也有专门文章加以介绍：

养鸡莫如养广州鸡。什么叫做广州鸡呢？莫非是养在广州的本地鸡吗？不是的，那个真的广州鸡，应该有了下列特点：

上冠单而直，以中大者为佳；下冠中大而圆；耳垂之色红；嘴色黄，间或杂以黑纹，短而壮者为佳；头阔而扁，短而不凹；眼赤棂色而光明；颈短而厚，妥配于身；背平而方，近肩处宜阔；两旁

---

① 叶汉予《广州鸡之改良法》，《新建设》半月刊1930年第12期。

号菜鸡肴

须深；胸阔而深，前申而圆；翼密折于身侧；体肥厚而密实；尾短而相距阔；足胫中大而壮健，羽作橙黄色；足指应直而同色；羽毛浅黄色（雄则较深），脚之羽作白色，翼与尾时有黑羽；重量，此鸡约斤半至二斤余，雄鸡约二斤至三四斤；形态，须与全身相称。

以上所说的鸡，係真正广州鸡。我们的大学，和广州农林试验场，已经试养过这种鸡，两处都得极好成绩。广州鸡又有三好特点：

一、其肉滑而味甘，人多好之；

二、其体积不大亦不细；

三、位于肉、蛋二种鸡之间，故可供食用或产卵用。

有了以上三个要素，而且他们的生长也算快，所以很容易赚钱咯。我们望这间农科大学，能够供给同胞们真正的广州鸡种，咁就可以大家发财起来了。[1]

由于广东鸡的声名远播，近的直接运过去吃，远的则引种过去养：

> 广州鸡种，因华侨带往外国关系，现南洋、檀香山、加拿大、菲律宾等处多有饲养，在各处饲养的广州鸡，尤于菲律宾为最欢迎，且极注重，当一千九百一十六年，广州鸡种输入该处后，各农科大学，和各农事试验场，均从事研究改良，现该处经改良的广州鸡，卵量，每年能产二百六十余只，肉用，长期时期短促，体量较重，饲养日形发达……[2]

真是猗哉盛欤——广东信丰鸡！

第二节　以鸡为凤

回到广东。广东人不仅过年要吃鸡，过冬大于年，更要吃鸡；结婚生子，要摆鸡酒宴；其他各式宴会，均少不了鸡，所谓"无鸡不成宴"。其他各种名膳里，也通常离不开鸡，如最名贵的菜式之一——鱼翅，常常要用鸡的，称为鸡煲翅。又如岭南人好吃蛇，蛇馔里通

[1] 容秉衡《广州鸡之特点》，《农事月刊》1922年第1卷第4期。
[2] 叶汉予《广州鸡之改良法》，《新建设》半月刊1930年第12期。

常也加入鸡，称为龙凤呈祥，再加入猫，则称为龙虎凤了。连最不起眼的鸡爪子，在广东都是一道名菜——除了茶点必备之凤爪，即以之与山瑞同炖。

一招鲜，吃遍天。由于鸡在粤菜中的这种独特地位，许多酒家便主打食鸡，当然各有各的秘方专制。罛庵的《广州情调·吃风》，历数当年广州食肆"专门以一种食品为号召以弋巨利的"，"以河南成珠楼的小凤饼、联春馆的三蛇宴、洞天的双英鸡、馨记的市师鸡、南园的文昌鸡、佳栈的烧鹅、大三元的群翅、西园的罗汉斋、泮溪的油煎饼、陈意斋的雀肉酥等都是别有风味的食品"，聊举数家之中，鸡已占其三。

然而，当年的广东餐馆，吃鸡到底怎么个吃法呢？好在吴慧贞为我们留下了珍贵的菜谱。先介绍几款蒸炖鸡谱：

其一，鸳鸯戏水——用肥鸡、老鸭各一只，原只连骨用盐花将鸡鸭里外擦匀，盛于瓦煲中，加绍酒半斤或糯米酒、红酒亦可，便把煲盖紧，隔水文火炖至烂熟，肉香滑而汤浓厚。食之补身。

其二，凤翼穿云——将鸡翼切开，每节分为二，取出翼中骨筒，实以瘦云（南火）腿肉丝于原来骨洞内，以熟油盐花调匀，放碟用碗盖密，隔水蒸至仅熟为度。临上席时加些"宪头"、葱白，滚匀上碟，味甚鲜滑甘香。但所用鸡翼须择皮厚肉少者为宜。

其三，淮杞炖鸡——淮山、杞子两种植物有健脾胃，生血益体之功，用以配制佳肴，适口而滋补。但淮山须择洁白鲜明，杞子须择鲜红大粒者才佳。用肥姑鸡一只，洗净抹干水分，用盐花擦匀晾爽，然后将原只放入瓦盅，再放淮杞在上，加糯米酒一盅，约浸至面为度，即将瓦盅盖紧，以文火炖至烂熟，味清甜而香美。

其四，鲜栗炖鸡——鲜栗炖鸡制法平常，大概多用姑鸡，取其嫩滑，但炖制须火力足而浓厚，故最好用阉鸡，因阉鸡肉丰实而膏厚，腴美而耐咀嚼，制法先将鸡斩件，用猪油、盐花擦匀，下油锅炸至呈黄色取起（鸡膏毋下油锅炸），然后用绍酒一杯，连同鸡肉、鸡膏放锅内，加水约浸至鸡面为度，炖至七八分熟，再加剥壳鲜栗煮熟去衣，及冬菇等加入，再炖至烂熟，临上碗时再加些蚝油、豉油调味。栗肉切毋下锅太早，以免溶烂。也有不把鸡肉油炸，而以蒜子葱头打茸（蓉）放油锅爆香，将鸡肉炒透，再下酒水同炖，则另具一种风味。

其五，八珍露鸡——取肥姑鸡去毛，以刀开鸡背，起去鸡骨，原只用盐擦匀里外，然后将鸡放瓦钵内，鸡皮面向下，随将配料放鸡肚内包藏，加绍酒一盅或糯米酒半斤，用文火炖至烂熟。配料用洋薏米、莲子、百合、栗子，先用热水浸透洗净，莲子去心去衣，再加切成小粒的冬菇、火腿、鸡肾、鸡肝拌匀同炖。上碗时，先将原汤滤出，即以碗盖在瓦钵上反转，则鸡皮在上，配料在下，然后再将原汤入碗，较为美观。

其六，鸣凤紫竹——即甜竹炖鸡的别名，滋味浓厚，养料丰富，为家常适口益体的美馔。制法先以肥腌鸡切件，用盐花猪油擦匀，再以甜腐竹用冷水浸透，洗净切件，随将鸡肉以烧红油镬爆香蒜茸（蓉）炒透，再加些顶豉油、姜汁、绍酒兜匀，即将冬菇数只连同甜腐竹与鸡下锅，加些汤同炖至烂熟，上碗时再加麻油拌食，若是肥鸡膏厚，腐竹不妨多些。

其七，水晶滑鸡——取肥鸡起骨切片，用鸡蛋白和豆粉搅匀后，将鸡片放入调匀，用滚水一滚取起，再以冬菇、红枣、绍酒和水蒸熟上碗，食时再加些麻油、生豉油，极甘香嫩滑之至，与放汤干蒸，韵味又自不同。

鸡肉补身，宜以蒸炖为先，而以可口论，当推炒与炸；海外中餐馆，原料来源有限，师傅水平不高，讲究不来，向来就只有炒鸡块一味，便把洋人糊弄得服服帖帖——你若真炖了蒸了给他吃，他还可能不以为然呢，或者说他们不配享用罢。因此，在介绍了七单蒸炖鸡谱之后，吴慧贞又介绍了几款炒炸鸡谱：

——凉瓜鸡片。凉瓜鸡片必须用蒜子、豆豉或面豉酱配味，方能显其隽美；而鸡肉以两腿部分者最好，因其结实而爽滑，宜于用武火炒食。制法先将鸡腿肉去骨，横切薄片，用熟油、豆粉、生豉油擦匀；苦瓜则切薄片，用盐花挤去苦水，先行滚熟，去水挤干，再用打烂蒜子下油锅爆香，把苦瓜炒过，再用武火将鸡片炒至八九分熟，随下苦瓜同会。将起镬时再加捣溶豆豉水（去渣）和些"宪头"滚匀上碟，味甚隽美爽口，加冬笋、冬菇同会更好。

——凤披锦围（即凤入罗帏）。凤披锦围是炸鸡的别法。用法炸成之鸡香滑而不燥腻，比之普通炸法，风味不同，为名贵筵席中的佳馔。制法取肥肉鸡起骨切片，将绍酒、顶豉油、蜜糖再加些五香粉和匀，把鸡片放入，均腌渍至十分钟后取起，再以贡川纸，裁成小方块，用熟油浸湿，晾爽（半干）铺开，取鸡肉一块，伴以浸透挤干的冬菇两只放纸上包裹，即将纸口自行夹紧，随将整包鸡菇放下油锅，炸至纸转黄色，取起用笊篱隔干，把整包鸡肉上碟，以成包鸡，由客自行解开取食。

——脆皮油鸡。制脆皮油鸡，必须选用黄油肥姑鸡，因膏丰肉嫩才能显其软滑；炸时更须将鸡全身抹干，吊起晾爽，其皮愈干则愈脆。而火候宜用文火慢炸勤翻，至全身遍呈黄色取起，斩开上碟备食。食时宜乘热，停冷则风味便差。上席时以葱白、淮盐、橘汁醮（蘸）食，皮酥肉软，韵味极佳。

——核桃鸡丁。核桃性滋补，配合鸡丁制成馔肴，更是相得益彰。先把核桃打开去壳，用滚水泡去肉衣，晾干后用油炸酥待用，再取肥鸡肉切粒，用熟油、豆粉、生豉油擦匀。配料用鲜草菇或冬菇、冬笋，都切成小粒，先下镬滚熟，随加入葱白粒、核桃、鸡丁，盖上锅盖，俟有八分熟，即揭起锅盖，炒匀上碟。

——蚝油鸡丝。蚝油以粤省中山县出产者最美，以之调佐鸡肉，风味奇佳。其法先将鸡切成四件，下油锅煎透，随加水滚熟，再加葱白、韭黄、腿丝同会，临上碟时再加蚝油、麻油调些薄"宪头"炒匀。

——八块香鸡。此味因将鸡斩成八件烹制而得名。上席时以大匙每客各分一块上小碗，既匀而卫生，又可表示敬意。八块香鸡的制法，取肥姑鸡斩为八件，用盐花、豆粉少许擦匀，下油锅炸透取起，用冷水泡去油腻，再用绍酒半斤、顶豉油一小杯盛于瓦钵中，隔水炖至烂熟，入口香滑味美。

某地一种食品出名，往往便有这种食品的全宴之说，如全猪宴、全牛宴、全蚝宴等。广东以食鸡出名，广东要做全鸡宴，那真是"湿湿碎"（小意思）——前两篇开列的，已足够做出两围全宴的主菜来，还不加杂碎与青菜。而这还远没有穷尽，主菜都还可以为你从民国的粤味鸡谱中再搜索出一围来：

一是糯米酥鸡。选肥姑鸡去毛切开鸡背，起清内骨，不要头脚，并将鸡身厚肉部分片得薄些，即将片出之肉与鸡肝肾等都切成小粒，用些猪油调匀，再将配料冬菇、火腿、猪肉切粒，虾尾用油爆香，随把糯米煲饭，饭滚时，即将鸡肝肾及配料放入饭内搅匀，焗熟后便把饭放入鸡肚内包裹，用轻力压成扁平状,将原只香鸡隔水蒸熟,取起,用滴珠豉油擦匀周身,再放油镬内炸过,原只上碟,用快刀割开皮面,乘热上席,皮酥而甘香,也可用作点心品用。

二是鸳鸯巧合。这是一味云(南火)腿拼鸡的别名,多用于结婚筵席。制法先把净瘦火腿用姜汁绍酒蒸熟,取起停冷,切成薄骨牌样。又肥姑鸡以滚汤浸热,取起停冷,起骨切片,将火腿一片拼合鸡肉一片,排开上碟,大约片数以每客二三片为宜,食时佐以芥末、浙醋,或再加炸松马铃薯片同食,则更见甘香爽口。

三是凤碎琼浆。凤碎琼浆即酒糟香鸡的别名,以甘香嫩滑胜长,尤适用于夏季菜式。制法先将肥嫩姑鸡去毛起骨,隔水蒸至仅熟,取起俟冷,切成薄片,用糯米香糟腌约两点钟后,加些姜汁、生豉油、熟油及麻油数滴调和拌匀上碟。在临食时再加炸松粉条、元荽、葱花同食也好。

四是香菇煨鸡。煨鸡宜用姑鸡。将去毛肥姑鸡在背上切开,取出肠脏,用绍酒涂与肚内,再用猪油擦匀鸡外全身。配料用腌头菜(正菜)一小扎,冬菇、红枣少量,加油约一茶杯,下锅慢火煨至仅熟,大约需时四十五分钟即可。也有把鸡切开尾部,取去肠脏,用盐花擦鸡肚里后,实以冬菇、肉丝、红枣、金针菜等,再以油涂全身,加油下锅煨焗。但此法多嫌金针菜夺鸡肉美味,不如用前法为佳。

五是鸡茸(蓉)粟米。鸡胸肉所含滋养料甚

丰，但因组织关系，用火足则肉粗，不足则又嫌其韧，所以最好把这部分的肉作为鸡茸（蓉）。鸡茸（蓉）粟米的制法，取鸡胸肉去皮斩细如酱，用些豆粉、猪油拌匀，随加入上汤，调成稀薄糊状，再取鲜粟米或罐头粟，下油锅滚熟，即将炉火收至极慢，不可使汤滚起，或提锅离火，然后将鸡茸（蓉）下锅兜匀上碗，再加些火腿茸（蓉），味极鲜甜可口。但烹时须注意火候，鸡肉务以九分熟为度，过熟则不滑，入口粗糙，食味不佳。

第三节　国宴主菜

新中国成立以后，粤菜鸡肴，更是升级换代，臻于极致。首先是以上海锦江饭店首任行政总厨身份先后为一百多个国家的国王、总统、首相、总理等政要主厨，因而有国宴主厨之称的顺德籍肖良初；从工资待遇上，也可看出当时肖良初的地位：据说，1961年顺德大良公社书记的月工资是70元，大学一级教授比如中山大学陈寅恪先生的工资也才381元（俗称"381"高地），而肖良初在锦江饭店的月工资是540元，可见其身价之高，没有特殊的本领，是享受不了这特殊的待遇的。古语云："君子远庖厨"。这一回，庖厨可是压倒了"君子"。呵呵！无独有偶，顺德本土的点心大师梁娣，当时的工资也达到一级——125元。

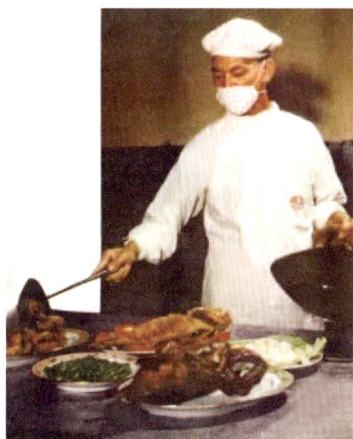

肖良初

肖良初的代表性的"三大杰作"，均为鸡馔，堪入烹饪史。其一是1952年，作为新中国派出的第一位厨师代表参加莱比锡国际博览会，不仅以一款"荷叶盐鸡"夺得烹调表演会金奖，而且"征服"了民主德国总统皮克，获赠金笔和亲笔签名个人照片，堪称外交轶事。其二是在1961年的联合国日内瓦会议上创制八珍盐焗鸡。要知道，1954年，新中国首次以五大国身份参加联合国的讨论重大国际问题的会议，取得了一系列重要成果；为了维护这一成果，1961年，联合国再开日内瓦会议。古语云"折冲樽俎"，即在酒席宴会、觥筹交错间，解决重大问题。折冲樽俎的效果如何，掌厨政者的表现非常关键。当此之际，外交部派出肖良初主厨，而肖良初也倾情回报，所创制的八珍盐焗鸡，受到各国嘉宾的交口称誉。这款名菜，乃是在广东客家菜东江盐焗鸡的基础上，在鸡腔内加入鸡肝、鸭肝、腊肉、腊肠、腊鸭肝、腊鸭肠、腊板底筋、酱凤鹅粒等配料，用荷叶包裹，外以锡纸包住，在海盐中焗熟，鸡肉的鲜冶、盐香的浓郁、荷香的清淡、腊味的馥郁，能神奇地集于一体。1961年，肖良初休假回顺德省亲，在岭南四大名园之一的清晖园献艺，将这道名菜传授给了当时并肩下厨、后任顺德市副市长的欧阳洪，欧阳洪后又传授给顺德十大名厨之首、长期主政京穗著名的粤菜馆顺峰山庄的罗福南先生，堪称沪粤厨坛佳话。其三则是撒切尔夫人1982年访问上海，香港船王包玉刚在锦江饭店设宴款待，肖良初以七十六岁高龄重出掌勺，一下引爆了香港媒体的兴奋点，报道几欲喧宾夺主："船王午宴英相，顺德厨师掌灶""主厨是七十八（应为七十六）岁肖良初，顺德大良人"……

其实，这三款鸡馔，只是肖良初的"冰山一角"；鸡馔在他手艺中的地位，就如同在粤菜中的地位一样，渊源十分深厚；据曾受肖良初亲炙的顺德市原副市长欧阳洪说，肖良初曾亲口对其说他能做三百多款鸡馔。

需要说明的是，肖良初的烹调技艺，并非来自海派粤菜，而是粤菜的正宗嫡传。他1926年20岁时，到广州文昌巷广州酒家正式拜师学艺，三年期满，前往南京安乐酒家、生活饮冰室，上海老广东、心心、美华等酒家事厨，一步步成为上海广帮厨师的领头人，嗣后入主锦江厨政，也就顺理成章。

据顺德美食文化达人、早年毕业于中山大学法语系、曾撰有三十余种顺德饮食文化著作的廖锡祥先生说，现今香港春节喜庆菜式"生财显贵鸡"也是源于民国时期的大良。先是宜春园创制了与广州大同酒家"大同脆皮鸡"齐名的"凤城脆皮鸡"。后来为了让鸡味鲜上加鲜而发明的一种用蚬肉、汾酒、姜末、陈皮等腌制的，有"水乡XO酱"之誉的海鲜酱——蚬蚧酱，更令顺德鸡馔"飞上枝头变凤凰"，一款"翡翠蚬蚧鸡"，竟传衍成大牌的患如酒家的招牌菜——"菜胆蚬蚧鸡"，再传至香港，则成为"生财显贵鸡"。

"食在广州，厨出顺德。"肖良初驰骋于外，臻于巅峰，广州的顺德籍厨师，也同样有傲人的表现，特

八珍盐焗鸡

别是在鸡馔方面。1956年广州市举行的名菜美点评比，竟有210款鸡肴参评；北园酒家顺德籍名厨黎和创制的"瓦煲花雕鸡"、利口福海鲜饭店顺德籍名厨戴锦棠创制的"口福鸡"脱颖而出，获评名菜，也可谓顺德鸡肴传统的结晶。今天顺德人做鸡，更有新招，比如铜盘蒸鸡、毌米粥煮鸡，香甜无比。大良的乌糟鸡、桂州南桥的盐焗鸡、勒流山庄的白切阉鸡、顺府餐厅的四杯鸡等，也甚为中国烹饪大师罗福南先生所推重；顺德坊间的五大名鸡、十大名鸡之说，也表明鸡肴在顺德饮食中的地位。"食无止境"，20世纪九十年代，顺德均安北海渔村的厨师李佑枝，还别出心裁地创制了一种"熏香鸡"，乃是利用"打点滴"的方法，将调料注入密闭的烹器内，使鸡受香均匀，通体皆香，且入肉三分，香醇馥郁。

顺德鸡肴既如此丰盛，因此，与百（鲮）鱼宴相媲美，同样也有百鸡宴的传统，而这百鸡宴也是往少里说，实际的菜式多达180款，近200款呢！更有甚者，这百鸡宴，可是在改革开放前的20世纪七十年代就诞生了，现在你到普通的顺德餐馆，全少可以吃到普通的铜盘蒸鸡；铜盘传热快，受热均匀，蒸出来的鸡细滑清香。

顺德这一线之外，改革开放后，还有两款鸡肴，使得"食在广州"名声大噪。一款是清平鸡，即清平饭店用清远鸡做出来的白切鸡，因连获国家大奖，被誉为"广州第一鸡"；在八十年代，白切鸡和海鲜，在外地人眼里，是广州最有代表性的两道菜。另一款是太爷鸡，曾经与东江盐焗鸡、大同脆皮鸡、广东文昌鸡并列广东"四大名鸡"之一，由曾任新会县令的周桂生创制于清末，后相继成为六国饭店、大三元的招牌名菜。没承想，在1980年被个体户，也是周桂生的曾外孙高德良重新推出江湖，一时食客如云，连香港的饕餮客都跑来尝味，代销点设到了深圳、珠海以至香港；受到美国《时代周刊》、英国BBC（英国广播公司）的追访，国内媒体就不用说了。

即至今日，鸡的地位在粤菜中依然显赫，清远鸡、文昌鸡依然足资招徕，只是以前名不见经传的湛江鸡，倒有后来居上之势，主打餐馆在粤垦路一带成行成市，其中的白切阉鸡，几乎成为广州所有湛江茂名饭店的必点招牌，其以沙姜为主体的调料，的确别具风味；据说当地政府还制定了饲养标准，以为品牌之推广。还听说佛山的柱侯鸡也注册了，不过影响尚未及于市场，能否重塑当年英鸡，值得食家期待。

靠山吃山，靠水吃水，中国没有哪一个省份的人更比岭南人倚重自然的馈赠。后来许多内地人视为奇珍，再后来视为蛮荒的饮食，在岭南人，原本平常。比如说蟒蛇，现在是保护动物不能吃，在当年，捕一条蟒蛇，胜过几头猪呢；当时的猪由于品种等原因，不可能养得有多大，而且养得很辛苦。田间山头鼠，俯拾即是，却可"一鼠当三鸡"！奇哉幸也，岭南的饮食！

第一节　食蛇记

最早记载吃蟒蛇的是西汉的《淮南子·精神训》："越人得髯蛇，以为上肴，中国得而弃之无用。"最早记载捕蟒故事的则是西汉在朝为郎的岭南人杨孚的《异物志》："蚺（同前面的髯蛇，即蟒蛇）惟大蛇，既洪且长。彩色驳荦，其文锦章。食灰吞鹿，腴成养创。宾享嘉宴，是豆是觞。""食灰吞鹿，腴成养创"是什么意思呢？后来清代的钱以垲的《岭海异闻》作了生动解说："蚺蛇，长十丈，围七八尺。常在树上，伺鹿过便低头绕之，有顷鹿死，先濡令湿讫，便吞，头角骨皆钻皮出。土人始见蛇不动时，便以大竹签签蛇头至尾，杀而食之，以为珍异。"原来杨孚讲了一个蟒蛇吞鹿，土人得利的故事：又长又大的蟒蛇吞下一头鹿，却消化不了鹿角，以至鹿角撑破蛇皮，难以动弹，遂为咱们岭南先民所获，美食饱餐不置。

　　蚺蛇浑身是宝。不仅其肉可食，它的胆也"价过兼金"。明代岭南名士邝露的《赤雅》说："蚺无弃物。蚺蛇三胆，一附于肝者，止痛；一水胆，白浆，止泻；一胆随肉，击其处则随至，名护身，最佳，传辟邪杀鬼，佩之吉祥。"唐人段公路的《北户录》认为蚺蛇的牙更有用："蚺蛇牙长六七寸，土人尤重之，云辟不祥，利远行，卖一枚直牛数头。"所以段公路又说："普安州有养蛇户，每年五月五日即担蚺蛇入府，只候取胆。余曾亲见，皆于大笼中藉以软草，盘屈其上，两人舁一条在地上，即以十数拐子从头翻其身，旋以拐子按之不得转侧，即于腹上约其尺寸，用利刃决之，肝胆突出，即割下其胆，皆如鸭子大，曝干以备上贡，却合内肝以线合其疮口，即收入笼。或云，舁归放川泽。"所谓"得胆放蛇"也。稍晚北宋人钱易的《南部新书》也如是说："蚺蛇胆，雷、罗州有养蛇户，每年五月五日，即檐（擔）舁蚺蛇入府，只应取胆。"就像现今提取熊胆一样！

　　著名作家、出版家苏晨在《作品》杂志1992年第11期发表的《杀蟒》一文中，记述他20世纪50年代初从军驻守海南时，在组织队伍进入五指山伐木以建营房的过程中，发现一条巨蟒时，竟本着"为民除害"的精神，命令士兵用两挺轻机枪同时开火，确保成功射杀。参加伐木的黎族师傅在处置完巨蟒后，要求皮肉相送，并愿付出扣减数日工酬，以及烹制蛇肉大餐军民同享。但苏晨和那些士兵，都是北方人，既不知道蚺蛇的金贵，更

蛇肉煲

不愿意与这些"土著"共享，大手一挥：要就拿去，白
送！呵呵，可美死"小广东"们了！

蟒蛇终是稀罕物，小型的蛇更为普遍地受欢迎，
到唐代，如房千里《投荒录·岭南女工》所示，已成中
馈家常便菜："岭南无问贫富之家，教女不以针缕绩纺
为功，但躬庖厨、勤刀机而已。善醯醢菹鲊者，得为
大好女矣。斯岂遐裔之天性欤？故俚民争婚聘者，相与
语曰：'我女裁袍补袄，即灼然不会，若修治水蛇、黄
鳝，即一条必胜一条矣。'"唐代的岭南人吃蛇，通常
制成蛇羹。如释贯休《禅月集》卷十四《送人之岭外》
说："见说还南去，迢迢有侣无。时危须早转，亲老莫

他图。小店蛇羹黑，空山象粪枯。三间遗庙在，为我一鸣呼。"这蛇羹，到宋代却要了苏东坡侍妾朝云的命："广南食蛇，市中鬻蛇羹，东坡妾朝云随谪惠州，尝遣老兵买食之，意谓海鲜，问其名，乃蛇也，哇之，病数月，竟死。"这么娇弱的女子，怎么受得了如此的惊吓呢？话又说回来，朝云也太娇气了一点。这种蛇羹，应该就是今天市面上的水蛇粥。水蛇粥滋阴清热，是很受人欢迎的。

食蛇盛风之下，以致意大利人鄂多立克于元代1322年左右到达广州谈到吃蛇见闻时说："这些蛇'很有香味并且'作为如此时髦的盘肴，以至如请人赴宴而桌上无蛇，那客人会认为一无所得。"[1]这应当是外国人对广州人食蛇的最早记录。差不多同一时期，即14世纪20年代在中国生活过三年的方济会修士弗雷尔·奥德里克也有类似的记述："蛇肉有一种奇异的香味，是一道非常时兴的菜肴，如果宴客的酒席上少了蛇这道菜，就说明主人缺乏诚意。"[2]

抵明代，蛇羹更成官家的席上之珍。如谪官徐闻典史的大戏剧家汤显祖，在《邯郸记》第二十五曲《召还》一开场就唱了一曲《赵皮鞋》："出身原在国儿监，趁食求官口带馋。蛇羹蚌酱饱腌臢，海外的官箴过得咸。"清代著名文学家沈德符也有一首《本尔律先生之官粤西奉送三律》诗写到蛇羹："甘载清曹剖郡符，传闻粤峤太崎岖。已知毒雾终朝有，较似浮云蔽日无。蛋户马人谣宦迹，蛇羹鹧酱饷官厨。漓江定有追锋召，

① ［意］鄂多立克著，何高济译《鄂多立克东游录》，中华书局1981年版，第65页。
② ［英］约翰·安东尼·乔治·罗伯茨《东食西渐：西方人眼中的中国饮食文化》，当代中国出版社2008年版，第14页。

不拟浮湘忆左徒。"

真正开辟吃蛇羹的新时代新境界，在某种意义上表征了"食在广州"的，是晚清民国初的南海籍进士、入了翰林的江孔殷太史。诗人胡子晋有一首《广州竹枝词》："烹蛇宴客客如云，豪气纵横自不群。游侠好投江太史，河南今有孟尝君。"自注曰："南海江霞公太史孔殷家河南，甲辰通籍数月后回里，以庖人善烹蛇，约谢侣南、学博、彤熙及余为蛇宴。尔时食蛇风气未大开也，今二十年矣。太史性喜客，客多投之，一时有孟尝之称。"江太史的蛇羹宴有多豪华呢？他的十三公子著名的南海十三郎江誉镠有最权威的描述，并具道其原委：

编者又曾询余先父蛇宴友人，始于何时，余以蛇宴之始，自余生。余诞于一九一〇年三月三日，即庚戌年元月廿二日，生于巳时。巳时属蛇，故以蛇宴客，均邀侍侧。制法之法，虽未失传，而关于制蛇之李才，今在恒生银行为厨师。然制蛇一席，非七八百金，不得佳味。盖制蛇需云南火腿、北菇、冬笋等材料，龙凤会又需用鸡约十头，但鸡汤不可过浓，浓则夺蛇味，且纯用猪膏，不用生油，方始芬郁。今市上售蛇者，多用味粉及猪骨汤，殊不矜贵。食蛇更需菊花、柠叶、元西、薄脆作配品，菊花以风前牡丹为最美，蟹爪次之。风前牡丹，港中世好原有花种，如利铭泽世兄、杨萼辉世兄，战前利园山及荫庐有此菊种，尚有蓝卷带、九月红菊种，红白蓝三色，恰为英美法中国旗；白菊蓝菊均可食，惟红菊则味苦。然闻好友经战后，已无心栽菊，且港地觅塘泥不易，种菊之难可知，至花种尚存否，则不得而知矣。至蛇羹需边炉窝煮食，始觉解寒。蛇胆酒又需以热双蒸先开，混入冻酒，始有真味。蛇皮亦可食，且美滑可口。餐蛇而谈社稷，可见用意不只视为补品，喝蛇酒，又有逐鹿山河意，借酒消烦恼。先父晚年信佛，已戒杀生，故不啖蛇羹廿年有多，而近年市上，纷纷以太史蛇羹号召招徕，实则不及昔年所食者远甚，更惜材料，舍北菇而用云耳，弃冬笋而用花胶，汤味又不够浓，只以价廉博多客而已。

此文原载1964年2月19日香港《工商晚报》，今收入香港商务印书馆2016年版《小兰斋杂记·小兰斋主随笔》。博学多识，且曾三履粤地的徐珂，不仅对新时期粤人食蛇之兴，给出了具体时间，还对国人食蛇之渊源，大加推溯：

癸卯季秋，遇王雪澄丈于汪鸥客席次，年七十九矣，犹健步，神明不衰。纵论肴核，及于蛇，为言在广州时尝食蛇。光绪二十九年（1903）以还，食蛇之风始大盛。食者必以正三蛇同食，不得缺一，谓可以养生。正三蛇者：一、过树云，益上焦;二、番头薯,益中焦;三、全脚带,益下焦。食之法,切蛇肉为片,不使微有血,烹熟,投之沸水之锅,锅有他食品,与菊花锅之他食品同。凡设宴于家者,食蛇一次,辄费银币三四十圆。盖治蛇有专庖,需厚酬。正三蛇悉具,曰一副,值三四圆。欲得最不易致之曰三棕线者,且须五六圆。南海有一乡曰大荔墟,为蛇市,鬻蛇之值,岁可十余万金。其三君叔俦时亦在座,继尝曰,正三蛇及三棕线外,可食者犹十余蛇。凡蛇之胆且皆可浸酒。《左传》:"吴为封豕长蛇,以荐食上国。"《晋书》:"蛇豕放命,皇斯平之。"喻蛇为害人之物也,乃亦有为人所食之时耶。①

太史蛇羹创制人江孔殷

风气所开,食蛇羹遂成高雅风尚之事,咨嗟俯仰,屡形篇章,胡子晋而外,又有梁观海《蛇羹》诗曰:"繁霜点点下东篱,驿客心情被菊知。漫说烧鹅(自注:古井烧鹅,颇可口)风味好,蛇羹不敌五羊思。"②——蛇羹之于粤人,犹如莼鲈之于江南人。我们中山大学中文系教授卢叔度先生一次游完肇庆鼎湖山后,回到广州,到著名的南园酒家吃蛇羹,心情一爽,即寄情于诗:"韬我斩蛇剑,袖我屠龙手。原作向平五岳游,长醉中山千日泪。沽酒南园家,膳人善治蛇。夏后食龙醢,况尔么么耶。利刃如霜刺蛇腹,摘取蛇胆浇蚁绿。龙肝凤臆羞寒菊,呜呼!方今蛇虺尚满山,宰天下当如此肉。"③附带说一下,敝系当年的教授们,除

① 徐珂《纯飞馆笔记·粤人食蛇之俗》,《民众文学》1926年第13卷第22期,第1页。

② 梁观海《獩庐诗稿》(续十一),《广东邮协会月刊》1937年第5卷第3期。

③ 卢叔度《鼎湖游回在南园酒家享蛇羹》,《华南公论》1939年第1卷第210页。

卢叔度先生外，好蛇羹者多有。特别是中华人民共和国成立初期，生活安定，教授待遇高，每月发了工资，“董每戡、詹安泰、叶启芳等老师，往往呼朋引类，到桨栏路‘蛇王满’酒家，共进蛇羹。那美味的蛇肉，自然成了他们增进友谊的催化剂”。但在后来的反右运动中，也成了董每戡催命剂：“有人指出他以“蛇王满”为基地，有组织有预谋反党反社会主义。参加过蛇宴者要背靠背互相揭发，没参与者则捕风捉影。”[①]董先生从此告别教坛，虽然“文革”后被学校接回，但不久即溘然去世。最为诗兴大发，歌以长篇的，当属黎泽闿的《食蛇羹行》：

百虫为蛇为最毒，今夸珍味烹果腹。不知染指先何人，直以身殉朵颐欲。岭南九月秋风高，蛇蛰不动蛇易捉。知毒在牙去其牙，甘乃在胆美在肉。翻新食谱羹三蛇，道是屠龙炫市鬻。一蛇灰质头如匙，一蛇金章黑带束。一蛇巢树横空行，不翼而飞过鸟速。三蛇于病通三焦，云治风痹愈麻木。蛇胆怀宝蛇丧身，人飨宁畏毒牙触。蛇人捉蛇等捉蝉，蛇亦蝉善帖然服。蛇不噬人人食蛇，剥皮剔骨杀何酷。鸾刀飞缕丝抽银，龙髓截肪馔莹玉。煮共乌鸡与斑狸，味绝清腴带浓郁。细纹贝柱鲜斫瑶，异品窝麻碎嗷腹（腹鱼俗称鲍鱼，以窝麻产最美）。薄添菌笋尤脆甜，黄韭青葱杂白菊。肉食敢忘胆尝苦，众苦独甘可酒漉（凡胆皆苦，独蛇胆甘）。珠囊剖破琼浆寒，杯沥玻璃照人绿。酒气还仗胆气

① 黄天骥《吃蛇羹和“蛇”出洞》，《南方都市报》2011年12月28日。

豪，一杯饮罢一杯续。菊花秋艳蛇羹香，此味珍奇岭南独。呜呼！触蛇之牙能杀人，食蛇之肉能健身，蛇胆疗疾功尤神。粤厨烹蛇具手法，不数熊掌猩猩唇。鸩酒止渴古所诮，蛇羹入馔今所闻。龙虎会合有时遇，今我蛰太思风云。①

岭南蛇羹及其烹饪之美，于斯一篇尽矣！正是在这种诗意的境界引领之下，广州的吃蛇，在二十年代末陈济棠主粤之后迎来了第一个高潮，款式由蛇羹而蛇丝、蛇片、蛇衣、蛇脯、蛇肝、蛇丸（球）、蛇丁，技法烩、炆、炒、酿、扣、炖、红烧、拼拌、扒、焗、炸众彩纷呈。至抗战胜利后，则蛇餐与蛇宴并举，酒家与专门店共荣，到处呈现出一派豪吃海吃的架势，渐渐达至广州吃蛇的最高潮。在此期间，《粤风》1936年第2卷第2期有一篇记者采写的《食蛇乐志》，对粤人吃蛇，作了一个总结：

耍蛇人

> 粤人食蛇，注重配材料，断无白煮熟即食。普通制法，先将蛇用瓷或瓦片开肚取出生胆，弃去肠脏；次用水将蛇肉略煮熟，退骨（据云最毒系骨，不可不拣净）拆为丝。又将嫩鸡亦略煮熟退骨拆丝，加入冬菇、金腿、白花胶等，亦切成丝，与蛇肉丝、鸡丝同烹调，烩至火候适宜，食时再加柠檬叶。寻常食者多取此法。至于蛇皮切丝加入同烩，在食者之好恶，无关于味。好之者则谓蛇皮爽脆，

① 《新宁杂志》1941年第33卷第27期。

恶之者则谓全脚带蛇皮其形可怕，既无关于味，不如弃之，无非心理作用焉。

惟粤人于养身滋补，谓蛇胆能祛除风邪等病症，又加以肉味佳美嫩滑，焉得不视为宝贵之食品，尽人皆然。有人云将蛇腥略剖开取出胆，能数日不死，故售蛇人往往以此欺人，先取胆别售，而以鱼胆填补，则购蛇而食者，虽当面视售蛇人剖胆，而不知不觉已受其骗矣。

上海开埠之后，粤商大举入沪，粤菜随之北上，特别是国民革命军北伐进入上海，粤菜更是大放异彩，食蛇风尚，也不吝增光彩。刚开始报章是以志异的形式宣扬着：

此次革命军来沪，其中有不少广东人士，记者与彼等交接时，辄乘间叩以粤土之风俗人情，据其所言有足异者。

粤省食蛇之风迄今未衰，惟此品不登于正式筵席，而可于普通菜馆求之。所用以同煮之蛇，非一而三，谓能互相克制，使成无毒。蛇汁肥美，加入香菌、篁笋、火腿等，愈觉甘香可口，尝之别无腥味，祇能辨其绝鲜而已。既饮蛇汁之后，体内温度每感增高，睡后出汗醒，时取内衣验之，即可见其上隐隐着有红色之痕迹，越日始无。殆蛇汁输入体中排泄所致。据粤人云，蛇汁足以愈疾，有益而无害，惟外省人每戒不敢尝也。①

① 履冰《粤闻志异》，《申报》1927年6月6日第14版。

其实，早在1926年冬天，以粤南酒楼为代表的粤菜馆，已经在《申报》上大做"竹丝鸡鲍鱼会三蛇"的广告：

> 竹丝鸡鲍鱼会三蛇：有意想不到之效力！每碗售洋一元。竹丝鸡鲍鱼会三蛇，为粤菜中之珍品，非仅供口腹之欲而已，实可祛除一切宿疾。如疯湿酸痛肾亏体弱，食之均有奇效，且能滋阴补阳，为冬令适宜之食品。本楼运到多种，新鲜味美，足快朵颐。兹定阴历十月十六日起售。特先露布。①

而且粤南酒楼把三蛇羹当做其招牌，连续数年在《申报》投放广告。如1927年11月13日在推介了其"星期美点"之后说："鲍鱼竹丝鸡烩三蛇，每碗一元二角。"1928年11月25的广告说："菊花盛放，三蛇肥壮，本楼运到，补品大王！"由此可见三蛇羹的食界地位，是臻至极致了；1928年12月2日广告更说："君欲健康吗？我有五蛇羹！冬令之食品，为补身顶刮刮！"到1929年，其11月3日的广告，则又添加一味更难得的金钱豹蛇，堪称补品王上之王："星期日三蛇龙虎会宰大金钱豹蛇，补品大王！"

其他酒家也纷纷跟进，不遑多让，纷纷在《申报》打三蛇羹广告。如1929年12月4日、11日四马路望平街南园酒家的秋冬滋补广告说："秋将去时冬将至，诸君补身须及时。小园炖品非众比，恳请驾临一试之：

① 《申报》1926年11月18日第17版。

肥大金钱豹、三蛇龙凤会、虫草炖水鸭、花胶炖乳鸽、淮杞炖乌鸡、原汁牛精、凤足小瑞、炖海狗鱼。"同处四马路望平街的梅园酒家1929年12月3日、4日、11日也连续刊登其"应时新馔"广告力推蛇羹："（一）三蛇龙凤会，（二）三蛇会菓子狸，（三）会肥金钱豹。上列三种应时新馔均系用北洋唇胶、岩城鲍鱼、竹丝鸡、水鸭、竹荪、蛤蚧等配合，其味鲜美绝伦，且有补身增血、强筋舒络、追风祛湿等特殊功效。"真是越做越精贵。又有四马路丹桂第一台对门的燕华楼1929年12月11日的广告也说："原盅滋补炖品：杏元炖山瑞、三蛇龙凤会、肥大果子狸、冬虫草炖鸡、淮杞炖白鸽……"

民国食品大王冼冠生的冠生园的广告，开始还算低调：

　　冠生园饮食部之三蛇：南京路画锦里西首、冠生园食品公司二楼饮食部，最近新从广东运来大批黑肉蛇、过树榕、金脚带等三种名蛇，连日前往饮蛇胆酒、食蛇肉者颇多，据一般食客，均赞美该酒功效之大，有去湿祛风、益中补体之力量，而蛇肉与竹丝鸡会制之龙凤会，尤属鲜醇无匹，洵为冬合之唯一补品。闻该龙凤会，每客起码一元，每日极为畅销云。[①]

到后来则摆谱说："闲情逸致，其乐融融。仲冬天气，晚菊花绽，三蛇酒香。欲遣逸兴，惟有到南京路冠

民国食品大王冼冠生先生

生园总店二楼饮食部。饮蛇胆之酒，赏小观园所陈列之名种晚菊，食著名竹丝鸡会三蛇之龙凤会……虽南面王不如也！"①大有食蛇羹舍我其谁的气概。

以上只是略举数例。广告轰炸之下，社会反响也见了出来，其表现之一，是能文的消费者在替你打广告了。如《食品界》1934年第12期焉之的《山瑞：冬令大补名肴》："粤人冬令嘉肴，大都非常名贵，而且滋补，像那果子狸、三蛇龙凤会、龙虎会、山瑞等等……在上海的广东菜馆门前，这些应时名肴，这时候都用大字标出在大广告牌上或玻璃橱窗上了。"春申君的《上海讲座：广东菜在上海》更是大讲特讲："龙虎斗、龙凤斗、三蛇会、果子狸、鸡鲍大翅等几种，是为补阴的

① 《吃茶饮酒赏名菊》，《申报》1929年11月23日第19版。

影后胡蝶参观冠生园月饼与冼冠生先生合影

名菜，相传龙济光督粤时，日啖此菜，以为亲近女色之助；其他如干烧鱼翅、红排网鲍、共和大燕、凤爪水鱼、蟹钳广肚、炒广鱿、清炖冬菰、蚝油太牢、炒响螺、炸子鸡等等，也特有风味。"[1]

出于对这一新兴饮食时尚的追逐，报道便越来越详尽：

> 我国广东省，是以蛇为美肴的地方。近年以来，渐渐通行到了上海，上海的广东馆内，一到冬令，都以吃蛇为号召，去吃的人，除了两广人外，喜欢的人已是不少，所以吃蛇的风气，已渐渐的普遍了。据善于吃蛇的广东人表示，蛇肉非但鲜美，

[1]　《上海周报》1933年第1卷第20期。

又有去风，去寒，活血，强身，治皮肤病的功效，因此每到冬令，非吃不可，每年被吃掉的蛇，其数便可观了。

而且说得津津有味：

广东人的吃蛇，很是考究。我们所吃的蛇，共有两种，一种是大蛇，因蛇身上有金钱一般的花斑，称为金钱豹，大的有七八十斤，我们常在广东馆的门口，见到"今天准宰金钱豹"的字牌，便是吃蛇。一种是小蛇，必须三种蛇合煮，称为三蛇会，功效却不如金钱豹的巨大。

蛇肉有三种名称，同鸡合煮的叫"龙凤会"，同果子狸合煮的叫"龙虎会"，再有一种，便是净蛇肉的"三蛇会"。①

八年全面抗战期间，交通阻隔，食蛇不易，报道自然见少。胜利之后，无论广东还是上海，均掀起新一轮吃蛇高潮：

> 广东人的吃蛇，认为是一种豪华的宴食。这种风气，上海的粤菜馆亦很流行着，每年到了秋天，我们从粤帮菜馆门前经过，总看见在橱窗上或者在广告牌上，用大字写着，有所谓"龙虎会"乃是用猫来和蛇相配着烹煮。所谓"三蛇会"乃是用三种蛇来相配烹煮。三种蛇是"金脚带""过树榕""饭铲头"，皆是名贵的菜蛇。

由于消费量太大，传统的越毒越贵的毒蛇，似乎不敷食用，市面上出现了大量的无毒的水生"菜蛇"，疑即今日食用最广的"水律蛇"；而且还多是人工养殖的：

> "菜蛇"，乃是专供食用的蛇，与普通的蛇并不相同，他的特点是身段粗壮而不十分长，产生在淡水的河泊中，受人饲养，自成一种集团。在广东有人以饲蛇为业，正如饲蛙业一样。食用蛙经人工

饲养后，肥大味美，故食用蛇的肥大味美，完全是人功造成的。蛇味之鲜，超过于鸡，粤人之所以嗜食，据云可以治疗皮肤病，功效颇灵验。[1]

在报道广州吃蛇的盛况时，也不再是餐馆风景，而是"大街小巷上都有卖的，卖的情形，是以一付两付论价的，一付就是三条"[2]。《申报》更出现了《三蛇龙虎凤》这样最直接最醒目的标题报道：

> 桂子飘香以后，菊有黄华的季节，在江南正是洋澄湖上市，而在华南的穗港澳等地，却是三蛇龙虎会开始应客了。所谓三蛇者，是指"金脚带""饭匙头""过树龙"三种毒蛇而说。据说"金脚带"补脚部，"饭匙头"补中部，"过树龙"补头部。蛇的毒，是从牙床分泌，捕蛇的先把蛇牙除去，蛇便无从放毒了。
>
> 烹蛇是先取胆剥皮，去骨拆丝，配着冬菇，石耳，冬笋，火腿，陈皮等切丝拌入清炖。吃时加些鲜柠檬叶丝做香料，每人分小盌而吃，味极鲜美。请客的如果不事先说明，初吃的绝不知道是蛇羹，只赞味道鲜美而已。
>
> 蛇胆和酒饮，性甘凉，没有苦味，功能祛风去湿。把它配制陈皮，胡椒，姜等或浸酒，功用相同。
>
> 烹蛇如用果子狸（野猫）、黑肉鸡等同调制，叫做三蛇龙虎凤大会；亦有单独清炖果子狸出售，也属冬令补品。

[1] 徐公《广东人的吃蛇》，《海星》1946年第23期。
[2] 《粤人谈吃——在广东：京华酒楼一夕谈（下）》，《一四七画报》1947年第16卷第1期。

文章也同样说到蛇，特别是毒蛇不够吃的情况，足见食风之盛：

> 广东因为吃蛇的每年增加，省内的蛇产量减少，近来的蛇多从广西捕贩。有些狡狯的酒家，用水蛇或蟾蜍肉来冒充，味道同样清美，功能却不同了。
>
> 有些卖蛇肉的，恐怕顾客说他冒充假货，就从铅线篮里提活蛇当面来宰，或是宰蛇后留着一些皮未脱尽，证明真实。这是指实全副生三蛇的而说。
>
> 吃蛇以后两三天，身上的皮肤毛管似有很薄的液体泌出，在换内衣或沐浴时便感觉到，这就是蛇的祛风去湿的功效。蛇肉饱含磷质，人体虚弱的吃了很受补益。[①]

当然，关于上海吃蛇最经典的记述，或莫过于唐鲁孙的《中国吃·吃在上海》

> 上海广东馆一到立冬就拿冬令进补龙虎斗、三蛇来号召，先母舅因为在广东住了几十年，对于广东菜特别有研究。据他老人家品尝结果，在上海吃蛇肉，要算虹口的陶陶酒家最为货真价实，不要头。三蛇大会是三条不同的毒蛇，一条叫过树榕，一条叫金甲带，一条叫饭匙头，专门治理三焦湿热恶毒。如果再加一条贯中蛇，就叫全蛇大会。这条

① 作者老丹，见《申报》1948年11月14日第6版。

贯中蛇，能把上中下三焦豁然贯通，虽然贯中蛇只有拇指粗细，二尺多长，可是全蛇大会的酒席，比三蛇大会要贵上一倍。据说这几种毒蛇，都是广西十万大山特产。广东有所谓蛇行，跟鸡鸭行一样，一交立秋，蛇行的捕蛇专家，就结伙进山捕蛇了。贯中蛇最少，可是治病方面，必须有贯中蛇效果才能特别显著，所以不论哪家捉捕到贯中蛇，都要归公分配。请客吃全蛇大会，在主人来说，算是大手笔的光彩盛典。

笔者在上海曾经参加过一次全蛇大会，首先是吃蛇胆酒，堂倌把四只蛇胆扎在一只银叉上，一个小银盘子放着一枚带把银针，一只小银夹子。每人面前一杯烈性酒，大半都是白兰地，由堂倌用针把四粒蛇胆扎破，每粒胆在客人酒杯各滴一滴，最后轮到主人。每粒胆要不多不少各刺两滴到主人酒杯里，于是大家鼓掌来致谢主人，主要此时要对这个堂倌放赏。全桌酒席，不论煎炒烹炸，每个菜里都少不了蛇肉，蛇肉煮熟很像鸡丝。鳝鱼横切面还看得出有纹理，蛇肉反而一点看不出来。鼎里是各味俱全，鲜则鲜矣，但是过分驳杂，说不出有什么独特风味来。蛇会终席，主人宣布，请大家到先施公司浴德池洗澡。人家吃蛇老举，每人都携带换洗内衣裤而来，只有笔者是个大外行没带，于是让家里把内衣裤送到澡堂子去。等到解衣下池，腋下腿弯，都有黄色汗渍，据说这就是吃全蛇的功效，把风湿都从污水里蒸发出来了。所以请吃全蛇，主人一定附带请洗澡。笔者因吃全蛇而露怯，虽然事隔四十多年，仍然记得清清楚楚。①

而对于粤人蛇羹的这种驳杂，外人多有微词，唐鲁孙后来如是说，毕倚虹当年就说过："至于烧蛇肉，笔者却不大赞同。譬如上海人吃鳝丝鳝糊，以鳝为主，配菜很少，所以吃鳝有鳝的味道。而广东人吃蛇，不知是否太考究，一斤蛇总有五斤以上配菜，如两只鸡，几斤鲍鱼，此外又是冬菇、火腿、江候柱（干贝），结果煮出来一锅子'全家福'，真正的蛇味却尝不到了，沪上有龙凤会一味，就是鸡与蛇同烧的，不知可有人吃得出蛇是什么味道，除了一丝一丝，和鸡肉差不多外？"②

最后附带说一下，因国民政府北伐掀起的海上食蛇时尚，在最富南方革命基因的首都南京，也不遑多让。《星华》杂志1937年第2卷第15期有一篇小天的《广东人的嗜好：吃蛇肉》，就是从南京的大同粤餐馆说起，让人真切地感受到南京的食蛇风尚：

　　踏进杨公井的大同粤菜馆，首先现于你眼前的，就是放在柜台旁边的几个铅丝笼子。里面尽是黄黑青各色相间有斑纹的蛇，巨细长短不一，仰着头，细长的红舌，乍伸乍缩，一颗颗细小的眼球，亮晶晶对着你，看了委实有点害怕。尤其是置在大笼里的一条粗若碗口大的所谓广西金钱豹，要不是紧闭在这笼里，谁都不敢正眼相视的。

① 唐鲁孙《中国吃·吃在上海·珍品佳肴风味各异》，广西师范大学出版社2004年版，第72—73页。

② 毕倚虹《岭南异味录》，《万象》1943年第3卷第6期。

　　这些活蛇，并非如在动物园里供人阅览，它
在粤菜馆里，犹如阳澄湖大蟹一样，任凭顾主的选
择，作下酒的佳肴。我们在粤菜馆菜谱上，看到
"龙凤会""龙虎会"等名词，就是以蛇肉为主的
广东特有的名菜。

　　蛇王昌就是大同粤菜馆里的蛇主人，他本来
的姓名是叫李苏，因为他专以售蛇为业，所以别署
为蛇王昌。他并不是一个捕蛇的专家，他是专门贩
卖粤蛇的。他对于蛇的情形很内行，据他说，能食
的蛇都可作菜，大概普通煮食的，有乌肉蛇、过树
榕（龙）、金脚带、金钱豹、三索线、百步金钱等
一类的蛇。粤人嗜蛇，从唐代始，迄今未减，且以

老上海的粤人西菜馆

蛇为菜肴中的佳品。近来外省人食者亦有，不过尚不多见。蛇虽有毒，是人所共知的，但其毒不在身上，而在齿孔间分泌的毒液。如被蛇咬伤，毒液侵入人体的血液内，因而中毒，若是拔去它的牙齿，就不能咬，那可无危险了。蛇肉无毒，不单是味鲜，且可以治风湿的疾病。蛇的本身愈毒，它的功效愈显著。凡是吃过蛇肉的，身上必得觉发痒，所排泄出来的汗渍为黄色，沾在衣上，不易濯去。这就是吃蛇后的特征。食蛇后，会肾力充足，精神健旺，并可医治头昏眼花、伤风鼻塞、肾亏腰痛、手中麻痹等症，对疗治风湿尤有特效。

他一边说，一边从笼子里捉出各种的蛇来，一一说明：

"乌肉蛇"，皮色乌黑，而肉亦黑，又名"饭铲头"。他发威时，头扁如铲形，性极毒。胃量很大，常吞食同类。他平时直立着前行的。这种蛇多在山腰草丛间，很不易捕捉。

"过树龙"，产于深山树林中，肚黄背青，耳细而长。他专依林木间生活的，身体永不着地，跃跳的能力很强，虽然相距一二十尺的树林，亦能一跃而过。它专以雀鸟为食料。他有一种特性，身体一着地，全身顿时变为黄色，还是很希奇的。

"金脚带"，身体一节黄一节白，和绑脚带一样，又称"女人蛇"。他遇到了人，头就伏地不动，如畏羞似的。常居在深山的水草中，以蛙为食料，性驯，不轻易噬人；若是给他咬了，即无药救。

以上所述的三种蛇，食的人最多，因而销路很广。每年是冬，在南京可销五百副（每副三条）。所谓"三蛇会"。就是用这三种蛇在一起烹调的。"四蛇会"或"五蛇会"，再加入别种的蛇就成。和鸡调制在一起的称"龙凤会"，和猫调制在一起的称"龙虎会"。

南京而外，另一个粤人聚集的重要口岸天津，也可谓念兹在兹，《现世报》的报道说：

到曾满记小吃，问起他们有没有蛇肉，说是最近向广州去采办了。我想起在香港，这时候，许多酒楼的广告，都以"蛇羹"为号召了。酒家悬着一张一张蛇皮，吓煞人的样子。现在且谈三蛇羹。

什么唤做三蛇，原来三蛇是三种蛇的统称，一种是"饭匙头"，一种是"金脚带"，一种是"过树榕"，将上述的三种蛇，每种捉一尾，合成一副，那便统称三蛇。

怎么食蛇羹一定要三条蛇才行呢？也是要食蛇的人们不可不知的，据说，食蛇的意愿，全是在乎那一颗蛇胆上头，而蛇胆医学上来说，是驱风的。上述的三种蛇，每一种的胆有一种的作用，"饭匙头"的胆可驱人身上骨节的风，"金脚带"的胆可驱人身中部的风，"过树榕"不用说当然是驱下半节的风，所以，不食蛇羹则已，要食则非三蛇不可，为的是这样才可以整个人体的风，完全驱散。

两年前在广东酒家卖过这一味，平常每盅不过四五元，次一点的，八毫一盅也有，足够三四个人食，这是轻而易举的，而酒楼的蛇羹所以能够有人光顾，也正为着这个，倘是自己来弄呢，那便不可同日而语了，平常每弄一次蛇羹，要是有八个人食的话，最少，非三四十元莫办。弄一窝好的蛇羹，非有十副八副蛇不可！以三蛇为一副，每副约售三元，则单单蛇的本身，便需要三十元，而蛇羹所用的配菜，全是鸡肉，和其他名贵的植物食品，故此每次非三四十元不可，而稍为阔绰一点的，则每次蛇宴，花上七八十元，也很平常。[①]

沪上诸家关于粤人食蛇的报道文章，多有谈及著名粤籍外交家朱兆莘因食蛇为蛇骨所伤而毙命的轶事，颇值一记。较早记叙的，是《学风》1937年第2期解希之的《广州印象·吃在广州》："先说吃罢：他们吃蛇，还要吃出花样来，有的是叫做三蛇会——是'金脚带''过树榕''饭铲头'三种蛇合制品。制蛇馔的厨师要特别的谨慎，因为蛇身的骨头是含有毒质的，倘若偶然一不小心，误把蛇骨混入里面，被人吃下，那就性命交关，非同小可了！听说几年前广东有一位什么外交家，就是这样，不幸中蛇毒而死的。"[②]

稍后，《现世报》梁伯英《社会谈·谈三蛇羹》说："食蛇最忌拆骨不清，留有小小蛇骨在羹里，等闲

① 梁伯英《社会谈·谈三蛇羹》，《现世报》1940年第99期。

② 大言《食蛇秘诀》，《星光》1946年第6期。

可以鲠坏人，前两广外交特派员朱兆莘氏，便是食着蛇骨鲠死的，这是食蛇羹的人应注意的一点。"

　　《申报》南宫生《广东的蛇》也说："蛇的骨头杀毒，所以杀蛇之后，出骨务尽，不然，便贻毒于吃蛇的人。以前两广交涉员朱兆莘君之死，据说便是吃到了蛇骨。"也有说是著名粤籍外交家伍朝枢："伍朝枢是吃蛇吃死的，不知道的人，以为他是吃了毒蛇，中了蛇毒，所以才出这个毛病，其实不然。我们假使不明医药，不识烹调，那么就是吃鳝（曲鳝，有黄白之分）也可以吃得死的。食蛇之所以致死，吃了毒蛇致命，当然含有许多的可能性，然而还有其他的原因也可以致死的，烹调不慎，弄了点不洁之物沾染上，自然也是不妥，至于最大的原因，还是在拆骨。吃鳝我们知拆骨不净，那么就是食了一点点到肚皮里，无论鳝骨蛇骨都是不容易消化的，它们在肚皮里作怪，穿肠入脏，不消多了时候，只需将脏腑刺破出血，便立即致死。"

　　连在上海从事饮食业的广东大佬接受采访时也这么说：

　　　　"蛇肉没有毒，蛇骨是有毒的，并且，越毒的蛇越好，可是拿蛇来做菜，是需要好的技术，因为在菜里，有一块蛇骨，吃到肚里去，如果挂在肠子上，便会发炎至死，从前，在香港有一位外交家，他叫……"，他寻思了半天，这位外交家的名字，然而，终未想得出，于是他便又继续的讲下去了。

这位外交家，是很喜欢吃蛇的，不过后来他突然死掉了，许多人都未能诊断出他的死因，后来方才在他的肠子上面发现了一块附后着的蛇骨。①

其实，这经典的案例，大抵属于讹传——粤人今日吃蛇，基本上是带骨的，无论椒盐蛇碌，还是煲蛇块，而鲜吃蛇羹，如果蛇骨有毒，那真是防不胜防。从科学的立场来讲，蛇头斩掉了，蛇骨是不会带毒的。

抗战胜利后，广州饮食出现畸形繁荣，蛇羹更是备受欢迎，以至盟军美国大兵都比内地的中国人还勇敢，争先抢尝：

> "食在广州"，现在仍然是不折不扣的事实。食的不特好，还且多，"多"中有两多；一是馆子多，夸张一点，平均每五家店户中，有一家是卖食的。第二是花样多，单是点心一项，已经包罗古今，贯通中西，调和南北。"秋风起矣，三蛇肥矣"，蛇羹目前是最当时令的珍品，不少盟军远道来要一尝。②

可是，早几年，《三六九画报》1940年第11期古先生的《食蛇与食老鼠——文明与野蛮的分界》的文章，说起来吃蛇仿佛舶来品一般。他认为中国人喜欢吃老鼠，外国人喜欢吃蛇，是萝卜白菜，各有所爱。还煞有介事地作了一番比较，然后说吃鼠总比吃蛇好，"老

① 《粤人谈吃——在广东：京华酒楼一夕谈》（下），《一四七画报》1947年第16卷第1期，第10—11页。
② 郑郁琅《报道我从广州来：谈食衣住行人口学校报纸》，《申报》1945年12月18日第1版。

鼠是可'憎'的，而蛇是可'怕'的……'憎'总比'怕'容易使人忍受"，并认为"老鼠的智慧比蛇还要高"，并调侃道，"也许蛇这种东西，在文明之邦里，渐渐受了同化，地位一天天的增高，智慧和头脑一天天发达起来，将来会代替牛羊类肉成为饭菜中的美品，甚至圣品"。到了那时，就会西蛇东渐，"吃蛇肉的风气，就会远渡重洋，不辞万里而来到中国，……排挤了它的老友老鼠，而成为风行一时的馔品"。这种论调，在今天的中国人尤其是广东人看来，仿佛是痴人梦呓，而在当时能堂而皇之地刊布，说明吃蛇的传统与风俗并不广泛地为人所了解与接受。因为这也实在不是个案，早一年《良友》杂志即以图片文字大谈特谈外国人捕蛇吃蛇的种种情状①，而《良友》可是广东人执掌着的呢！

更可恶的是，大名鼎鼎且在西方颇有影响的林语堂先生，竟然以其自身的经历在其名著《中国人》中以偏概全地说："我在中国生活了四十年，一条蛇也没有吃过，也没有见过我的任何亲友吃过……吃蛇肉对中国人和西方人同样是一件稀罕事儿。"亏他出生漳州还近着广州呢！

这且按下不表，倒是古先生调侃的吃蛇是一种文明与进步，歪打正着，可备一说。当时就有广东人加以附和，说咱们广东，地热卑湿，蛇虫泛滥，人不吃蛇，必反被蛇治，怎生得了！虽不免强词夺理，然也算是"以人为本"。这道理说得最明白的当属广东的名作家

① 《毒蛇成佳肴》，《良友》1939年第143期。

秦牧。他写了一篇《吃蛇》的文章说：一方水土养一方人，广东人吃蛇，就像北方人喝驼奶，北欧人喝鲸乳一样，自然之事。他还说，在南洋，人们在米仓里养蛇捕鼠，蛇长得异常肥大，每隔一个时期清仓，就可以捉出一批蛇来宰卖，在新加坡，就常见这种蛇肉摊子。这当然是人类的一种文明与进步。并进一步举了《格林童话》里的一则故事，说一个国王因为吃了白蛇肉，变得异常智慧，说"吃蛇应该说是一种智慧"，实在"应该受到赞许"。

再者，"蛇尤贵胆，入药，治小儿风痰，良效，值倍于蛇"。而晚清民初广州食蛇风尚的兴起，正缘于诸多为中药厂商提供制药用的三蛇胆的蛇市、蛇庄的发达——供胆之后，蛇皮、蛇肉不吃又待如何？而现今，以蛇胆为主方的中成药，应用广泛得很，因此，吃蛇岂能不堪称一种文明？

或许是调侃吧，1937年，著名史学家大华烈士简又文主持的《逸经》第31期刊登了一篇凤仪撰写的逸闻——《美国人吃蛇记》：

> 数年前在美国佛罗理达省地方有一个下午，一位农民叫晏佐治好奇心盛，突然想到享食响尾毒蛇的雪白而闪光的肉。他尝到这异味，觉得很惊奇，因为其肉不独可食，还觉得鲜甜甘美，非常可口！
>
> 为要证实蛇肉确是甘美适口，这位吃蛇的首倡者于是把他所偶尔发明的新奇食物，送给附近的美

国退伍军人大集会中。那些老总们也非常爱吃这蛇肉羹，由是报纸纷纷详细披露这吃蛇的事。

自此之后，便有一个佛省食品公司在亚加狄亚地方组织起来。此地便成为一个唯一盛名的捕蛇杀蛇烹蛇的地方了。经过了四年的经营，居然成为一个获利很厚的新企业了。

晏先生常与人争论，主张蛇肉应该人人得以享受，他最喜欢引用瑞士人鲁滨孙的家庭一段故事中所说的话："就算是毒蛇，吃了也不会发生危险的，即如响尾蛇，既能作滋补汤羹，而其味又鲜美可口，有如雏鸡肉汤。"

响尾蛇有毒腺，位置乃在头部，与蛇身并无连带关系。所以宰蛇的时候，先去其头，而食其身，这样便可以保管安全，别无害处了。

根据晏先生的解说，响尾蛇是自然界中最清洁的一种动物。他说："响尾蛇除了吃活的热血食物如兔子之外，什么都不进口的；他不吃水上动物，连蛙都不肯尝食。我们试把蛇和猪鸡的食物比较一下，则后二者所食的东西脏得多了。响尾蛇不独不用口去吃，连身体也不肯挨近那些脏东西哩！"

佛省食品公司的养蛇场在牧场边界附近，据说那儿产蛇比美国任何地方都多。富有经验的捕蛇者便开在草原上铺置深密的树叶来捉捕它。他们捕蛇的方法，是用一个小钢叉插在六尺长的竹竿之端，当中紧紧绳索。有时一天之内可以捕得二十条蛇，便算很好的收获了。

那些捕得的蛇，放在自动货车所特造的槛内，然后驶回养蛇场去，先行把它的毒除去然后屠杀。杀蛇的程序是先去其首，将蛇身倒挂起来，使它的血完全流出，经过四五个钟头后，剥去蛇皮，蛇身的肉便准备装罐，或是用其他的科学方法以保存，率之运上市上发售了。

一般人读来，似乎觉得足以耸动听闻了，可大华烈士加按语说：

美国人吃蛇的历史，只有四年，便如此大惊小怪，视为新发明，真是幼稚得可笑，若到中国尝尝广东佬的"三蛇龙虎会"，——吃了几十年——不知说些什么话了。他们只吃一种蛇，又不会喝"蛇胆酒"，而且宰蛇方法更笨拙得很，远不如广东"蛇王X"之巧妙，足见文化落后，应派学生来留学啊！一笑！

后来，又有粤人孙祖烈在《国药新声》1941年第31期刊登《刀圭闲话——三蛇羹》，引林语堂的同姓前辈乡贤大家林纾之说，以更翔实的材料表达不屑之情，并详述了粤人食蛇情形：

余阅西洋某杂志，载美国佛罗里达省人士，近年喜食蛇肉，且争事豢养，制为罐头食物出售，惊为新奇食物者。不知吾华两粤诸省啖蛇已有悠久历史，脍炙人口。林琴南《畏庐琐记》云："广东香山一带，多畜蛇为羹，其最毒者，首巨而扁，能挺立而逐人；次则黑白之纹间杂，又次则纯黑。凡为羹，必合此三蛇，去其皮而取其肉，和以五味，每宴客必得三十蛇。每一蛇值二圆，三十蛇则六十圆耳。蛇交冬始可食，经春毒发伤人。畜蛇者，买山凿空豢养之，取蛇时，口嚼蛇药，探手穴中，蛇吃其指，蛇人则力拉其腕，药力和血入诸蛇口，蛇毒解而蛇如醉，引而藏之。闻每年鬻蛇得洋镪二十万。岭南盛席无不用蛇羹者。其胆和陈皮能治风疾。所谓蛇胆酒也。"

林琴南《畏庐琐记》

按粤人嗜蛇，由来已久。沪上广东著名菜馆均具此餐。有龙虎会与龙凤会两种。龙虎会者，即蛇与猫同煮，此猫非家猫，乃粤人所称为果子狸者也。龙凤会者，即蛇与鸭同煮，其法先要置一清汤于桌之中央，下煨以火酒炉，汤为鸡汤，其味极鲜。已而又置四小碟，则似香划之类，云可以祛毒。于是庖人之治蛇者，乃以蛇肉之丝与猫肉鸭肉之丝，共切成细条，入桌上安置之清汤中。群客食之，一时亦莫辨何者为蛇与猫鸭也。凡啖蛇者，必啖三蛇，一为水中之蛇，一为草间之蛇，一为树上之蛇，凡三蛇称为一副，在粤市价约十五元。若一桌之管，在十人左右，则非四副不可。盖蛇之所贵在于胆，尝胆之法，则每客前置一小杯，杯中约酌高粱酒半杯，透明无色者也。庖人以蛇胆进，主人直立，是蛇胆代客沥杯中，胆汁滴入酒，其色碧绿，如今欧酒中之薄荷酒然，而酒味亦绝甜，粤人视为珍味焉。

如此一反将，外国之食蛇，较之粤人，那真是弱爆了！

广东人嗜好吃蛇，虽在海外，亦设法获取。江苏南通的保君健留学哥伦比亚大学时，同系同室有位同学汤家煌，因家族世代在广州开蛇行，从小就练成了一把捉蛇高手。"留学生天天吃热狗三明治，胃口简直倒尽，汤君偶或逢周末，有时约了保君健郊游野餐，总带一两条活蛇，到野外现宰现炖，两人大唉一番。起初保君健心里对吃蛇还有点惧怕的，后来渐渐也习惯了蛇肉煨汤滑香鲜嫩，比起美国餐馆的清汤浓汤，自然要高明多多。从此两人不时借口外出度周末，就到郊外换换口味解解馋。"令著名的广东高要才子梁寒操都羡慕嫉妒恨的是，有一天时任财政部税务署署长同乡谢祺跟他说："谈吃蛇，我们谁也比不了保君健，他曾经吃过子母蛇的七蛇大会呢。"因为他们在校园里散步时，曾无意中发现一处蛇穴，照蛇游行过草上残留的蛇迹，直跃而行，猜想是蛇中珍品子母蛇，同时蛇已怀孕，就要生产，可是还不能百分之百确定。蛇类都是卵生，只有子母蛇是胎生，子母蛇除了一般毒蛇治病的长处外，疗治五劳七伤特具神效。尤其是刀伤枪伤，凡是吃过子母蛇的人，就是遭受武器伤火药伤，伤口愈合，要比普通人快出一倍，所以军中朋友尤其视若瑰宝。这种子母蛇，在两广一带已经稀见，居然在加州碰巧遇上，居然公蛇母蛇幼蛇窝里堵一举成擒。于是大家兴高采烈一同到了旧金山一家专门供应蛇宴的酒家，用全蛇加上子母蛇来了一次百年难遇的七蛇大会。他们同时约酒家老板入座大嚼，这种盛馔千金难求，饮啜之余，老板一高兴，连酒菜都由老板侍候啦。①

大名鼎鼎的蒋梦麟也说，早年间，广东人在美，无蛇可食，也还越洋运来蛇干解馋："华侨还有许多杂货店，出售咸鱼、鳗鲞、蛇肉、酱油、鱼翅、燕窝、干鲍以及其他从广州或香港运到美国的货色。"这些杂货店，当然是广东人所开。因为蒋梦麟又说了一个逛杂货店的故事："有一次，我到一家杂货铺想买一些东西。但是我的广东话太蹩脚，没法使店员明白我要买的东西。只好拿一张纸把它写下来，旁边站着一位老太婆只晓得中国有许多不同的方言，却不晓得中国只有一种共同的文字，看了我写的文字大为惊奇，她问店里的人：这位唐人既然不能讲唐话（她指广东话），为什么他能写唐字呢？许多好奇的人围着我看。"②

如果保君健和他的粤籍同学的故事略有点远有点虚，那著名画家、前广州美术学院教务主任谭雪生令大名鼎鼎的有"敦煌守护神"之誉的常书鸿先生时时夸赞的捕蛇烹蛇技艺，则令人倍觉亲切。他的同学，也即后来的常书鸿先生夫人李承仙在《名师·游泳·吃蛇肉》一文，写他们国立艺专重庆磐溪角时期的生活，最是惊异于谭雪生的捕蛇烹蛇奇技：

有一次我们去游泳。我们几个女生发现了一条

① 唐鲁孙《天下味·蛇年谈吃蛇》，广西师范大学出版社2004年版，第124页。
② 蒋梦麟《新潮·西潮》，岳麓书社2000年版，第90—91页。

菜花蛇，罗婉仪就说赶快叫小谭。小谭（谭雪生）来了，他就像一位阿里巴巴式的英雄，毫不畏惧，追到菜花蛇，抓起蛇的尾巴狠命砸，他说砸蛇要砸七寸的部位，果真不一会把蛇砸死了。他就开始剥蛇皮，又当主厨，俨然一位战时总指挥。司徒杰作助手，同学们分别备料，有的回宿舍取铜面盆，有的到集市上买来酒和调料，有的回学校取来各人餐具，就这样我们在水磨下面作了一顿蛇肉餐。万事俱备，由谭雪生主持烧煮，他说起了包公案中一个吃蛇肉的案子，大意是：一家主人突然死亡，家人告到官府，经包公实地破案，才查出是在廊下煮蛇肉，蛇肉很香使梁上的毒蛇流涎，毒液滴进锅里，主人吃了有毒液的蛇肉，立即致死。讲得我们毛骨悚然。他说这就是为什么他要用铜面盆在露天烧煮蛇肉的缘故。蛇肉煮好了，谭雪生说，请大家用餐吧。我们几个胆小的女生很想尝蛇肉的滋味，但又怕到铜盆里去夹蛇肉。小谭理解我们的心情，他在我们碗里盛上蛇肉和汤，我闭着眼睛把蛇肉送进口中，蛇肉的确鲜而细嫩。从抓蛇肉吃下肚里，是我生平第一次，也是仅有的一次。1987年我去广州见到谭雪生，当时他与关山月先生一起来会见常书鸿和我，我与谭雪生提起吃蛇肉的往事，常书鸿先生夸奖谭雪生这个文质彬彬的画家有这样的本领。[1]

文中罗婉仪的反应，可看出谭雪生绝非第一次显示捕蛇烹蛇的身手了。至于为什么要露天烹蛇，在我"永

① 李承仙《烽火艺程——国立艺术专科学校校友回忆录》，中国美术学院出版社1998年版，第147—148页。

州之野产异蛇"的故乡永州的说法是，防止蛇的"亲人"寻踪报仇。

或许是因为野生蛇源供应的不足（许多品种已经纳入国家野生动物保护名录），以及所谓饮食文化的进步，与当年相比，今天的吃法，相对就简单多了。蛇羹一般不大做。龙虎凤虽然也还有，蛇往往只有一种。最流行的做法就是椒盐蛇碌，从做法上说有点像椒盐排骨，大家可能容易想象。再加个西芹炒蛇皮，也就这个景观。即便如此，外省人来到广东，仍对吃蛇充满着好奇和兴趣。如果我们真的爱上吃蛇，再遥想当年，岂不是要唾液直流！外国人来到广东吃蛇，那也是一吃上瘾的，上世纪五十年代中朱光任广州市市长时，常领着外宾去蛇王满吃蛇，佳话至今流传；他五十首《广州好》，也是以食蛇殿军："广州好，佳馔世传闻。宰割烹调夸好手，飞潜动植味奇芬，龙虎会风云。"真是为人乐道，至于今日。

第二节　食鼠记

靠山吃山，山间地头之鼠，也是岭南另一珍馐。2014年，风行一时的彼得·海斯勒（中文名何伟）的《奇石》，便以《野味》开篇，而《野味》以吃鼠开头："'老鼠要大的还是小的？'女服务员问道。"其实整篇文章主要也是谈吃鼠的——在广州东边与东莞和增城接壤的萝岗区的萝岗村吃鼠的经历。那里有好几家鼠肉餐厅，并亲眼所见"几十个村民顺山而下，指望着在老鼠生意上分一杯羹。他们要么骑着电动车或自行车，要么徒步，全都拎着麻布袋子，袋子因为装满了自家田里逮到的老鼠而不停地蠕动"——"城里的老鼠我们不吃。山鼠干净，因为山上吃不到脏东西。老鼠主要吃水果——橘子、李子、波罗蜜。卫生部门来人检测过我们这里的老鼠。他们把老鼠带回实验室彻底检查，看老鼠是否有疾病，结果什么都没有。一点小问题都没有"。当时鼠肉的价钱比猪和鸡都贵，相当于牛肉的两倍，充分体现了南粤"一鼠当三鸡"的历史地位。鼠肉的功效可以防止秃顶，以及使头发由白变黑，因此很多人大老远赶去吃，有广州市区的，也有深圳甚至香港、澳门的，每家店一天销售量可以达到3000只以上，仍满足不了顾客的需求。吃鼠之风，猗哉盛欤！

食鼠之风，其实源自中原，广东在很多方面不过如陈序经先生所谓的中原旧习（往高说则是旧文化）的"保留所"而已。陈先生说："古代燕赵慷慨悲歌之士，喜吃狗肉之风，至今尚遗留在广东。战国载'周人谓鼠未腊者朴'，那么周人不但吃鼠，而且有腊鼠。"[1]陈先生所言的"战国载"，当是载于《尹文子》，不过略有出入："郑人谓玉未理者为璞，周人谓鼠未腊者为璞。周人怀璞谓郑贾曰：'欲买璞乎？'郑贾曰：'欲之。'出其璞，视之乃鼠也。因谢不取。""朴"当为"璞"。以璞状鼠，鼠肉之珍可以想见，至少在周人那里。陈先生认为，中原的吃鼠遗风，广东固有继承，却将继承者推为被视为"贱民"的疍民："比方在广东的疍民社会里，还可以找出吃鼠肉与腊鼠之风。"

广东吃鼠之风，固或承自中原，亦是源远流长。最早记载广东人吃鼠的是唐人张鷟的《朝野佥载》，说的是吃蜜汁乳鼠："岭南獠民好为蜜蝍，即鼠胎未瞬，通身赤蠕者，饲之以蜜，钉之筵上，嘬嘬而行，以箸挟取，啖之，唧唧作声，故曰蜜蝍。"就是说将刚刚出生尚未开眼、通体透红尚未长毛的鼠婴，先让它喝饱了蜜糖，外面再裹上一层蜜糖，然而放到餐桌上的盘子里，边用刀尖撵着它走，边用筷子夹起来往嘴里送，边夹边唧唧叫，边吃边唧唧叫，这样才甜入心脾，又活色生香，便形象地称之为"蜜蝍"，即会叫的"蜜虫儿"。稍晚的大诗人刘禹锡在贬所广东连州司马任上作《蛮子歌》："蛮语钩辀音，蛮衣斑斓布。熏狸掘沙鼠，时节祠盘瓠。忽逢乘马客，恍若惊麏顾。腰斧上高山，意行无旧路。"掘出的沙鼠，不知是乳鼠还是成鼠，也不知如何吃。对吃乳鼠的食俗，咱们岭南人并不否认。明代南海人邝露就在其著作《赤雅》中补充说苏东坡就经常吃（或经常看别人吃），并举苏诗为证："朝盘见蜜唧，夜枕闻鹧鸪。"其实苏东坡认为这"蜜蝍"难吃极了："旧闻蜜唧尝呕吐"——听到就想吐。苏东坡是美食家，但其话是有偏颇的——主要是一种文化障碍导致的偏颇。同时这也说明，唐以降，由宋代而明代，岭南

《朝野佥载》

都盛行吃蜜汁乳鼠。前揭李时珍的《本草纲目》也说："惠州獠民取初生闭目未有毛者，以蜜养之，用献亲贵，挟而食之，声犹唧唧，谓之蜜唧。"并从药理药效上予以肯定。因为这种蜜汁乳鼠，实在是"味道好极了"的，看看此风延至近代，弥见兴盛的状况就可明白。见闻广博的晚清民国大名士徐珂在其经典名著《清稗类钞》"粤人食鼠"条中说："粤肴有所谓蜜唧烧烤者，鼠也。豢鼠生子，白毛长分许，浸蜜中。食时，主人斟酒，侍者分送，入口之际，尚唧唧作声。然非上宾，无此盛设也。"

晚清以后，民国关于粤人吃乳鼠的记述也很多。在1929年，《北洋画报》第290期寒云的《武越招饮与言粤中珍味》，也说蜜饯乳鼠是粤中珍味："君是岭南人，应知故乡味。清鲜推树龙，淳美思山瑞。嚼鼠蜜藏腹，啖狸腴在背。遑论日万钱，一食千金贵。"只不过没有毕氏写得这么生动形象。武越乃著名的《北洋画报》的老板。更早则有晚清安徽六安籍名士方澍滞留潮州时，赋诗咏怀，也写到乳鼠以及禾虫："唧唧入筵鼠，寸寸自断虫（禾虫）。"[1]禾虫也是岭南席上之珍。日人安藤盛1938年到华南地区考察后，认为至此广东大部分地区已不再吃传统的蜜饯乳鼠而改吃大田鼠，只有潮汕地区才山风犹存："将生下来的幼鼠，三四天之内，使它舐着蜂蜜以及糖蜜，这样饲育着。这个不仅将鼠的肠洁净地洗涤一番，还使它的骨变成柔软。于是将这种幼鼠活活地装在巨大的海碗里面，吃的时候将尾

[1]　方澍《潮州杂咏》，《青年杂志》1915年第1期。

巴捉住，将头蘸着酱油，放进嘴里，加以咕噬。那鼠是吱吱吱吱地啼着，在那吃者的唇边，尾是抖动着。"并说这样吃的功用在于"旺血液，愈衰弱"。[①]

广东吃鼠的另一传统，当然是脯炙之鼠；俗谚"一鼠当三鸡"之鼠，绝不可能是乳鼠。由于岭南早期文物不彰，岭南饮食文献的存续多仰之于他人，固传世甚少。如今所见最早记录广东人吃成鼠的文献出自盛唐著名诗人高适的《李云南征蛮诗并序》，中有"野食掘田鼠，哺餐兼爽僮"之句。唐后，北宋人张师正的《倦游杂录》有较具体的叙述；此书其实也已散佚，赖元人陶宗仪辑入《说郛》卷三十三，始得存传。张师正谓："岭南人好啖蛇，易其名曰茅鳝，草螽曰茅虾，鼠曰家鹿，虾蟆曰蛤蚧，皆常所食者。"既以家鹿比，必是成年硕鼠；既皆常所食，亦见食风。家鹿之说，清人张渠《粤东闻见录》说："若村圩之间，多有食蛇鼠者，谓蛇为鳝，鼠为家鹿。粤人亦虑人之见嗤，而强以美名盖之也。"未免太缺乏同情之了解了——广东人吃鼠时，那有外人在场，哪管你外人如何看？现在都不理外人怎么看，当年更不会。而其所以设比，或以其壮硕之由，或以其味美之故。

比张师正稍晚的大文豪苏轼，则是脯炙之鼠的亲尝之人。他被贬海南儋州期间，在《闻子由瘦》的诗中说作为传统肉食大宗的猪肉和鸡肉都难得吃到，熏鼠肉烧蝙蝠肉之类倒是顿顿有得吃："五日一见花猪肉，十日一遇黄鸡粥。土人顿顿食薯芋，荐以熏鼠烧蝙蝠；旧闻

① 《华南杂景》，《旅行杂志》1938年第2期。

蜜唧尝呕吐，稍近虾蟆缘习俗。"

与内地鼠肉走跌甚至成为避忌相对，岭南的鼠肉行情却是节节走高。如清康熙间浙江石门人吴震方在《岭南杂记》中说："鼠脯，顺德县佳品也。鼠生田野中，大者重一二斤，钁得其穴，累累数十，小者纵之，大者炙为脯以待客，筵中无此，以为不敬。"乾隆时朱景英的《畲经堂诗文集·诗集》有《连城杂诗二十首》，中有"膃蛇腊鼠元奇品，海月江瑶浪细评。为补食经新味好，烹调鲩鲗即侯鲭"之句，显示腊鼠食至此时已由佳肴臻于奇珍了。此后，记述就更多了，各大方志也纷纷著录。如道光《广东通志》说："田鼠出顺德、香山，味似北方黄鼠，生服可解蛊毒。"光绪《广州府志》在沿袭之余，补充说："鼠脯惟邑城东五里鸡洲村人，每于腊月收获后捕之田间，因以为脯，然甚少。出之新会蔗田者为佳。鲁太史葺省志，收此一条，亦未深考耳。"又说他自己作为粤人也未见蜜汁乳鼠："至《杨升庵集·周栎园书影》载岭南唧鼠，谓将胎鼠用蜜渍之，出以饷客，牙间犹有唧声，则余为粤人皆未见。"这未免太"官僚"！然如此粤人未见，也不妨碍非粤人的亲见。咸同间曾经做过广东肇罗（肇庆、罗定）道台的安徽定远人方濬师（1830—约1890）在其名著《蕉轩随录》中说："予官岭西，同年李恢垣吏部以番禺乡中所腌田鼠见饷，长者可尺许，云味极肥美，不亚金华火（腿）肉。"虽然他"究有所嫌，未敢入口也"。[①]

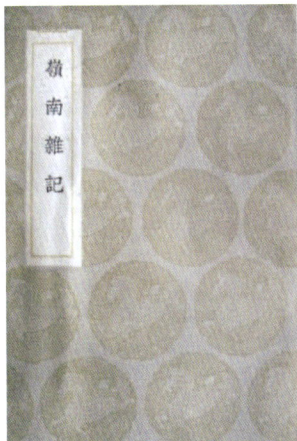

《岭南杂记》

① 方濬师《蕉轩随录》卷五，中华书局1992年版。

对于脯炙田鼠，岭南本土文人或多如史澄往往闭目塞听不愿笔之于书，而在外人，尤其是更外的外人即外国人的笔下，我们更知道，这远不止于民间的至味，更是顶级盛宴上的珍馐。1844年10月间，法国公使拉颚尼的随员伊凡应著名行商潘仕成之邀参访广州城，被饷以西式大餐。这顿大餐的手艺是不负"食在广州"的盛名的——尽管是新式舶来的西餐，比如餐后的甜点，让伊凡"再也找不到更好的词语去描述它们有多么香甜"，而"汤做得更好"。但是主菜，一道特别的烤肉，却是让他"非常痛苦地吞下了食物，这绝不是盎格鲁-撒逊民族的美食天才所发明的食物"，因为"这是一只老鼠，一只真的老鼠。什么也不缺，不缺头也不缺尾。我们甚至能看清死尸并不年幼：上颚的门牙很长，与遗忘在纸盒底下的两条老鱼一样发黄了"。

潘仕成预知或觉察到了他的客人的顾虑，即这些老鼠是生活在下水道的不洁之物，所以他对伊凡随行的翻译说："尽可能愉快地向你的朋友解释吧，这种动物来自被珠江淹没的稻田，它是在远离人群的地方被抓住的，远离城市泥泞的排水沟。在它小的时候，它在香蕉树和荔枝树下玩耍。后来，它开始吃水稻甜秆和米粒。在高级餐桌上，只会吃这种田园的清洁老鼠；城市的老鼠已经被泥巴污染，生活在死水中，是留给苦力和搬运工的。猫也是如此：一个美食家吃野生的老鼠，而鄙视那些我们熟悉的躲在家里面的老鼠，此类老鼠躲在屋顶，或者在地下挖洞而居。"[①]

① 伊凡《广州城内——法国公使随员1840年代广州见闻录》，广东人民出版社2008年版。

虽然伊凡对此并不以为然，但广东人对此确实挺讲究的；这也可以解释当年可以"一鼠当三鸡"，现在一般人却无从得尝。梳理这一历史过程，是很值得玩味的一件事儿。而在伊凡之前，俄国人尤·费·里相斯基1805年12月间已有了广州煎焗鼠脯的记录："（他们）逮到什么就吃什么，似乎自然界的生物没有这个民族不吃的。每个欧洲人见到就厌恶的老鼠，在他们眼里乃是美食，在市场上出售。"①在伊凡之后，英国人约翰·汤姆森1862—1872年间纵游中国，发现在香港的"肉食店里，那些欧洲人所不知的各式精美食品随处可见。一串串尾巴捆在一起的小老鼠，诱人的水鸟，一串串的活青蛙，都是当地人最喜爱食用的，也使那些美食家们流连忘返"。②

西人的中国观察，影响及于其国内。著名小说家马克·吐温1861—1864年担任内华达州弗吉尼亚市《企业家报》记者，在描写中国城里广东人吸食鸦片的情景时，就想当然地认为他们吞云吐雾后的幻觉里，吃老鼠应该是堪比燕窝的天堂般的享受："他会吸食个大约二十口，接着翻身睡去，只有天知道那是什么感觉，因为光是看着这个汗涔涔的家伙，我们实在无法想象。也许在梦里，他已超越尘世，忘却洗衣重活，正在天堂里，大啖着肥美的老鼠、燕窝。"以至于广东人请他吃"小巧的香肠"，他也怀疑其中"混有老鼠肉"而婉拒。③

蜜汁乳鼠退席，煎焗鼠脯登场。这种登场的技术支

① 《"涅瓦号"广州见闻》，伍字星《19世纪俄国人笔下的广州》，大象出版社2011年版。
② ［英］约翰·汤姆森《镜头前的旧中国》，中国摄影出版社2001年版。
③ ［美］史景迁《大汗之国：西方眼中的中国》，台湾商务印书馆2000年版，第159—160页。

撑，就是佛山的冶铁业以及建基其上的铸锅业。由于明代海禁形成的广州长期一口通商的格局，极大地刺激了广州及其周边生产力的发展。元代还是"佛山渡"，明初才成为村落的佛山，明中叶即已发展成为"天下四大镇"之一。佛山的"红模铸造"技术和工艺，使铸铁的质量和工艺水平为全国之冠。清人张心泰《粤游小识》说"盖天下产铁之区，莫良于粤；而冶铁之工，莫良于佛山"。尤其是材质精良、轻薄光滑的"广锅"，成为内外贸的大宗。文献所见的煎焗鼠脯，正是在此之后。

笔者尝考，"食在广州"的崛起寰中，端的有赖于一口通商造就的空前繁荣，以及因此促进的如上所述的烹饪工具和烹饪技术的进步，而大兴于晚清民国之世，尤以上海滩头的大肆传颂为标志。所以，入民国之后，上海的报章杂志，便多有撰述报道岭南腊鼠之食。如毕倚虹的《岭南异味录》也说："田鼠是中山县的乡下菜，不知广州城里有人吃吗？"而乡下"捉来的田鼠，有乳猪一样大小，全身灰白色"，也实在让人忍不住要吃的。民国时老鼠怎个吃法？毕倚虹先生的描述是："杀死、剖腹、剥皮之后，还要经过相当泡制……各式做完，用竹片把它前后两肢对儿地撑起来，一如南京板鸭，然后把它用绳吊在井中，离水面五尺处，隔了七天，就可取出来吃了，吃时好像宁波鲞鱼一样。"日人安藤盛《华南杂景》的记述也差不多："广东市（原文如此）的中国人，是将鼠宰割了，做成像干鱼一样，略略焙一焙之后，放在饭上面，而咀嚼得津津有味的。"

刘白受的《广东的特别食品》则说得更为稀松平常：
"普通的吃法，都是做腊味，如同腊肉、腊鸭一样。
在广东，简直是平常的菜，并没有什么奇怪。"这一
点，作为老饕的老广州谭庭浩先生最有体会。他在动感
杂志《橄榄餐厅评论》的一篇专栏文章里说："老鼠小
时候在乡下也吃过，并不以为奇怪，吃的是田鼠，多在
冬天晚稻收割了之后，腊干了焗饭吃，与腊肉腊鸭之类
异曲同工，蛮香。"当代著名作家秦牧先生在他早年的
记忆中，也有"卖腊田鼠的摊子，摊贩在夸耀'一鼠当
三鸡'"的记忆，说明岭南人对于老鼠的特别嗜好。岭
南文史学者李秀松先生，更是现身说法："日前，笔者
因患冬令皮炎而到广州皮肤病防治中心诊治，医生见
笔者病历填写65岁而头发乌黑而较少脱落的现象甚感诧
异，问笔者有何妙法？笔者答曰，乃曾经常食老鼠而得
之故。笔者青少年时期生活在东莞水乡，每年秋、冬二
季常与一班伙伴到田野里捕鼠为肴。十几年间，食了多
少老鼠，实在难以胜数。当时的食法有几种。将鼠肉加
熟姜、黑豆煲汤或炊，其如羊肉、兔肉，但比羊肉、兔
肉更鲜美。如果用以串烧，则用豆酱、蒜蓉、糖、盐拌
匀，腌制后用铁线串着放在炭炉上烤熟，其味香如烧
鸭。捕捉得多时，就宰净用盐腌一日后晒干成腊田鼠，
俗称"老鼠干"，食用时蒸熟即可，其味有如腊鸭，其
香味比腊鸭更浓。故在珠江三角洲农村，是无人不食老
鼠的。"[①]前几年，笔者为撰《广东味道》，也曾在顺
德乡间访得一传统的"煎焗鼠脯"食单，信其美味：

① 李秀松《鼠肉赞》，《商业经济
文荟》1994年第2期。

将俗称"黄膏仔"重约100克的上品鼠脯斩去肛门、指甲，洗净并用沸水略泡，然后用淘米水浸洗以去异味，再用洁净布吸去水分，剔去脊骨后斩件，用姜汁酒拌匀腌渍，再以干生粉拌匀，放入已爆香姜蒜的油镬，慢火煎至两面微黄，洒酒少许，加盖后端镬离火约二三分钟再回炉，将鼠脯翻转，洒上少许清水，复又端镬离火，如此反复数次，直至鼠脯焗熟，最后加入葱白段调味便成，其肉香滑，其骨酥脆。

而茅盾文学奖得主金宇澄先生的散文集《碗》中的《北方笔记》里，写他在北大荒的知青生活，其中写到一个广东籍劳动者，正赖秋收后田野里搜获的乳鼠以逃过严酷的生命寒冬，声吻毕肖，让人不再觉得蛮荒奇异，而是感受到一种文化的温情：

腊田鼠

是老天怜惜我广东林少爷，以前我钟意（喜欢）艇仔粥，老火靓汤，好野，以前我摇摇扇子，穗港两地走，听红线女，听马师曾，含辛带悲嘅剧情呀，悲旦林巧妆，听过吧？我摇摇头。林德说：过去"闺秀旦"，歌喉有价，断肠花，红遍嘞南洋。我说：老林，你讲的什么鬼？林德说：嗄，我是话我哦，我这样嘅人，……玉皇大帝照应啦，睇到麦地里不少嘅老鼠窝，我粒声唔出，每天就找鼠仔啦，广东人嘛，清楚这是大补，血红透明，粉嫩哪鼠仔，麦草里一窝就有四五件，虾饺颜色，好营养，嗓，老林我吞了一件，四腿乱蹬，吱的一声，吞一件，四腿乱蹬，吱的一声，强身补体，北京人，上海人，敢不敢食呀？喉咙里活活滑下去，一咽是一件，备一小瓶酱油，每件蘸了酱油，一口吞落。①

① 金宇澄《碗》，上海人民出版社 2018年版，第53页。

第九章

海外传奇

1925年，美国著名歌手悉尼·贝谢（Sidney Bechet）创作了一首风靡一时的歌曲《我走了，谁将为你炒杂碎？》：

> 炒杂碎，炒杂碎，
>
> 满嘴的昏昏噉噉，满肚子的乱七八糟，
>
> 如此地实实在在，如此地光辉四照，
>
> 照亮了四方土地，
>
> 照亮了波士顿，
>
> 照亮了奥斯汀，
>
> 照亮了维奇托，
>
> 还有那可爱的圣路易。
>
> 炒杂碎，炒杂碎，炒杂碎，炒杂碎，可爱的炒杂碎!

1926年，爵士音乐家路易斯·阿姆斯特朗（Louis Armstrong）在其歌唱事业高峰期，也创作发行了一首杂碎主题的《街角杂碎馆》。

似乎谁都知道，杂碎就是粤菜在美国的代名词，可是，悉尼·贝谢这么认为吗？路易斯·阿姆斯特朗也不这么认为；他们歌唱的，是他们的美国杂碎，而非美国粤菜。被称为杂碎已经让粤菜有落地凤凰不如鸡般不爽了，难道真还有什么美国杂碎再来抢点风头？这里面的故事既隐微曲折，也颇为动人。

第一节　杂碎之兴

早期赴美的中国人，除了被卖猪仔做苦力之外，主要靠菜刀（开餐馆）、剃刀、剪刀（裁剪缝洗）三把刀为生，尤其是"菜刀"更为重要，因为不仅供应美国人，自己也要吃。但早期唐人街的中餐馆，并不叫杂碎馆，据梁启超1903年访美后作的《新大陆游记》说，杂碎馆是李鸿章1896年访美之后才有的。之所以如此，一是因为中国菜本来就好，但"前此西人足迹不履唐人埠"，故"养在陌街无人识"。二是美国人有英雄崇拜情结，而李鸿章确属时代英豪，无论海内海外的影响均甚巨大正面，绝不似后来意识形态宣传下的那般不堪，所以，其访美便掀起了一股李鸿章旋风；他去了一趟唐人街，美国人便纷去如鲫，借此窥探这位英雄的故乡。

梁启超还说，李鸿章在美国想吃中国菜，要唐人街的中餐馆提供了几次。美国人便打探到底提供了什么，华人讲不清，"统名之曰杂碎"。从此以后，杂碎之名大噪，举国嗜此若狂。"凡杂碎馆之食单，莫不大书'李鸿章杂碎''李鸿章面''李鸿章饭'等名"。在这种需求刺激之下，杂碎馆便蓬蓬勃勃地开起来，仅纽约就有杂碎馆二四百家。美东的波士顿、华盛顿、芝加哥等也兴起大量的杂碎馆。对此，梁启超十分感慨地说："李鸿章功德之在粤民者，当惟此为最矣。"因为美国华侨几乎全是广东人，开餐馆又是华侨的主业之一；他后来亲撰《李鸿章传》，与此或不无关系；今人徐刚撰《梁启超传》，也念兹在兹。

大约受梁启超的影响，康有为1904年漫游欧洲时，在后来成书的《欧洲十一国游记二种》说："中国饮馔之店，已大行于美国芝加高。三年之间，骤开二百余肆，美人争嗜之。"但是，这两位近代史上的广东的伟大英雄人物，激情雄肆开风气有余，严谨治学写文章稍不足，讲得越来越不靠谱；其实他们自己细一想，也觉得不对劲。所以梁启超说："西人性质有大奇不可解者，如嗜杂碎其一端也。"能与此比肩的，则是"嗜用华医"了。他说："西人有喜用华医者，故业此常足

李鸿章访美图

李鸿章访美期间随身厨师备餐

以致富。有所谓'王老吉凉茶'者，在广东每帖铜钱二文，售诸西人，或五元十元美金不等云，他可类推。然业此之人，其不解医者十八九，解者往往反不能行其业云。"所以，他就陷于自相矛盾了：前面说过杂碎风行，是因为中国菜本来就好，后面又说："然其所谓杂碎者烹饪殊劣，中国人从无就食者。"

最关键的是，李鸿章是从来没有尝过杂碎。而且最初的中国菜，主要做给中国人吃，是相当地道的，并不像梁启超所说的"烹饪殊劣"——后来的杂碎，确有点这个味道。据出身华侨世家，并在大陆待过二十年（1950—1970）的陈依范（父陈友仁曾为蒋介石的外交部长）的《美国华人史》说，华人最初赴美，多是务工男丁，不少还是"卖猪仔"过去的，难以单独开火做饭，饭堂般的中餐馆便应运而生。以旧金山为例，那是华人早期的落脚地，虽然开始人数并不多，1820年美国移民局有记录以来，10年间录得3名华人，再10年增加7名，到1850年的时候，也不过数百人，但在市中心朴茨茅斯广场周围，就开起了主要为华人服务的5家餐馆，因而被人称为"小广州"。这就是美国历史最长、规模最大的旧金山"唐人街"的雏形；这些餐馆，也就是杂碎馆的雏形。

这些早期的中餐馆，很快受到老外的欢迎。淘金矿工威廉·肖在他1851年出版的《金色的梦和醒来的现实》一书中写道："旧金山最好的餐馆是中国人开的中国风味的餐馆，菜肴大都味道麻辣，有杂烩、有爆炒肉丁，小盘送上，极为可口，我甚至连这些菜是用什么做成的都顾不上问了。"但这些以黄绸的三角作为标记的中国餐馆，在旧金山这个以烹饪食品种类繁多、美味可口而闻名的城市里——这里有法国、意大利、西班牙和英美餐馆——之所以很早就享有盛名，却正是"因为那时餐馆还未试图去迎合西方人的口味"。又说："时至今日，大多数华人家庭和最好的华人餐馆做出的饭菜和祖国的饭菜都是一样的。"又说："中国餐馆一直兴盛不衰，这足以证明其饭菜的精美和旧金山人对它们的需要，因为人们仍然保留着'下馆子'的习惯。这是早期开拓者和单身汉的传统之一，当时大多数男人没有一个真正的家。"1880年的统计，美国华人的男女比例为20∶1；1870年，在旧金山虽有1769名15岁以上的华人女性，但1452人是妓女。

作为后来中餐馆代名词的"炒杂碎"这道菜，也是早已有之的地地道道的中国菜。1884年，最早的华裔记者王清福在《布鲁克林鹰报》上撰文介绍中国菜，夸张地说："'杂碎'或许称得上是中国的国菜。"其时他抵美不过六年，却颇让人尊信。1888年，他又在《环球杂志》第5期发表《纽约的中国人》说："中国人最常吃的一道菜是炒杂碎，是用鸡肝、鸡肫、蘑菇、竹

The Dragon Restaurant at Greenwick Village, New York—It is a Chinese restaurant owned by Mr. Wang, a Cantonese.

The Golden Palace one of the biggest dancing hall in New York It is situated in Times Square, the business center of the city and is the property of two Chinese brothers Messrs Ho Too and Ho Keun. Its Chinese food is very good.

《图画时报》1928年第480期
纽约中餐馆图

笋、猪肚、豆芽等混在一起，用香料炖成的菜。"刘海铭教授评论说，"chow chop suey"是粤语发音，因为早期中国移民大多数是广东人，而"chop"恰是英文单词"剁碎"的意思，故在美国人以及其他不明就里的人看来，"杂碎"或是将鸡肉或猪肉、牛肉切成精致的细块，烹制成菜——后来美国化了的杂碎正是如此。但又说中国人都喜欢吃杂碎则不尽然，广东人则对猪和鸡的杂碎情有独钟，迄今依然。配料中的竹笋一味，也是广东特色。"和之美者，越骆之菌"，据汉代高诱的注，这菌，就是竹笋；竹笋在粤菜调味中的重要地位和作用，笔者曾在《民国味道》一书有专文论述。

继梁启超之后，另一个伟大的广东人、长年行走海外的孙中山，间接地对杂碎致以崇高的敬意。他在成于1919年的《建国大纲·孙文学说》中，对中国饮食文化致以崇高的敬意，以其作为建国方略的开篇释证，可谓"调和鼎鼐"的现代诠释。而其资以为论据的，大抵粤菜及粤菜海外版杂碎也。如说："我中国近代文明进化，事事皆落人之后，惟饮食一道之进步，至今尚为文明各国所不及。中国所发明之食物，固大盛于欧美；而中国烹调法之精良，又非欧美所可并驾。"至于粤人嗜好的动物脏腑，"英美人往时不之食也，而近年亦以美味视之矣"，当也受了杂碎馆的影响。以猪血为例，"吾往在粤垣，曾见有西人鄙中国人食猪血，以为粗恶野蛮者。而今经医学卫生家所研究而得者，则猪血涵铁

《建国大纲》书影

质独多，为补身之无上品。凡病后、产后及一切血薄症之人，往时多以化炼之铁剂治之者，今皆用猪血以治之矣。盖猪血所涵之铁，为有机体之铁，较之无机体之炼化铁剂，尤为适宜于人之身体。故猪血之为食品，有病之人食之固可以补身，而无病之人食之亦可以益体"。

孙中山在海外行走，远过梁启超，故其对杂碎馆的介绍，重点在美国，而不止于美国。他说："近年华侨所到之地，则中国饮食之风盛传。在美国纽约一城，中国菜馆多至数百家。凡美国城市，几无一无中国菜馆者。美人之嗜中国味者，举国若狂。遂至今土人之操同业者，大生妒忌，于是造出谣言，谓中国人所用之酱油涵有毒质，伤害卫生，致的他睐（底特律）市政厅有议禁止华人用酱油之事。后经医学卫生家严为考验，所得结果，即酱油不独不涵毒物，且多涵肉精，其质与牛肉汁无异，不独无碍乎卫生，且大有益于身体，于是禁令乃止。中国烹调之术不独遍传于美洲，而欧洲各国之大都会亦渐有中国菜馆矣。日本自维新以后，习尚多采西风，而独于烹调一道犹嗜中国之味，故东京中国菜馆亦林立焉。是知口之于味，人所同也。"孙中山不用杂碎一词，所说的中国菜，也为美国人所杯葛过，当然不同于所谓的李鸿章杂碎，更不同于所谓的美国杂碎。

孙中山的文章，成于民初，既是对民前杂碎馆的总结，也开启了民国书写的新篇。

第二节　从李鸿章杂碎到美国杂碎

　　杂碎之兴，不仅是中国人的事，也不仅是在美国的中国人的事，也还是美国人的事。所以，美国人怎么看，也是一个"元芳体"的问题。李鸿章访美，正是这一问题的集矢之所在。像于迎秋、刘海铭等海外华人历史学者的研究表明，杂碎因李鸿章访美而备受关注，杂碎从此也渐渐地去内脏化而美国化了。但大众层面，依然津津乐道于所谓的"李鸿章杂碎"。

　　关于"李鸿章杂碎"，有几个不同的版本。大抵在梁启超的基础上增删改窜，如说杂碎出于旧金山市长索地路的宴请，或芝加哥某侨商的盛宴招待，甚至还变换到了沙俄，有的越编越离谱，尤其是不学无术的当今耳食之人，更无足道哉。我们主要考察当时当地的情形，方于事有裨。

　　证诸史实，李鸿章访美，先到纽约，后往华府、费城，再折返纽约，然后西行温哥华，取道横滨回国，既未去旧金山，也没去芝加哥，即便在纽约，也没有吃过杂碎。据《纽约时报》报道，虽然纽约华人商会曾于1896年9月1日在华埠设宴招待李鸿章，但李鸿章因当天手指被车门夹伤而作罢。所谓"合肥在美思中国饮食"说更无稽，因为李氏随身带了3个厨子，并足量的茶叶、大米及烹调佐料，完全的饮食无虞。当然也有人据此编排说，李鸿章要回请美国客人，出现了食材不够的情形，于是罄其所有，拉拉杂杂地做了一道大菜，却意外受到欢迎，于是引出了"李鸿章杂碎"。可据刘海铭教授考证，当时《纽约时报》每天以一至两版的篇幅报道李氏言论活动，巨细无遗，却只字不及杂碎，显是华人好事者、主要是中餐馆从业人员凭空编排。而其编排的动机在于，利用李鸿章访美大做文章，试图向美国公众推销中国餐馆。因为李鸿章作为当时清朝最重要的官员，在访美期间受到很高的礼遇和媒体的青睐，一批美国记者和外交官与他同船赴美，详细报道；对其饮食方面的报道细微报道，也从轮船上就开始了。如8月29日的《纽约时报》说，其自带的厨师，每天在船上为他准备七顿饭，饭菜中有鱼翅和燕窝。即使抵美后，也基本只吃自备食物。如9月5日的《纽约时报》报道说，李鸿

李穉邦《脍炙欧美之中国菜馆》，《时报图画周刊》192年第56期、第281页；民国年间美国纽约的中餐馆

章参加前国务卿J.W.福斯特的招待晚宴，"只饮用了少量香槟，吃了一丁点儿冰淇淋，根本就没碰什么别的食物"。其自备的食物，报道过的一次是"切成小块的炖鸡、一碗米饭和一碗蔬菜汤"；这一次也就成了"华道夫·阿尔斯多亚酒店历史上第一次由中国厨子用中国的锅盆器具，准备中国菜。他们烹制的菜比这位赫赫有名的中堂本人引起更多的好奇和注意"；正是这种"好奇和注意"，使"杂碎"成为传奇；大多数唯中餐馆是务的华人，更加着意好奇地寻觅和创造商机。

遥远的东方来了一个李鸿章，锦衣玉食的他当然不屑于一尝杂碎的杂烩味，但无疑为杂草根的杂碎做了极佳的代言，使其一夜间高大上伟光正起来，如*Frank Leslie's Illustrated*画报所言："尝过'杂碎'魔幻味道的美国人，会立即忘掉华人的是非；突然之间，一种不可抗拒的诱惑猛然高升，摧垮他的意志，磁铁般将他的步伐吸引到勿街（Mott Street，纽约唐人街的一条街）。"受媒体关于李鸿章访美报道的蛊惑，成千上万的纽约人涌向唐人街，一尝炒杂碎，连纽约市长威廉·斯特朗也于1896年8月26日探访了唐人街。到了这个份上，说李吃过李就吃过，没有吃过也吃过了。华人们开始编故事，美国人也就信以为真，就像喜欢高颧骨塌鼻梁黑皮肤的中国"美女"一样迷恋起杂碎来。需求刺激发展和提高，在两年之后的1898年出版的记者路易斯·贝克的著作《纽约的唐人街》一书，杂碎馆的形象已变成高大上起来。至少有七家高级餐馆，坐落在"装

纽约的杂碎馆

饰得璀璨明亮的建筑"的大楼高层，"餐厅打扫得极为干净，厨房里也不大常见灰尘"。为了迎合美国人的需要，1903年，纽约一个取了美国名字的中国人查理·波士顿，把自己唐人街的杂碎馆迁到第三大道，赢得生意火爆，引起纷纷效仿，"几个月之内，在第45大街和14大街，从百老汇至第八大道之间出现了一百多家杂碎馆，相当一部分坐落于坦达洛因"。这些唐人街之外的杂碎馆，大多是"七彩的灯笼照耀着，用丝、竹制品装饰，从东方人的角度看非常奢华"，以与其他美国高级餐馆竞争，并自称"吸引了全城最高级的顾客群"；一家位于长岛的杂碎馆还被《纽约时报》称为"休闲胜地"。可以说，"从全市中餐馆的暴增来看，这座城市已经为'杂碎'而疯狂"。这就是梁启超访美时所见的杂碎馆繁盛景象。

　　但是，就在杂碎馆走出唐人街变得美国化的同时，杂碎也早已开始美国化了。前揭贝克在他的书中说，炒杂碎是由"猪肉块、芹菜、洋葱、豆芽等混炒在一起"，芹菜、洋葱和豆芽已取代了动物内脏，成为主要配料，完全不同于中国的原始做法。1901年11月3日，《纽约时报》邀请到曾任美国驻中国厦门副领事的费尔斯为其撰写了一篇如何炒杂碎的文章*How to Make Chop Suey*，"以便任何一个聪明的家庭主妇都能在家中制作炒杂碎"。费氏所待的厦门位于福建南部，与广东的潮州属于同一个饮食文化圈，认为找对了人，但其介绍的菜谱，无论从配料——一磅鲜嫩干净的猪肉，切成小碎块，半盎司绿根姜和两根芹菜——看，还是从烹饪手法——用平底锅在大火上煎炸这些配菜，加入四餐匙橄榄油，一餐匙盐、黑椒、红椒和一些葱末提味，快出锅时，加入一小罐蘑菇、半杯豆芽或法国青豌豆或菜豆，或是切得很细的豆角或芦笋尖——均非传统杂碎的做法，甚至也不是当时唐人街中餐馆的做法；即便你舍去鸡内脏，酱油总不能少啊！在美国人看来，杂碎是好吃，"取决于倒在炖锅中的蘑菇和神秘的黑色或褐色酱料"即酱油。杂碎如何炒，华人是不会让"鬼佬"知道的，"尽管常常受雇于美国家庭，且不断有人企图从中国佬那里套出炒杂碎是怎么做的，但中国厨师却似乎从来不将烧菜的秘方透露给他人。当美国人询问中国厨师有关书籍和杂志中的炒杂碎菜谱时，他们常常心照不宣地笑笑，不做任何回答。"

　　大厨难为无酱（油）之烹。民国名记徐钟珮为中央日报派驻伦敦时，就发现酱油奇货可居："记得我在那里（中餐馆）买过几次酱油，一瓶要一镑（即四美金）。"[①]杨绛回忆当年跟钱锺书留学牛津时，也是如此："生姜、酱油都是中国特产，在牛津是奇货，而且酱油不鲜，又咸又苦。"[②]在法国，酱油的故事更多更好。因为法国人对中国菜的喜爱和向往，所以在后来不少中餐馆开出来，中国的酱油也因此更俏；巴黎最负盛名的万花酒楼就干过倒卖酱油的事，而且是掺水倒卖："万花酒楼还带着做点批发中国茶叶磁器牙筷酱油的生意。酱油自广东用木桶封好运去，大约每桶百斤。到了巴黎参（掺）水六七十斤，盐四五斤，好在法国盐价低廉，每斤不过一佛朗，若像中国内地有时一两元大洋一斤（湘黔交界处闻盐价曾涨至九串几百一斤）则费本也不算少。参（掺）好之后再用小玻璃瓶装好，贴上红纸招条做成中国原庄货售卖。未到过中国的洋人，也不辨高下，通共买去，为的仰慕中国名气而已。可怪者，磁器以博古式的碗碟最为销行，买者大半系上等妓女的鸨母，买去专为招待中国阔人及有中国癖的西方阔之用。"[③]

　　酱油之外，豆芽也是杂碎中奇货可居的成分。在最不讲究吃的英国，豆芽更有地位，也更有故事。徐钟珮说："在中国菜馆，最具中国风味的是豆芽菜，汤面、炒菜、春卷里全放豆芽，有时一碟炒面端来，甚至

①　徐钟珮《伦敦和我·中国菜馆》，《中央日报周刊》1948年第5期。

②　杨绛《杨绛文集·散文卷·下》，人民文学出版社2004年版，第185页。

③　鲁汉《我的留法勤工俭学生活的一段》，《革命》周刊1929年第77期。

豆芽多于面条。"由此引发的故事更令人解颐:"一个
侍者告诉我:'有些洋人,假充中国通,装腔作势地要
点竹笋,问他竹笋是什么样子也说不上来,逢到这种场
合,我们常把豆芽端上去应景,洋人吃着,还直嚷好
吃,好吃。'"①《一四七画报》1946年第6期有一篇
佚名的《中国菜馆在伦敦》说,自称"伦敦最老的中国
馆子"的探花楼,一度英国化到只剩豆芽可以证明它还
是中国餐馆:"所有的茶房,完全是英国人,来吃饭的
也差不多完全是英国人,除掉菜里有豆芽,菜单上有中
国字以外,简直和英国馆子没有一点分别。"法国中餐
馆的豆芽更贵,一个全鸭一百二十法郎(合中币大洋
十七元),一个全鸡一百五十法郎,但小碟小笋却要
十二法郎,一小碟豆芽也要八法郎——"这样发洋财的
生意,不是美国财主不敢光顾"。小笋和豆芽为什么这
么贵呢?因为法国当时没有绿豆,所以这种"宝贝"为
洋人所不经见,他们也同中国人吃西餐的好奇惊恐万状
一样,以为这是中国土产,从中国运去的;上中国馆,
不吃算是乡巴佬。而且吃相更"可观":他们趴在桌上
吃了看,看了又吃,毕竟不知道是用如何巧妙的方法制
造出来,因为广东厨子故弄虚玄,将豆芽的根颠斩除,
仅现一段芽秆,使洋人见了,如丈二和尚摸不着头脑。
正如我们乡下人说,洋鬼子跑到中国吃包子,不知糖是
如何放进去的,至今还猜不透。还有些好奇的洋奶奶,
吃了我们大中华国的贵豆芽,犹恋恋不舍,向人打听了
又打听,在中国是怎样制造法,如何从中国运来。巴黎

① 徐钟珮《伦敦和我·中国菜
馆》,《中央日报周刊》1948年
第5期。

最著名的中餐馆万花楼的豆芽不仅出名，而且算得上暴利，并兼而赚得批发绿豆的溢利——美国人在柏林开一饭店，亦以重金聘一中国豆芽技师，每月必派专员至巴黎万花楼批发绿豆者，此所谓"良有以也"[①]。

这些老美，还常常把蘑菇看得更关键。比如当时一满盘杂碎，外加一杯茶、一碗米饭，如果不加蘑菇的话只需要25美分，加蘑菇的话需要35至40美分，用贝克的话来说，蘑菇仿佛是抹在"火鸡上的草莓酱"。看来，杂碎盛名之下，与其原始形式和风味相去日远，慢慢变成了美国化的中国菜。所以，贝克又说："杂碎嗜好者宣称，要尝到真正美味的菜，仍然必须到唐人街拥挤的中餐馆中。"

必也正名乎！杂碎既已美国化，必然也带来名实之争。即便最正宗的得名，也已偏离广东人的杂碎之实了。美国著名华裔作家张纯如在其《华人在美国》一书所引述的淘金热时期的一个民间传说，流传最广也最有代表性。说的是一天晚上，一群喝得醉醺醺的美国矿工走进旧金山一家正准备打烊的中餐馆要吃的，这时候哪还有菜啊！无奈之下，把几碟剩菜倒在一起，炒成一大盘，竟赢得了白人矿工的赞不绝口，后来名闻遐迩的炒杂碎于焉诞生。这种传说，使杂碎完成了去广东化，也完全不搭你"李鸿章"了。更绝的是，旧金山有一位名叫莱姆·冼的人，竟然声称要申请炒杂碎的发明专利。巧的是，到二十世纪八十年代中期，再有好事者入禀秉旧金山法院，要求判明杂碎起源于加州而非纽约华埠

钟宝美《美国的中菜馆》，《艺文画报》1947 年第 5 期

时，审理法官知此为葫芦案，竟顺水来了个葫芦判：杂碎发明于旧金山。

杂碎美国化最大的证据，是其成为美国军队的日常菜。从1942年版的《美国军队烹饪食谱》，我们看到这美军杂碎所用调料系番茄酱和伍斯特郡辣酱油，据说最好这一口的是艾森豪威尔将军。据《纽约时报》1953年8月2日的报道说，当选总统后，他依然不时为家人预订他的最爱——鸡肉杂碎。在此时的美国人眼里，炒杂碎不再是中国菜，而是美国人的家常菜了。

杂碎的去广东化甚至去中国化，一方面使得杂碎馆成为中餐馆的代名词，几乎所有的中餐馆都以杂碎为名，如"杂碎屋""杂碎碗""杂碎咖啡小馆""杂碎宫""杂碎食庄""杂碎面馆"，而且可以冠上广东以外的地名，如"上海杂碎馆""北京杂碎馆"等，当然也可以冠以姓氏，如"王氏杂碎馆""孙氏杂碎馆"等。另一方面杂碎馆的老板也可以有日裔和朝鲜裔甚至

美国人在中国餐馆里

美国佬了。二十世纪二十年代，洛杉矶地区最大的中餐馆之一的皇冠杂碎馆，店主就是日本侨；南加州以经营杂碎馆的日侨更多。美国饮食文化史家哈维·列文斯顿还指出了一个最有意思的现象，就是1925年一位中餐馆老板曾自豪地宣称，等退休后他要将炒杂碎的生意带回中国，简直是数典忘祖了！但是，如果我们置身其时代氛围，也无可厚非。因为当时的主流调子是中国没有炒杂碎。比如1924年3月25日《洛杉矶时报》一篇题为《中国有很多中国人的东西，但是在那里没有炒杂碎》的文章说："中国人跟世界开了一个小小的玩笑，中国在美国的公民让炒杂碎家喻户晓，似乎这是一道典型的中国菜。其实并不是这样，这道菜在中国无人知晓。"《洛杉矶时报》另一篇关于广州见闻的文章也说："我尝过了几乎所有中国菜，就是没有见过炒杂碎。真实情况是中国似乎从未有过这样一道菜，但是它在美国却被当作正宗的中国菜来满足大众的需求。"在炒杂碎的故乡不是见不着炒杂碎，而是见不着美国杂碎而已；广东人一直在炒着给自己的传统杂碎，而在上海，却真可以见着炒给美国人吃的美国杂碎，"因为那里有美国人"。日本战败之后，美国人在上海独具势力，美国杂碎更是大行其道，也就出现了下面的独特景观："西方人不难在一条主干道上发现一个霓虹灯牌，上面标明'这里供应真正的美国炒杂碎'。"这是因为早在二战期间，便有美国大兵在陪都重庆到处找炒杂碎，精明的四川人便打出广告，说供应地道的旧金山式炒杂碎。如今胜利了，岂能不大开美国杂碎馆以资慰劳？其实不仅重庆和上海，据《纽约时报》报道，北京1928年间也曾开过一家美式杂碎馆，由于市场太小，不久关张，令美国佬惊诧：中国人怎么会不喜欢炒杂碎！

第三节　杂碎的民国记忆

自李鸿章访美之后，华侨忽悠着美国人再造了新版的美国杂碎，而且炒得不亦乐乎，中国本土的人可不容易也不愿意被忽悠。入民国后，越来越多的中国人旅欧访美，发回了他们对于海外中餐馆、杂碎馆的种种见闻与观察，实可参差对照着来看。

一

民国时期，是"食在广州"的黄金时代，国人赴欧抵美，观察彼间中餐馆业，自然先设了一个参照，这是因为"美国之中菜馆，纯为广东菜清一色，因为老板大都是广东籍华侨。"但第一印象却是好奇与不解："此间一个普遍现象就是每一家菜馆门口必高悬CHOP SUEY二字来号召国外主顾，此二字即'杂碎'之译音，内有牛肉、猪肉、鸡肉等杂碎。所谓'杂碎'，即在猪肉或牛肉外加上青菜、洋山芋、萝卜等的一个热炒，外加白饭，类似什锦炒饭，其味当然无甚特出，但外国人皆极爱好。"而且菜名往往非常古怪，"连国人也不懂，如'中山鸡''李鸿章烧肉'等怪名字"[1]。不解归不解，美国中餐馆的繁荣昌盛，却也是一眼就看得出的。"饭馆业：可说独树一帜，没有外国人堪与竞争的，由于某种原因各国人士由衷的赞美中国饭菜，餐馆便成了华侨的专业。中国餐馆不仅在中国城里接二连三地开设着，就在纽约城的其他各街各路上，也是到处可见的，综计有四五百家之多，其中有几家设备得清洁卫生，布置得富丽堂皇，不亚于美国人自行开设的自动餐馆之类。"[2]

但是，要吃真正的中国菜，还是得去唐人街，找那些仄街陋巷里的小餐馆。比如曾经令史学大师陈寅恪"念念不忘"的波士顿醉香楼。话说1923年，另一位大师赵元任教授欲辞去哈佛大学哲学系教职归国，系主任提出必须找一个哈佛毕业的人代替其职，赵元任便致函陈寅恪相邀。杨步伟在《杂记赵家》中说："他回信才妙呢，他说对美国一无所恋，只想吃波士顿醉香楼的龙虾，这当然是不要来的开玩笑的说法了。"赵元任也亲口说过此事，并且留下了表情记录："当他受邀去美国任教时，他说他不感兴趣，美国吸引他的只有一个，那就是去波士顿泰勒街的醉香楼吃龙虾。［笑］他在哈佛读过很短时间的书。"[3]其实，陈寅恪游学哈佛，在1918年冬至1921年间，为时不算太短。此外，这波士顿龙虾令人留恋，也是良有以也。改革开放之后，国门重开，有师友前往留学、留居或探亲、访友，就颇多传回

① 钟宝炎《美国的中国菜馆》，《艺文画报》1947年第5期。

② 戴文超《华侨在纽约》，《旅行杂志》1947年第12卷第8期。

③ ［美］罗斯玛丽·列文森编《赵元任传》，河北教育出版社2010年版，第93页。

史学大师陈寅恪

在彼间大嚼龙虾的故事；粤港的海鲜餐馆，也每以波士顿龙虾相招徕。

陈寅恪的好友吴宓对醉香楼有过详细的描述："若为吃'中国饭'（中国同学们皆甚喜此），则必须乘地下电车，过Charles river江桥，行甚远，至波城西南隅之南车站（South station）。车站旁，狭隘、污秽、杂乱、喧嚣之小街中，有广东人所开之小饭馆，名曰'醉香楼'（实只一层，无楼），厨灶在门口，室内为客座（方桌，木凳，桌上中国杯箸等齐全）。每餐，米饭必备。'白菜炒肉（猪肉）丝''番茄炒鸡蛋'，此二菜，客到即捧出。外有许多菜，可照单随意点，但需坐候甚久。此乃真正之中国饭馆，食客全系中国人，美国人无至者。中国器具，中国肴馔，中国吃法。不但用筷（chopsticks），而且食时不断笑喧嚷，咀嚼之声可闻（皆美国食时规矩所不许）。又饮中国之黄酒（绍兴酒）、白酒（高粱酒），而高呼猜拳，真同回到中国内地也者！一般中国同学们皆喜赴'醉香楼'。"①

　　醉香楼内中国学生云集，许多后来的名人便纷纷"出镜"。比如1919年4月11日，时在纽约哥伦比亚大学经济系读研究生的徐志摩作波士顿一游，"上午七时从校前出发（电车），十时到康桥，在批袍台博物院浏览二小时，观察初民文化。与老李去醉香楼吃饭。三时到心理病医院听讲心理病。六时归家"。②1919年由清华公派赴波士顿麻省理工学院留学，后为中国航空工程奠基人之一的钱昌祚，也时常现身醉香楼："晚饭常至剑桥中央广场两家中国杂碎馆吃中国菜白菜炒肉片或芙蓉蛋带饭。真正中国菜要星期日午餐到波士顿唐人街的醉香楼，吃的不外是南乳豆腐肉、叉烧芥蓝菜、炒龙虾等。"③正点出了炒龙虾乃醉香楼的家常的招牌菜。广式炒龙虾，不独醉香楼招牌，也可以说是美东中餐馆招牌。江泽民同志的老师顾毓琇在回忆录中说他留美期间与清华同窗萨本栋博士，"每到周日，我们便迎来了最大的乐趣：搭电车到斯普林菲尔德（即称春田市，是美国伊利诺伊州的首府），找一家中国餐馆，好好享受广式龙虾的美味"。④

　　与此同时，名声在外的醉香楼，也逐渐吸引美国人前往赏奇。1920年前往旧金山任华侨学校教员的恩平人梁述豪，在赴波士顿游览时，见醉香楼中外食客如云，便问友人何以如是发达，友人答曰："那美国人谓别街

①　吴宓《吴宓自编年谱》，三联书店1995年版，第190页。

②　《徐志摩未刊日记·留美日记》，北京图书馆出版社2003年版，第88页。

③　钱昌祚《浮生百记》，台北传记文学出版社1975年版，第166页。

④　顾毓琇《一个家庭　两个世界》，上海人民出版社2000年版，第46页。

的华人餐馆所制的杂碎，不是真料，华埠的华人餐馆所制的杂碎才是真料。况这间醉香楼，又是老字号，所以更多人来食。"[1]虽然我们无法考证这醉香楼老字号有多老，但它后来愈益发达，甚至有可能重新装修升级换代。十余年后，1934年，著名的抗日英雄，十九路军军长蔡廷锴访美，"（9月14日）晚上，假座醉香楼大餐馆举行公宴大会。与会中西人士极为踊跃。来宾有麻省省长代表昃逊市长、西林市长及高级军官甚多"[2]。如此阵营，当非昔日隘陋旧馆所能容纳。再过十年，"1944年10月30日晚，张晓峰在醉香楼宴请胡适"。张晓峰即张其昀，著名历史地理学家，曾任国民党中央秘书长。此际，他与胡适均在哈佛讲学。至此，醉香楼这个老字号不仅愈来愈老，也愈来愈发扬光大，适成粤菜馆在美国发展的一个写照。

二

相对欧洲而言，国人对美国算是"烂熟"了，因此观察的文字反倒少些；就中餐馆而言，尤其是所谓的杂碎，在欧洲更算得上新鲜事物，而且也不为美国杂碎所囿，倒有许多新的发现。比如名记徐钟珮谈起英国杂碎，颇为动人："英国外相贝文，常上伦敦中国饭店用餐，但始终不识中国菜单。一天和我国大使郑天锡见面，谈起中国菜，贝文就说你们有一菜味道正好，非鸡非肉非鸭，他只知道是'第八号'。"以号码称菜式，

① 梁述豪《美洲游记》，广州兴华书局1925年版，第45页。
② 贺朗《蔡廷锴》，花山文艺出版社1997年版，第468页。

是欧洲中餐馆的一种便宜之策，因为"怕外国顾客记录菜名麻烦，常把菜单编号数，由侍者帮着解释这一号是什么菜。如果顾主碰巧吃到一道合他胃口的，他不必记菜名，只要记好号数，下次进门一说号码，侍者就知道是那一道菜了"。尽管贝文说的是号码，却难不倒郑大使，"郑大使精于烹饪，听贝文的描写（述），胸有成竹，约他下次到大使馆吃'第八号'贝文应约前往，一碟端来，立刻认出是他心爱的'第八号'——原来是一盆杂碎。杂碎有如炒什锦，外国人最欣赏，在伦敦的一家中国馆子，干脆就取名'杂碎'"。时近民国末年，在美国，杂碎都已经美国化了，在英国，杂碎还算新鲜

《中国菜馆在伦敦》，《海涛》1946 年第 12 期

郑天锡像，《国闻周报》1927年第24期

事物呢。不过，徐钟珮对杂碎颇不以为然，认为"在英国的中国菜，可以说每碟都是杂碎，可怜中国菜馆，在伦敦虽负盛名，和国内菜馆相较，真不知相差凡几。那里中国菜馆的厨师，大半不是科班出身，而是中途改行，有的过去本来是水手，为厌倦海上生活，加以开饭馆有利可图，脱离舱房改入厨房，对烹饪一道，根本未精，只是依样葫芦，随便凑几色小菜而已"[1]。

① 《伦敦和我·中国菜馆》，《中央日报周刊》1948年第5期。

驻英大使郑天锡，上海《见闻》杂志1946年第3期封面

　　还要说明的是，英国的中餐馆，也是广东人的天下，大约与香港曾受英国殖民统治有关。《宇宙风》1935年第1期华五的《伦敦素描·中国饭馆》列举了几家中国饭馆，大抵广东人所开。如新牛津街附近的华英楼，老板是广东人；牛津街最华贵也是英伦最早的中餐馆杏花楼，从名字上看，就承广州和上海的杏花楼粤菜馆而来，当然是广东餐馆。还有探化楼和继起的新探花楼，都是广东餐馆受欢迎的标志。

　　当然，英美人用杂碎就完全可以"搞掂"，讲饮讲食的法国人可不行。法国的中餐馆可不是美国的杂碎馆，多是档次较高相对地道的中餐馆，而且生意大都很好，所以秣陵生的《巴黎之中国饭馆》一开篇即发大感慨："吾国事事后人，但烹饪之术，确在各国之上，至少高彼等五十分。故在海外营业之中国饭店无不利市百倍，碧眼儿争趋之，口角流涎，捧腹叫绝，此亦稍强人意之好消息乎。"并思以为富国之道："有国家思想之厨子先生，何不连翩出洋，搂取此等黄光灿灿之金镑，以裕国富家耶。"①同时期另一篇文章则细述巴黎中餐馆的高档，如说万花楼墙壁满绘埃及古画，绣屏之类，亦见陈设，非富家子弟不敢问津；除华人外，金发碧眼儿亦常见光临。还特别提到著名诗人梁宗岱常穿翻领衬衫前往就餐。北京饭店营业最盛，明星李旦旦常偕男友光顾。当然巴黎的中餐馆也多广东人所开。浣南的《巴黎之中国饭店》就特别强调这一点："万花楼与中华为广东人所开，厨司亦为广东人，执行亦且有华人为之。二家布置座位，较其他者为佳，朱壁彩灯，悉仿古式，西人多往就食，而万花且于楼下设座招待西人，夜间并有跳舞，为巴黎中国饭店中规模之最大者。""万花楼与中华若先期定菜，亦可得甚佳之广东菜，惟其价特昂耳。"②

因为地道，所以昂贵，这让不少海外侨胞因吃不起祖国菜而心生抱怨。如知名女作家陆晶清的《说吃》写道："中国学生到外国留学最感不痛快的事恐怕就是吃得不对劲儿。除了少数决心洋化、准备充洋人，遇必要时甚至要入外国籍的人外，其余的对于祖国的物美价廉的饭菜，总是极为思念。现在各国虽然都有几个中国饭馆，但那是为经济比较充裕的人的享受而设的，普通一般中国学生除了很少的机会外，大都无力每餐跑去吃那价昂贵而又非真正国粹的中国饭。譬如在伦敦现有的中国饭馆已是七家（这里仅指西伦敦而言，东伦敦还有几家）。而中国学生常到这些饭馆去吃饭的究竟还是少数。只有阔少们，腰缠颇富的寓公和商人，大使馆的大小外交官，他们才是这几家饭馆的主顾。随便小吃的时候，就到上海楼或顺东楼等处，正式宴客或有男女外宾随同时，他们会到探花楼去，饭馆的设备既华丽，而身穿礼服的堂倌们又十分神气，在音乐演奏中开香槟，嚼鱼翅，喝燕窝汤，说起来虽然有些不调和，但也就很够排场了。"[1]如在美国，在唐人街的杂碎馆，总是可以吃到价廉物美的广东菜的。但美国的高档粤菜馆，也是很贵的，像"杏花楼、共和楼、颐和园等，内部的装潢比上海任何粤菜馆子都要富丽"[2]，价钱怎能降得下来。

在广东杂碎与美国杂碎纠结不清的时候，上海的写食名家范烟桥在《中美周报》1948年第20期发表一篇《食在中国》，算是最好的折中调和之论：

中国烹饪的方法，大约有二十多种。有一种脍法，是中西相同的，是把各种肉切成细条，混在一起煮汤，广东馆的"杂脍汤"，最为正宗，西菜中间，也只有这种汤，煮得最好，但是不及中国的脍法，更复杂而入味。说起历史来，此法甚古，吴王

美国的高档粤菜馆

巴黎好友在中江楼中菜馆代胡蝶女士洗尘

① 《新中华》1935年第3卷第20期。
② 问笔《唐人街（金山笔记之五）》，《宇宙风》1936年8月号。

脍鱼，鱼丝入太湖，化为银鱼，至今银鱼无骨。张季鹰的"鲈鱼脍"就是此法。但现在江南已不传，所以易实甫曾说，惟有广东独能保存此古法。中西艳称的"李鸿章杂碎"，也是把各种肉条子合在一起煮汤，试想一种肴馔而包含多种的美味，如何不使吃惯单纯鱼肉蔬菜的欧洲人啧之称赞呢。

三

还需要特别提出的是，民国时期，不少海外粤餐馆，承担了海外华人文化乃至政治交流的平台作用，可以视为岭南饮食文化对中华文化的一个独特贡献。前述波士顿醉香楼是，巴黎万花楼更是。

"万花渐欲迷人眼"。前面说了，梁宗岱固是天天万花楼，其他旅居或经行巴黎的众名流，也几无不涉足万花楼，诚有所谓人人万花楼之盛。光与梁宗岱同席万花楼的，就记不胜记。其中，郑振铎记得最详细，同时也引出了一众万花楼的常客，以及几位"天天万花楼"的主儿。

1927年，郑振铎因领衔在报纸上发表抗议公开信，一时陷于险境。他的岳父、商务印书馆元老高梦旦先生便力主他出国避难，遂于1927年5月21日抛妻别子远赴法国，同行的有徐元度、袁中道、魏兆淇及陈学昭。1927年6月26日，郑氏甫抵巴黎，稍事休息，即前往万花楼吃饭，并记曰："这是一个中国菜馆，一位广东人开的。一个多月没有吃中国饭菜了，现在又看见豆角炒肉丝，蛋花汤，虽然味儿未必好，却很高兴。"吃完中饭，"晚饭也在万花楼吃"[1]。同行的北京大学的徐霞村则记得更详细："万花酒楼离旅馆并不远，只穿过一条大街就可以看见它的大匾。虽然房子是西式的，里面却很带中国的味道，朱红的色彩和东方的图案充满了全厅，成堆的中国学生聚在桌子上，间或也杂着一两个西洋的男女。当一个说北方话的中国侍者走过来时，高

[1] 郑振铎《欧行日记》，凤凰出版社2009年版，第52页。

巴黎中国饭馆菜单，林陵生《巴黎之中国饭馆》，《坦途》1928年第5期

梁宗岱

（元）君便把菜的号数告诉他，不一会，菜就来了。我们每人面前有一个盘子，一切的菜都是先用匙子拨到盘子里，然后再用筷子吃。"[1]这第一顿，没有遇见梁宗岱，却遇见另一个"天天万花楼"的袁昌英女士（杨太太）——"她是天天在万花楼吃饭的"。日记所见，第二天即6月27日，郑振铎午饭仍在万花楼吃，当然也遇见梁宗岱了，并一同到他家坐了一会儿。此后梁宗岱便多有请郑振铎等吃万花楼。

胡适留学海外多年，回国后又多次因公外访，包括出任驻美大使（当然后来移居美国不在此论），从其日记看，对上中餐馆吃饭的记录不多，事实上也去得不多。但是，到了1926年8月至12月，因处理英国庚款事宜游历欧陆期间，尤其是在法国，其日记中则多有上中餐馆的记录，而上得最多，也最有故事的，当然是万花

① 徐霞村《巴黎游记》，光华书局1931年版，第45页。

楼了。8月23日到巴黎，因为有公干，也是使馆请客，
也是去的万花楼也："傍晚去使馆……与显章、（林）
小松（使馆代办）同去万花楼吃饭。"万花楼真乃贵介
云集之地，上文郑振铎席上碰见不少"高人"，胡适更
不例外："碰见姚锡先夫妇，他们邀我们加入同餐。遇
见沈簀基秘书夫妇。姚是张学良派来的，与张学良很亲
密。"次日晚，又在席上见了赵颂南："晚间显章约我
吃饭，会见巴黎总领事赵颂南先生……一八九七年来法
国留学，与吴稚晖、李石曾最相知。此君是一个怪人，
最近于稚晖先生，见解几乎是一个吴稚晖第二。" 8月
29日又有记："在万花楼吃午饭遇见李显章夫妇，陈天
逸及其未婚妻叶女士。"[①]

　　顺便说一下，胡适此行在欧洲第一次上中餐馆是8
月5日在伦敦："使馆陈代办请我与兆熙吃便饭，在探

① 《胡适日记全编》第四册，曹伯
言编，安徽教育出版社2001年
版，分见第256、257、264页。

民国年间巴黎最著名中餐馆万花楼。《图画时报》1926年第311期

花楼。此为出国后第一次吃中国菜。"这探花楼，是广东馆子，前已有述。胡适从英国东行法、德等国再返回伦敦，又有去探花楼等中餐馆的记录。如12月12日记："下午四点到探花楼，赴'旅英各界华人会'的茶会，我略演说。"这也可见万花楼在当地华人中的地位和影响。也可以说，伦敦探花楼是另一处海外华人的文化与政治交流平台。

此间，留学英伦的邵洵美做客巴黎，应该和朋友们多有上万花楼，虽然没有直接说，但间接的表示还是很明白。如他说，当时法国政府实施了一个新的经济政策，法郎大大地跌价：原先一个金镑换一百五十几个，现在可以换一百九十几个了。而他在美国劳易治银行的存款全是金镑，于是在巴黎大阔起来。"可是老谢（寿康）他们在巴黎的生活本来很俭朴，带我去的地方，不是展览会即是博物院，至多到有名的戏院里去看两出戏，或是到有名的菜馆里去吃一两次饭：我有了钱竟然没有花费的机会。万花楼斜对面有一个卖石膏像的铺子……"他处也提到万花楼："万花楼离开展览会没有多少路，大家决定不雇街车。我们一共有八九个人，走了不上几步路，已经两个一起三个一起地分开了。"[①]显然都是在万花楼饭后离去。

在万花楼帮过厨的鲁汉，因送菜收碗的关系，透过壁板小孔，也观察到客厅中诸多中国"名流"；这些名流，除公领馆的幕友秘书外，竟然是"以学生（自然不是勤工俭学生）为经常主顾"——他们也确实称得上名

① 邵洵美《儒林新史》，上海书店出版社2012年版，第75、105页。

流："去时大半带有一位极漂亮的法国小姐。间或有带中国女士的，但是极少极少，有两位中国女士，我不知道她们的尊姓大名，每晚必去用餐，去时必有一两位中国男士挽臂同行。用餐之后，照例是同去的男士会钞，而同去的男士，每隔两三天一换，或者是按照甚么班次轮流去抑或那两位女士也是交际明星？"当然他也见过并亲自服侍过真正的大名流，即赴华盛顿参加太平洋会议途经巴黎用膳于此的中国代表、前北京大学代理校长蒋梦麟先生。蒋梦麟到的时候，由于才下午四五点钟，宾客未集，独坐一隅，无人搭理；好不容易有人上前招呼，他也只点了几碟价钱极低的小菜将就吃了一顿，总共才不过二十九法郎，让侍者都觉得他是"不配招待的客"。可是他却吃完了还不肯离去，一位管事者大约想支他走，便上去跟他攀谈，始知他新从美国来，街道不熟，所以先到中国人的饭店看看。进而知道他乃是大名鼎鼎的蒋梦麟，立马毕恭毕敬，适逢其想看中国报纸，店中却只有鲁汉订有一份《时事新报》，他这个小厨工，便也有机会面侍大名人。接下来，时间已届晚餐，就不止让店员惊慌，而是让那些挽着法国女人成对成双而来的中国留学生惊慌了："蒋先生见过这曲爱情喜剧开幕，放下报纸不看，专看这种不售票的爱情表演。那些演员没有认识蒋先生的，所以无人去理会他。还未到杯盘狼藉之际，那位张先生悄悄地向一位演员泄露了蒋先生的大名，一刹那间传遍了满堂，大家颇露惊惶惭愧之色，表演未终，竟不欢而散。"方此之际，使馆的李

胡适像

领事却带着比国女子并约了别的几个法国女子来此聚餐，更是倍觉尴尬，深觉过失。"蒋先生至此，始而遭轻视，继而变逢迎，始而枯寂，继而喧阗，终而又返于枯寂，不过三点钟的光景，恍如经历了几个世界。"作为弥补，次日午刻，李领事邀请蒋先生到万花楼用餐，而且自此以后，蒋先生每日中晚两餐必在此地，这反使得一班老主顾中国学生竟因此足不敢踏万花楼之门，直待一星期后蒋先生离了巴黎才敢复来，实在是非常有意思的万花楼轶事[①]。

胡适在日记中所记另两次万花楼东主张南（一作楠）请客的记录，则颇有政治意味。第一次是8月30日："万花楼主人张南请我吃饭，此人是国民党，很有爱国心。他颇瞧不起驻欧的各公使。我真不怪他。"[②]要知道，此前不久的7月9日，国民党已经在广州誓师北伐，而胡适正是北伐的对象北洋政府所派，公使们当然也是北洋政府所派——上头在开战，下面在请客。呵呵！那第二次就更有意味了；这一次具体是哪一天至今学术界尚无定论，只是他在1926年9月18日日记后夹了一张《警告旅欧华侨同胞》传单："请注意孙传芳走狗胡适博士来欧的行动！……此次胡氏来欧，假名办理退还英国庚子赔款事，实衔了孙传芳的命令，来与英国、法国等帝国政府协商勾结阴谋……"落款是"中国旅欧巴黎国民党支部启"。胡适被派传单，也与万花楼老板张楠热衷政治或者政治之名有关：

> 南好虚名，每以华侨领首自命，去年孟夏祖国伟人之游法者，为欢甚众，慕张声望，尽与周旋，张亦曲意承迎，盛筵款待。有甲乙两先生，数十年同道患难友也。不知因何，忽生意见，既抵法，分道而驰，对为张南，则争引为知己。张既与诸先生游，巴黎一般现任博士、即补博士、候选博士等，闻而美之，为欲瞻仰伟人颜色，则尽趋万花楼饮食，藉以纳交于张，求为先容。得张游扬者，即为伟人优待。为张不喜者，伟人即挥诸门外。张之潜势力有如此者。①

其实巴黎其他各中餐馆，也几乎是一店一党，各有各的政治立场或倾向，令人称奇。当时就有人说："最奇怪的，各个饭店，代表一个党派：万花代表张南（万

---

① 佚名《万花楼》，《东省经济月刊》1929年第3期。

巴黎万花楼老板张南像，《图画时报》1927年第350期

花的经理）派，东方三民社或西山派，北京四十一号，天津改组派，上海国家主义派。萌日、中华没有派。各派的刊物，在各派饭店出售，各派的人都在各派饭店吃饭。不然大家就叫利权外溢了。"①特别是张南既是国民党人，万花楼又是华人名流聚集的中心，自然成为"党国"的重要海外政治平台，孰知未几却成了共产党的政治平台。

《青年梁宗岱》说，1927年，张南把生意转售给湖南人姜浚寰。姜据说是一位一战华工，后来经营小工厂赚了钱。但何以转让，却未及之。倒是《东省经济月刊》有一篇文章，约略提及："南自入狱，弟（张）才闻耗，从伦敦赶至，往探，狱吏不许入。闻南犯两重刑事罪，在检查期中，不得与人接见。才顿足大哭而罢。"②原来是触犯了刑律，无可挽救，自身难保，遑顾酒店！

姜氏的管理人员中，有一位管账的周竹安，乃是中共驻法国负责人之一，1939年返国后，还继续地下工作。1949年进入外交部，1954年被委任为驻保加利亚大使，万花酒楼在他离开的1939年结业。关于万花楼这一共产党渊源，当事人周竹安后来也有亲述，而且还与著名教育家陶行知有关。抗战胜利后，著名编辑家王敏先生在编辑《行知诗歌集》时，发现了其中一首写于1936年10月10日的《巴黎万花楼中法友人共庆双十节》的长篇歌行，其中的友人之一恰恰是与他共同编辑《行知诗歌集》的周竹安。原来1936年7月，陶行知受全国各界

① 丁作韶《巴黎鲫鱼般的中国饭店》，《时事月报》1930年第1期。

② 佚名《万花楼》，《东省经济月刊》1929年第3期。

救国联合会（陶是执委和常委）派遣，以国民外交使节身份出访欧、美、亚、非等28国，宣传抗日救国，介绍中国大众教育运动，途经巴黎时与周竹安相识。周竹安对王敏说："当时我在巴黎万花楼管账，在那儿结识了陶行知。"但没有作进一步介绍。直到1954年，王敏调任至北京三联书店，周竹安即将出使保加利亚，始尽道原委。周说当年在巴黎从事地下工作，担任中共巴黎支部负责人之一，因与万花楼经理姜济寰①有同乡之谊，获聘为酒楼管账。这种政治身份，在当时自然不便告诉王敏真实身份。周竹安的上司、中共旅欧支部负责人吴克坚也于1936年来到巴黎，担任巴黎《救国时报》总经理。因此，万花楼便成了革命活动的据点，并为巴黎的国民党特务所侧目。要知道，陶行知也可谓我党的著名民主人士，所以他1936年8月一到巴黎即与吴克坚、周竹安等人取得联系，此后便频频出入万花楼，共同倡议并联络在巴黎的陈铭枢、王礼锡等各界名流，组建了"全欧华侨抗日救国联合会"，并于9月20日举行了盛况空前的成立大会，还在会上发表了《〈团结御侮的几个基本条件与最低要求〉之再度说明》的演讲，以及即席创作了《中华民族大团结》诗歌等，慷慨激昂，不能自已，遂于国民政府的双十节，再作诗以纪其盛②。万花楼的政治传统，至此完全颠覆，殊堪玩味。

① 姜济寰是姜浚寰胞兄。——编者注
② 王敏、王大象《陶行知与巴黎万花楼》，《世纪》杂志2007年第2期。

第四节　欧美行次的粤餐馆

　　民国时期，欧洲的中餐馆（当然多是粤餐馆），固多集中在英法及德国，然而国人旅欧，途次中餐馆亦多佳赏，荷兰当居其首；到得后来，荷兰中餐馆的人均或地均数，竟高居欧洲各国之首，仿佛应和着广东名曲《步步高》的节奏。

一、荷兰中餐馆的"步步高"

　　早期移民欧洲的华侨，多为洋船上的粤籍水手杂役出身；荷兰居航线之中，自是早有粤籍水手涉足落地。法国启蒙运动大师伏尔泰（1694—1778）曾经写过一篇不怎么有名的文章，题目叫做《与阿姆斯特丹一名华人的一席谈》，借着与一名住在阿姆斯特丹的华人的谈话，发挥他对中国文化的看法，显见中国人抵荷之早。还曾有一位荷兰东印度公司的职员在1775年时将他的一位译名丹亚彩的仆人带到过鹿特丹①。

　　这些水手居留其间，因而也就早早有了风味甚佳的中餐馆。1916年2月11日，荷兰《大众商报》记者光顾了阿姆斯特丹内班达姆街的一家名为隆友的华人小餐馆之后说："倘若中国人的美味佳肴传开之后，我们又该如何制定我们每日的食谱呢？"②这里虽没有明确说是否广东馆子，外国人既分不清也没有必要去区分，但大抵是广东馆子。

①　陈国栋《东亚海域一千年：历史上的海洋中国与对外贸易》，山东画报出版社2006年版，第177页。

②　李明欢《欧洲华侨华人史》，中国华侨出版社2002年版第196页。

中国社会党创始人江亢虎教授1922年到访荷兰另一个著名的港口城市洛特达模（Rotterdam，今译鹿特丹）时，但见"海港深阔，帆樯集中，中国水手往来甚盛，居留者平均恒七八百人，粤人约十之六七，多在非烟诺岛（Foyenoard）"。自然也发现"有杂碎馆，有食货店……杂碎馆最大者为惠馨楼"——老板郑某还借此发起华侨会馆呢！当然，杂碎馆绝不能仅靠本地水手华侨支撑，留学生常常是重要的顾客群体："荷兰除中国水手外，尚有留学生六十余人。"①是也。渊源所自，这些留学生大抵是从南洋原荷兰殖民地来的华裔，家世通常比较好，有的还是当地政府公派，生活相对优渥，对中餐馆可起到重要的支撑。如梅贻琦说："荷兰除中国水手不计外，尚有留学生八十多人，都是由爪哇去的。有的父母很富，自费求学，有的由荷兰政府派送来荷，肄习各种实科，将来须为荷政府效力。"②

1928年，广东籍的民国名将李汉魂将军到访荷兰，也到访过几家中餐馆："9月13日到华侨会馆（洛塘党部。按：洛塘今译鹿特丹），侨众开会欢迎，到者百人，作简单演讲，即同健民乘车返海牙，并顺入中山楼、袁华楼稍坐。袁子熹与芳（中山大学）同学，招待甚殷……本晚赴张国枢远东楼欢宴，并到渠家访候。"③

著名作家王统照1934年到访时，所去的就唯有广东饭馆了，然后评价说："饭馆不大，然而设置得很清洁，自然也照例有几幅中国风的字画。经理原是广东的老商人，在这里曾做过十多年的买卖，如今收场了，

① 江亢虎《荷兰五日记》，《东方杂志》1922年第3期。

② 胡贻毅《欧游经验谈》，青年协会书报部1923年版，第62页。

③ 康普华、李焕兴等编《李汉魂将军文集》下，中国社会出版社2015年版，第81页。

却开张这所饮食店。"华人越少的地方，越使人觉得亲近；稍后在阿姆斯特丹中餐馆接受当地华侨吃请的一段经历，更令他感慨万分："前天遇到的那位烟台先生，还与另一位山东先生作陪，连主人共五位吃了将近中国钱十几元的粤菜，使我颇难为情！他们凭了劳力赚来的钱平常连吃饭穿衣都不肯妄费，却这样招待远来的同

歐游雜記

朱自清

荷蘭

一個在歐洲沒住過夏天的中國人在初夏的時候上北國的荷蘭去他簡直覺得是新秋的樣子。淡淡的天色寂寂的田野火車走着像沒個人理會似的，天盡頭處偶爾看見一架半架風車動也不動的，像向天撐開的鐵手在瑞士走有時也是這樣一勁兒的靜可是這兒的鬧靜瑞士卻沒有瑞士大半是山道窄狹的彎曲的這兒是一片廣原氣象自然不同了火車漸漸走近城市一溜房子看見了紅的黃的顏色在那灰灰的背景上越顯得鮮明照眼那尖屋頂原是三角形的底子但左右兩邊近底處各折了一折，便多出兩個角來機伶裹透着老實像個小胖子又像個小老頭兒。荷蘭人有名地會蓋房子近代談建築數一數二是荷蘭人快到羅特丹（Rotterdam）的時候，有一家工廠房屋是新樣子房子分兩截近處一截是一道內曲線兩大排玻璃窗子反射着強弱不同的

乡。"王统照接着说，在阿姆斯特丹有华侨近四百人，有一半是常在外国船上作水手，多是浙江、山东、广东人。山东人多做行贩生意，有二十多家，每天背着包提着箱，去到各个城市与乡村兜揽买卖；广东人却不干这一行，通常只开餐馆、洗衣店等，足见开餐馆真乃广东人所擅长[1]。

赴欧美宣传抗日的著名教育家陶行知，1938年2月25日抵达比利时西北部港口城市安特卫普，发现该地虽只有侨胞30多人，却有一家中国饭馆，并饮食其间。比利时的首都布鲁塞尔有侨胞百余人，饭馆则有3家之多[2]。

1939年间，有人历数了当时荷兰的七处中餐馆，均系粤人开设，有店名人名，有籍贯出处，是很可宝贵的资料：

民国荷兰中餐馆

> 我国之最足以自豪于世者，乃为肴馔品类之美备与丰富，而其中尤以粤庖独擅其妙。统观欧美各国华侨所开之餐馆，惟巴黎市资格最老之萧厨司为南京籍，余者几乎尽为广东宝安籍。其设于荷兰者有七处，最老者为袁华主之中国楼［设于落塘（今译为鹿特丹）市德理街（Delistraat）十八号］，次为吴富所创之广兴楼（涵塘内番担担，今译为阿姆斯特朗），又次为邓生经理之中山楼（洛塘），又次为张国枢之远东饭店（海牙和平宫畔），又次为吴子骁之大东楼（涵塘研钵街七十二号），又次

① 王统照《荷兰鸿爪》，《中学生》1936年第69期。
② 陶行知《陶行知日志》，江苏教育出版社1991年版，第117页。

民国柏林泰东饭店，《天津商报画刊》1933年第14期

为文酬祖之南洋楼（海牙同生路Thomsonlaan五十号），而最小者为冯生之好餐馆［莱汀（Leiden，今译莱顿）市管丛街二十一号］，七家尽以宝安人为铺主。[①]

可是，著有《中国海外移民史》的陈里特说，据他的调查所得，荷兰有中餐馆十五间，一倍于此，令人难以置信；也联系到他说英国只有三间中餐馆的明显失实的情形，那他的说法也实在只能姑妄听之。而其另说法国有中餐馆十六间、德国八间、苏俄八间、葡萄牙二间、丹麦五间、比利时四间，尤其是葡萄牙和丹麦以及苏俄的中餐馆数量，向未为人道及，姑附录于此，以

① 佚名《海外之粤菜馆》，《健康生活》，1939年第2期。

民国柏林中国饭店，《图画时报》周刊1924年第189期

备参酌。[1]事实上，越往后，荷兰的中餐馆开得越多。荷兰司法部长1963年9月给议会第二院司法委员会的报告中的正式统计数字说，荷兰有2353个中国人，分布在各个城市——海牙、阿姆斯特丹、乌得勒支、代尔夫特和其他几个城镇，其中1300人在大部分由中国人开设的325家餐馆中工作。[2]

延至今日，在荷兰，中餐馆仍是广东人的天下。二十一世纪初，一个中国旅游者在阿姆斯特丹市吃中餐

[1]　《欧洲华侨生活》，《海外月刊》社1933年版，第83页。
[2]　顾维钧《顾维钧回忆录》第十三分册，中华书局1994年版，第50—51页。

的经历即是证明："老板告诉我，他是广东人，店里的伙计也大都是广东人。谁要不是广东人，要来干活就得学广东话。为什么会这样呢？因为内部交流方便，相互也比较信任。据跑堂的介绍，这个城市基本都是广东人开的餐馆。如果都是这个规矩，我想，出国来这里留学打工，广东人最好。其他地方的人既要学外语，又要学广东话，这不是受二茬罪吗？"[①]

二、从食在广州到食在西贡

早些年，广州海印桥北西侧的大沙头，是著名的吃海鲜的胜地，入夜虹霓闪烁，"西贡渔港"四个大字光彩夺目，也堪称珠江夜游之一景。当时就在纳闷，为什么要冠上西贡二字呢？为什么现在一些海鲜餐馆仍要冠

① 周自牧《在欧洲感受中餐馆》，《三月风》2002年第9期。

里 昂 中 法 大 學 中 國 飯 店

法国里昂中法大学门口之中国饭店，《中华教育界》1923年第10期

上西贡二字呢？这西贡，到底是源于香港的西贡还是越南的西贡？留粤日久，当然知道是源于香港的西贡，但最近读到季羡林先生1946年留学归国停留西贡的两个月期间的观察，倒是宁愿相信源于越南西贡，即今天的胡志明市了。

话说至1859年西贡"沦陷"后，在法国人的统治之下，经济繁荣，被誉为远东明珠。法国人对其殖民地的管理，可不像英国那样基本上只派一个总督和少量高级管理人员，本土化色彩非常浓重，而是在制度架构和文化建设上都努力法兰西化，这也是西贡能成为远东明珠的原因之一。法国人的浪漫与美食，都可为其生辉。如果看过杜拉斯的名著《情人》以及改编的同名电影，

东南亚的中餐馆

如果又是广东人，更会对华人富商之家的少爷带着法国少女进出中餐馆印象特别深刻。西贡多华人，西贡多华商。法国美食与中国粤菜交相融合，自然在国际饮食界独擅胜场。以至于学术大师季羡林先生1946年3月留德归国途中，经过居停西贡两月的观察和体会，感慨道："从前有人说：食在广州。我看，改为'食在西贡'，也符合实际情况。"因为他看到西贡，特别是离市中心不远的堤岸一带，不仅有极大的酒楼，也有摆在集市上的小摊，都一律广东菜肴，广东腊肉、腊肠等等，挂满了架子，名贵的烤乳猪更是到处都有，那是广州本土都难以比拟的。[①]他在日记中记载了好几次在当地最大的粤菜馆当然也是当地最大饭馆新华大酒店吃饭的情形。如3月12日"吃的全是燕翅席，还有整个的乳猪，可以说是有生以来第一次"；3月21日"出来到新华大酒店去吃饭，又是燕窝鱼翅"……如此奢华，当然是别人请客了，主要是广东富商宴请，因为那里触目所见，几乎率皆广东人："我们到了这里已经觉得到中国，中国有的东西这里几乎全有……同士心出去到一家中药铺去买药，我们不会说广东话，看到那些伙计脸上的怪样，心里真有点不解。"[②]

晚清以来，西贡是出使、留学英法等国的必经之地，关于西贡的饮食记忆，留下了颇多精彩的篇章。早在同治五年二月十四日（1866年3月30日），其时法人统治西贡未几，清朝第一个走出国门出使欧洲十一国的使臣斌椿到达西贡，即感到如入武陵源："未刻入

① 季羡林《留德十年》，外语教学与研究出版社2009年版，第188页。

② 季羡林《季羡林日记》，江西人民出版社2014年版，第1906—1911页。

港口，曲折东北行，两岸灌树丛杂，清翠无际，阔不过三、四里，狭处止数丈，如入江南芦荻洲，又疑入武陵桃花源。"[1]同行的张德彝则敏锐地观察到粤人的营生："按年往粤省贩卖越南米粮，又自粤省运货在此售卖，如此往来，获利甚重……街市铺户，多是粤人开设，虽不华丽，亦颇整齐。往来种作，老幼咸集。"[2]十几年后，光绪六年（1880）张德彝再随曾纪泽出使英俄途经西贡，所见华人"房屋加增数倍"[3]，可见华人社会在法人统治之下的蓬勃发展，也才会有《情人》年代（1929年）的法国少女向华人富少投怀送抱、同上中餐馆的食色风流，也才有季羡林先生的"食在西贡"之慨。

晚清使臣既已注意及此，民国人士自然少不了笔之于书，而且很容易与广州联系对比。比如《国讯》1936年第127期有一篇谢纯裕的《西贡的形形色色》，则着眼于茶楼之多——广州正以此著："这里有的是三多与三少，和上海比较恰巧绝对相反。茶馆多，大概是闽粤人的习惯，并且非常经济，一泡茶可饮四五人之多，不过四五分钱代价。"有一首专咏西贡的《海外竹枝词》，也是与广州对比："梅江街外广东街，堤岸兴隆夹道回。烘托羊城蒸海市，自成风气不须猜。"[4]但又强调其自成特色。晚清民国人的记述中，广州之外，而具有广州特色的，恐怕除香港之外就是西贡了。省（城）港一家，香港之于广州，一体之中的差异即在其为英人统治，更为开放自由，更为五方杂处，中西交

① 斌椿《乘槎笔记》，岳麓书社1985年版，第97页。

② 张德彝《航海述奇》，岳麓书社1985年版，第463页。

③ 张德彝《随使英俄记》，岳麓书社1986年版，第841页。

④ 晟初《海外竹枝词》之《西贡》，《侨声》1942年第4卷第6期。

融，体现在饮食上，则是食材更丰富，口味更调适，渐渐形成新派粤菜；但与英国人的饮食传统，是不会有太多关系的，因为在西方世界中，英人可谓最不重烹饪者。西贡为法人统治，而法人乃西方世界中，最重烹饪者之一，其影响于粤菜，自不待言，宜其"自成风气不须猜"。

其实，应该可以说整个东南亚地区，都有堪比广州的粤菜馆，只是有些不在"线"上，少为人记，少为人知。比如说钱昌祚1941年6月出差距西贡不远的缅甸仰光，与几个同事合寓，请了一位粤籍厨娘，伙食当然很好，去粤菜馆吃就更好："宴客时粤菜馆的排翅，已非当时内地可获。"[①]至于多为人记，多为人知的新加坡等地，倒不值得在此赘述。

民国时期，越洋旅行，乘坐海轮，速度迟缓，路程漫长，又全为洋轮，船上饮食基本上是西餐，国人很难适应，停船靠岸，得尝一顿中餐，不仅是味觉大解放，也堪慰乡思。欧西一线，海轮沿途停靠之港，除西贡，孟买也往往必停；孟买再过去，则进入欧洲了！整个东南亚，几百上千年来，都是粤人商旅卜居之地，西贡粤人云集，饮食可轶广州而上，孟买亦有可观。例如，储安平1936年赴英途中，一到孟买，讯知有华侨一千余人，即已心知必有中餐馆，遂又问有没有中国饭店，果然："他们给我们介绍了一家'群乐楼'。我们在十点左右，便招呼车夫开到'群乐楼'。"而且是喜出望外，不仅因为其味道堪比上海粤菜馆的地标冠生

① 钱昌祚《浮生百记》，台北传记文学出版社1975年版，第168页。

园："这一顿饭可真不错，连我们这种困倦的人，也给这顿中国饭鼓舞了起来。每个人都是那样的满足、愉快。我们先吃了几个包子，有豆沙包，有鸡肉包，泡了两壶茶，很有在冠生园的风味。我们叫了三菜一汤，炒鱼片、炒蛋、烧鸭和鲍鱼汤。味儿真不错，和国内的好厨子也比得上。我们因为几天不吃，肠子再吃不下饭，另外叫了一碗鸡汤面。这一顿饭一共吃了十个多卢比，连小账合到国币十四五元左右，论价钱，可不算便宜了。"①

史学家丁则良教授1947年途经孟买，在享用广东饭菜之余，更留心其后的华侨社会生活："孟买的唐人街，又偏僻，又狭小，又脏。附近是印度的妓女窟。到了一家广东饭馆，叫了菜，同时向老板打听中国领事是谁，领事馆在什么地方，他们竟完全回答不出来……后来在街上遇见一个山东人，他也说不清楚，他说领事姓周，可到一家金陵酒家去打听打听。饭后乘了原马车去找金陵酒家。这倒是一家大的饭店，开在热闹的大街上，酒家的经理姓陈……陈经理告诉我们，唐人街一带最好不要多去，那里时常发生斗殴，华侨在那里的有不少以赌博、吸鸦片为生，所谓斗殴，并不是印回之争，而是中国人打中国人，有时竟造成惨案。"②为什么不去呢？太可惜了，唐人街里肯定有更多地道的广东餐馆！

今人李曼则说，孟买第一家中餐馆是一位林姓广东人创建的林楼，已经有七八十年历史，现在传至

① 储安平《欧行杂记》，海豚出版社2013年版，第43页。
② 丁则良《孟买纪游》，《天文台》1947年第3期。

孙辈，因为经营不善卖给了越南人，不过林氏还做着"CEO"。林楼在民国人笔下缺乏记录，大约因为当年林楼以适应环境为宗旨，按当地人的口味进行了较大改良，结果办得不伦不类：餐桌上摆着印度人喜欢的Masala（一种酸甜苦辣俱全的调料），主食里还夹带着Chabadi（当地面食），菜谱全用英文，全体服务员没有会说中文的，厨师多来自尼泊尔。其实当地不少中餐馆都由尼泊尔人掌勺，大约用尼泊尔人成本低，而他们既了解印度文化，也熟悉中国菜肴。李曼的这种观察应当有些靠谱："一位老华侨告诉我，当年就是他在林楼手把手地教尼泊尔人做中国菜，现在的几个主厨都是他的学生。"

李曼还说，孟买的中餐馆大大小小有100多家，有"豪门闺秀"，也有"小家碧玉"，一般都是祖上有中国血统的当地人做老板。中餐馆大都走大杂烩路线，几道川菜，几味粤菜，炒面、烧卖、馄饨，再加上几道印式烤肉。随着两国交往频繁密切，许多中餐馆迅速改观。越来越多的中国厨师来这里服务，菜品完全中国化，味道也颇纯正。大陆中餐厅还请来一位来自郑州的师傅为顾客表演拉面，宣传品上的英文将其翻译成"面食舞蹈"。当地媒体根据调查为孟买中餐馆进行排名，名列第一的是泰姬饭店的中餐厅，以口味纯正拔得头筹，而林楼几乎排在了最末。[①]

印度的另一个港口城市加尔各答，更是印度华侨的聚集地。1938年，赴欧美宣传抗日救国的大教育

① 李曼《孟买中餐馆的竞争硝烟》，《世界博览》2010年第24期。

家陶行知返国途经此地时，调查了解到，全印度华侨约10000人，加尔各答就约占5000人，其中鞋工约2000人，工厂牛皮工约100人。当然少不了的饭馆有6家，其中大者两家：中华饭馆及南京饭馆（有人写作饭店或酒店）[①]。再往后，随着美国参战，中餐馆开出更多。中国现代印象派诗人鼻祖李金发1944年前往德黑兰中国大使馆赴任途经加尔各答时，就说当地因应美国大兵开了好多中餐馆："到了加尔各答，耳目一新，住在上海人的旅馆里，价廉物美，满街仍是美国兵。战时华侨开了很多餐馆，赚美国大兵的钱。"[②]中餐馆的眩江面，还得到了辛亥革命后率先独立的江西都督李烈钧的大赞：

> 据说在印度加尔各答城中，也有条唐人街，唐人街上有不少茶店，酒店，点心店，以南京酒店最大，在吃食馆中，眩江面十分有名，许多外国人坐了汽车马车去吃一碗五角印币的面。李烈钧为了视察海外党务，曾去加城华侨会演讲，那晚上，即赶到那块吃了一碗"眩江面"，吃后大唤"顶刮刮"，称赞不置。月下加城华侨已近一万八千余人活动的多，以前只有五六千人左右哩。[③]

李烈钧此行，当在1914年不愿加入孙中山新组建之对党员个人约束严格的革命党，而赴欧考察期间。

途次之中，另有可资一述者，亚洲的越南、印度而外，进入欧洲，则当属奥地利了。据1948年7月29日

盖买中餐馆

① 陶行知《陶行知日志》，江苏教育出版社1991年版，第162页。
② 陈厚诚《李金发回忆录》，东方出版中心1998年版，第108页。
③ 洛士《印度唐人街风景线：李烈钧在那里吃面》，《海涛》1946年第6期。

《维也纳日报》介绍，奥地利首都维也纳仅有两家中餐馆，而且名声甚为不显："尊敬的叶仁青先生的上海饭店坐落在麦德林街上一座小房子里……新建街上的第二家中国餐馆也是彻头彻尾的欧洲装饰……目前维也纳的中国人很不容易找到适合他们口味的饭菜。最主要的是大米奇缺……他们连筷子都没有一双，他们已经放弃了这一典雅的习惯。"然而，不久即迎来转机。1951年初，国民党撤走"驻奥公使馆"，"公使"全家迁居美国，随员沈旭宇及厨师老沈则留在维也纳与侨领叶瑞珍先生在Porzellangasse合开了一家装潢精美的中国饭馆。关键是其厨师老沈，以前曾是蒋介石的厨子，后来又是国民党"驻奥公使馆"的厨子，维也纳中餐馆的品牌就此高自标榜，到如今，全奥地利中餐馆，已超过800家，数量实不在少。[1]有中国旅游者二十一世纪初踏足维也纳，即深深感觉到这种传统的赓续："我在欧洲吃的第一顿饭，没想到竟是典型的中餐，水平就像北京四星级饭店。"而这开店的，祖上正是广东人。[2]

第五节　杂碎别传

一、潮州打冷

　　早期的海外移民，由于地缘与历史的原因，广东人占了大多数乃至绝大多数；广东三大民系或族群中，广

① 李明欢《欧洲华侨华人史》，中国华侨出版社2002年版，第436—437、602页。
② 周自牧《在欧洲感受中餐馆》，《三月风》2002年第9期。

府人主要移民北美，潮汕人则集中在东南亚；陈刚父先生的《闽粤人眼中所见的华侨》（《南洋情报》1933年第6期）对此有切近的观察。因为商业的开辟，潮汕人移民南洋甚早。元人汪大渊《岛夷志略》说："万里石塘，由潮洲（州）而生，迤逦如长蛇，横亘海中。"这万里石塘，主要是指由南洋诸岛及沿途岛屿组成的贸易航线，而且早在宋代即已形成。潮人"逐海洋之利，往来乍浦苏松如履平地"，"驾双桅船，挟私货，百十为群，往来东西洋，携诸番奇货"，即便海禁时代已敢于挑战；明中叶潮州的吴平、林道乾、林凤等著名的海盗集团，其实不过是法外贸易团体。1860年汕头开埠后，香港—新加坡—曼谷—汕头之间的贸易通道更形繁荣，中山大学亚太研究院院长滨下武志教授称为"潮州人的商业网络"；"下南洋"者更加汹涌澎湃，研究认为今天的海外潮人总数已超过1000万人，约与本土人数相埒。

就像潮州菜难以原味进入广州一样，因为原材料的限制、当地食材的引入，以及对当地食客和气候等的因应，香港尤其是南洋各地的潮州菜，便各自呈现自己的特色。张新民先生说，一位多年后归国的老华侨，一言不发地坐在汕头市外马路"爱西干面"摊档前，一口气连吃四大碗干面之后突然泪流满面；他乡的潮菜已非复故乡的味道。尽管如此，香港、南洋等地的潮菜，我们可戏称潮州杂碎，也可谓杂碎的别传。当然，这种潮州杂碎，除了乡土味相对弱一点，味道未必弱。比如在香港，传统的转口贸易被称为南北行，集中在上环文咸东街与文咸西街。那里也被称为食材的天堂，除了燕翅鲍参肚等高档海味干货，还有元贝、蚝豉、螺片、鱿脯、虾干、鱼唇、火腿、咸鱼、菌笋、发菜、腊鸭等，普天之下只要你想象得到的任何食材，几乎都可以买到。你还能够用潮汕话跟店主们讲价交易，因为他们大部分是潮汕人。所以，香港的潮菜是高度繁荣的；吃潮州叫"打冷"，据说就成于香港，"内销"于潮汕；唐振常先生为潮州争八大菜系之名，所据主要也是香港鳞次栉比的潮州酒楼。

在南洋，尤其是华人最为聚集的新加坡，酒楼业基本为粤人所开。王韬《漫游随录》说："酒楼茗寮仿佛粤垣，登楼买醉所饮无算。" 钱德培《欧游随笔》也说："长街数里尽属华肆，大有粤东景象。"其中潮

潮州打冷

菜，比之广府粤菜有过之而无不及；晚清潘乃光的《海外竹枝词》说："买醉相邀上酒楼，唐人不与老番侔。开厅点菜须庖宰，半是潮州半广州。"有此基础，更养成了一批潮菜百年老楼，其最著者数创立于1845年的醉花林——早期新加坡潮侨四大富中的陈成的潮州富商俱乐部，里面的美味佳肴需熟人引进方得品尝——堪比粤菜在上海的新雅饭店，留下不少脍炙人口的故事。比如1940年，执掌《星洲日报》副刊的著名作家郁达夫，曾应邀到醉花林赴宴，即席赐赠一联："醉后题诗书带草，花香鸟语似上林。"名传于今；于右任、饶宗颐等文化名人也曾先后题赠。醉花林至今仍是潮人顶级俱乐部，汕头美食达人张新民先生还是其美食顾问。

二、中国料理

现在，日本餐馆在中国也颇有市场，料理这个名词也挺入耳，去日餐馆吃碗乌冬面，来份天妇罗，喝点清酒，都让人有些亲切，尤其是吃鱼生，有人还以为日本是正宗呢。其实，在中国人，尤其是在民国人眼里，日本食品简直不堪吃；好在明治维新尤其是横滨开港以后，有中国人过去，开了中餐馆，他们得了榜样与调教，才有些可观。所以，在当时，很流行一个段子，如《科学时报》1935年第3期唐嗣尧《中国的饮食》所引："'中国饭、日本女人、西洋房子'，这是日本人心目中三种绝妙品物，有些在东京住惯了的中国人，也抱着这种意见。"而现在的报章，仍可时见这种论调，不过"西洋房子"变成了"美国房子"而已。这种论调，一个基点是："有些日本人，认为中国的饮食，不仅味觉好，视觉好，并且还充满着艺术的气氛。这也许是日本饭太没有味道。"

对于日本饭菜之乏味，《文友》1944年第6期平方的《日本人的吃》也有表述："中国和日本虽然是贴邻的两国，可是在吃的方面却形成极有趣的对比；一个是最考究吃的国家，一个却是不考究吃的国家……他们的吃法实在太单调、太缺乏变化了。"其实这一点日本人的确是承认的，从日本人所写的关于中国饮食的文章中对于中国饭菜之推崇即可见一斑。故平方的文章又说："日本人的爱好中菜是早有定评的。为迎合此项需要，所谓支那料理屋（"中国菜馆"之意）就纷纷在日本各地开张起来。"但这种日本人开的支那料理，是怎么样也好不到哪去的。《天地人》1936年第8期有一篇《东京的中华料理屋》说："中华料理屋有二：一为日人所经营，普通称之为'支那料理'，呼中华料理者也有，不过却是极少；一为华侨所经营，他们皆谓之中华料理，藉以表示爱国心也。这样我们很容易分辨出来哪家是真哪家是假（所谓真假乃指掌灶或经营者而言），冒牌的大概谁都不欢迎，做出来的菜，非中国菜，乃日本式之中国菜也。味道不佳，不用说别的，就是菜中的大葱就会使你头痛，更用不着真正的尝试了，而他们的菜目也很少，除'支那面'外寥寥可数。"而在广东人看来，日本人最不会吃的恐怕是把粤席中最珍贵的鱼翅像垃圾一样抛弃，如《论语》1947年第132期慕南的《名震全球的中国菜》所说："鱼翅是日本所产，可是明治维新以前，他们还不懂得吃，丢在海滩上烂得又腥又臭，直到华侨发现了，才知珍品。"

这华侨，当主要是指广东华侨。因为一方面中国其他地方的人，一般不会弄鱼翅，尤其是早年；另一方面，最早和大量涌入日本的，主要还是广东人，陈昌福的《日本华侨研究》还认为，当时"迅速形成了广东帮"。横滨的市史说，1877—1884年间，横滨华侨占全日本华侨的60%，横滨中华街就有广东料理四五十家，华侨自然以广东人为主了；作为广东侨民第二大聚居地的神户，1878年有华侨3712人，其中广东人2061人，也占55.5%。这个比例，到民国时期，仍然维持着。广东人对日本饮食的影响实在是大，因为这么众多的广东人，其职业是以开餐馆为主的，而且开得非常成功。日本的《中国周刊》第七卷文章《在日本的中国人》说："广东人是做餐馆生意的，这是一件很可获利的生意，在各大城市中如东京、横滨、大阪、长崎等，都有中国的食品。"这中国食品，准确地说，当然是广东食品了。

随着日本的开放，中国人的进入，日本人便跟中国人学起做菜来，突出体现就是支那料理店开得到处都是。《宇宙风》1935年第1期莫石的《支那料理》说："的确，在日本，'支那料理'就算是我们中国人唯一值得自傲的一件国粹吧！他们全国无论大小都市，差不

東京的中華料理屋

疁聯

料理屋（Ryoya）是日本字，即版館子也。用中華而不用中國，乃因日本本式之中國一地的原故，所以改稱中華，以免錯誤也，不過日人不盡然如此，除去一部份拌中國人或中國人自已稱呼外，大概都以支那（Shina）二字代替中國呢！料理屋者也不能例外，亦有支那料理之稱。支那二字部是含有極侮辱的意味，也許沒有一個中國人能承認這兩字。

中華料理屋極風行於日本，尤其東京，它的地位能和日本及西洋料理鼎足而立，其數之多大概奧留學生成正比例，貳要是有中國留學生的地方，它絕對少不掉的。我相信凡是到過東京者，恐怕人人皆有此口福，極世人所稱賞。

中華料理屋富有一種神秘性，提起它一定要聯想到留學生，一言以蔽之也是因他們的需要而產生出來。中華料理屋有二：一為日人所經營，貳為華僑所經營，他們皆謂之中華料理，不過都是很少，做出來的菜風味很近日本，並且是漂亮好看，為各小中華料理的鹵東，模效宏大，富麗堂皇，倘使你有資本，而日本當局亦要加以干涉，中國人很經辦得，做出來的菜風味是漂亮好看……也都是極著名的中華料理屋，許多人不惜路遠，也要嘗試之，實在是他們資本雄厚，生成正比也。到日本留學能吃中國飯，引以為快事也。襲神田之杏花樓，現在西洋的顧客；……也是極著名的中華料理屋流佈最廣，大有到處皆有之勢，至少說貢支那麵（Shinaba）外寧寡可數，而他們的菜目也很少，除「支那麵」外寧寡可數，大概雅都不歡迎，做出來的菜，非菜中式之中國菜也。味用不佳，不用說別的，就是菜中的大懇就會使你頭痛，更用不著真正的嘗試了，而他們的菜目也很少，除「支那麵」外寧寡可數。支那麵頗流行於東京，幾乎是無人不嘵，女人尤甚，大概沒有不會做的，就是在烹調書及料理學校也有的。

正牌的中華料理屋愛人歡迎，中國人不消說，就是日人也是極順眼之。到日本留學能吃中國飯，引以為快事也。襲說多半生活稍加改變，不過配法乃以中國飯為本也，不能說不是幸福吧。因為……早稻田之東嘉閗，銀座之第一樓，然而鬧的中華料理屋也多，其分配法乃以中國留學生面設的，一方面招些西洋的顧客；……神田之杏花樓，許多人不惜路遠，也要嘗試之，實在是他們資本雄厚，中國人很經辦得，做各小中華料理有資本，而日本當局亦要加以干涉，限制，現在西洋的菜柔加入干涉，模效宏大，富麗堂皇，倘使你有資本，而日本當局亦要加以干涉，限制，現在的中華料理屋遼少呢！目前日人偏逐華僑足以證明在日本，而日本當局……神田之杏花樓亦要嘗試之……也都是極著名的中華料理屋流佈最廣。

中華料理（中國菜）確是有悠久的歷史，五味調和，味道殊佳，極世人所稱賞。我相信凡是到過東京者，恐怕人人皆有此口福，因口味不和，有此口福，極世人所稱賞。惟日本料理在外，因口味不和，有此口福……中華料理屋鼎足而立。生成正比例，貳要是有中國留學生的地方，它絕對少不掉的。生，多半關係，普通說款它一定要聯想到留學生。中華料理屋有二：一為日人所經營，貳為華僑所經營，他們皆謂之中華料理，不過都是很少，一為中國人所稱賞……冒牌的中華料理屋……本及西洋料理鼎足而立……本，而日本當官乃指掌灶或稱嘗菜者而言），冒牌那襲是真那菜是假（所謂男假乃指掌灶或稱嘗菜者而言），冒牌的中華料理屋遼少呢！目前日人偏逐華僑足以證明在日本開的中華料理屋遼少呢！

二六

上海《天地人》杂志1933年第8期

多都一条街上都有'馆子'写上'支那料理'，这倒不是有万多留学生来才如此，却是'自古已然'，因为日本人也挺爱'支那料理'。"为什么说是学着中国呢？因为这"支那料理"店，支那乃英文中国的译音，料理指餐馆，翻译过来就是中国餐馆，但这种中国餐馆却不是中国人所开，从名称上也知道——支那是日本人对中国的蔑称，中国人开的餐馆自然不用。而且，学生做菜，通常情况下，当然不及先生的。所以，莫石又说："来日久了点的中国人，若去吃中国饭，却都不进那些写'支那料理'的馆子去，而必上写'中华料理'的馆子，这倒不是因为爱国，为的是写'支那料理'的是日本人开的馆子，弄出来的菜总不及写'中华料理'的中国人开的馆子味好。"《新都周刊》1943年第4期的"穿楼偶记"《论中国菜馆》则说，日本人学中国菜的水平，大约就同于海外中餐馆最普通的杂碎的水平："日本人的'司干邪干'，不过仅得'杂碎'的面目，已足独树一帜。"这"独树一帜"，当然是相对非中国的洋人而言的。

为了提高做中国菜的水平，日本还曾像当年派遣唐使一样，派专门人员到中国餐馆跟班学习。民国名记戈公振先生在《商业杂志》1930年第1期发表的《海外之中国饭馆业》就说："近来日人鉴于中国饭菜之受人欢迎，亦起而设立中国饭馆，或以重金聘用中国厨司，或专人来华学习烹调之法，其味美适口，不亚于中国饭馆，而设备雅洁，招待周到，又远过之。"这就像在中国学外语，效果总不及到所在国学习的效果好。

而日本饭菜中最能体现广东人的影响的，当数馄饨与云吞的称谓及其风行。《珊瑚》1932年第9期陈以益的文章《馄饨与云吞》说："日人呼面曰'UDON'，疑其音之与馄饨相似，料系日人在昔留学吾国，讹面为馄饨矣。"殊不料这UDON并非馄饨，而是指面条："旋游日本，见面店招牌，果书馄饨（此等面店并不兼卖馄饨）。"而真正的馄饨，日本人则以馄饨的广东方言云吞来表示与书写："支那料理店，一律写作云吞，日本语呼为WANTAN，现代日本虽三尺童子亦知云吞之可供狼吞也。"所以，作者不得不感慨，还是广东菜的势力大影响深："云吞之称，原为广东方言，日人最喜广东料理，代表支那料理，遂以云吞为馄饨。"由于广东食品的味道特出，以至于十分讲究卫生的日本人，也能接受相对不卫生的挑担云吞："日本猪肉虽贵而肥肉均弃去不用，由精肉上割弃之碎肉半红半白，适合馄饨之用，而成本极轻，莫不利市三倍，故除面馆以外，尚有贫苦侨胞肩挑馄饨担以行商者，一如本国。其价格比面馆更为便宜，大约叉烧面或馄饨均卖十钱，此等商人大半为广东籍。"

由于日本人喜欢中国菜，也努力学中国菜，但"永远学不会，烧不好。日本人为了要探寻烧'中国菜'的秘诀，鼓励日本女子嫁给中国厨师，差不多每一家中国菜馆的店主妇都是日本人"[①]。这样一来，倒真正实现了"吃中国饭菜，娶日本老婆"了，这也是中国菜尤其是广东菜值得大书特书的地方。

三、回归正宗

新时期的移民，尤其是改革开放后，香港、广东的新移民，对饮食要求高多了，无法满足于既往的"杂碎"，同时，全球化的贸易环境，很容易取得家乡地道的食材；一些当地的海鲜出产，甚至好过故乡的出产，这一切，都为杂碎的回归正宗，创造了无以复加的条件。这方面，"厨出顺德"，顺德的厨师功不在小。比如顺德的百年老号"冯不记"在美国休斯敦异域开新花，其后人冯海开办的中餐馆不负顺德第一烹饪世家（罗福南语）的盛誉，出品地道精良，引得老、小布什总统频频前往光顾，与李鸿章时代岂可同日而语！再如，顺德籍厨师施纯骐1969年从香港美丽华酒店辞职到英国利兹市一家连锁中餐馆工作，没有港货行，因陋就简也能烧出顺德菜。如大良炒牛奶。旋至伦敦唐人街富临菜馆安营扎寨；伦敦有"恒生行"等中国食材

① 曾今可《谈吃》，《论语》半月刊1947年第132期。

铺，其所烹制的"大良炒牛奶""大良野鸡卷""拆鱼羹""鱼皮饺"等，便地地道道，誉满英伦。

在追求正宗的风气之下，顺德首席名厨、顺德厨师协会会长罗福南先生近年也频频受邀前往美国休斯敦、旧金山，英国伦敦，法国巴黎等地传道授艺；还曾有老板出价年薪百万意欲挽留罗先生驻留指导。2010年10月，在法国总统萨科齐的亚裔事务专员、原籍顺德的何福基先生的推动和安排下，巴黎成功举办"顺德美食周"，并走进联合国教科文组织总部，以罗福南先生为代表的顺德大厨现场演绎了"金牌四杯鸡""八宝酿鲮鱼"等七款顺德经典菜式和"双皮奶""姜汁撞奶"等著名小吃。罗先生说，那可是在没有明火、没有白酒的情形下做出来的啊，对自己的厨艺实在是一大挑战！这次活动更深层次的背景是，何福基先生1975年以来，因在巴黎开设福利、福安两家顺德餐馆大获成功，成为著名侨领，并先后获得巴黎金牌市民奖、法国国家功绩骑士勋章、国家功绩士官勋章、国家功绩司令官勋章等，荣任法国国际饮食协会和法国国际旅游联合会副会长；饮水思源，何先生觉得应进一步提升法国顺德菜的正宗性和地道味。在这次活动中，何先生也确实大有斩获，现学现卖，为萨科齐总统及其家人奉上了一道最地道的顺德菜；他与萨科齐的友谊渊源甚早，早在1975年其福利餐馆开业不久，尚是市议员的萨氏前往寻味"糖醋咕噜肉"和"白焯海虾"这类传统"杂碎"时，就已结下，日久弥深，2010年4月他随萨科齐访华，还应邀请出席了中国的国宴。这一切，全赖顺德菜这一重要媒介；正宗顺德菜，必将进一步促进中法经济文化交流与发展。

日本近邻，与粤菜尤其是顺德菜的渊源更深，似也更容易求得正宗。在较早的年代，横滨的顺德籍侨领周敬文（1880—1957）曾创办万新酒楼，其侄儿周潮宗（1898—1980）则开办同发中华料理，逐步发展到拥有横滨五家、东京两家的大型餐饮连锁。日本今日的中国餐馆中，粤菜占据80%的市场份额，影响最大的，仍是顺德厨师。1949年，"凤城三杰"之首的区财的弟子谭惠赴日，一人独力支撑梁树能的中国料理店，使其发展成目前日本最大的中餐企业，梁树能也荣膺日本中国料理协会会长。据梁树能会长说，全日本最大的海味和餐饮后勤配送企业，乃是一位外号叫鲍鱼初的顺德人开设的广记商行。

日本粤菜尤其是顺德菜的发展，使厨师们有了大展身手的好舞台。1966年，谭惠还回港将儿子谭国景及外甥冯崇全（冯满之子）带往日本；谭国景先在日本东京银座红楼中华料理做了4年大厨，又转至五星级的品川太平洋酒店任主厨；其间，在富士电视台秀艺，引起轰动。1979年，谭国景奉冯满之命回港主持北角、旺角的凤城酒家，维护了凤城酒家在香港的顺德菜总舵地位；食神蔡澜在为其《顺德真传》的序里说："每次去'凤城'，都满意地走下楼，这种情况在香港已经少之又少。"

Heures d'ouverture
tous les jours
12H00 à 14H30
18H00 à 22H00

Adresse:
Chaussée de wavre 1543
1160 Auderghem(Bruxelles)

Téléphone:
02.672.82.68 04.65.354.703

纽约中餐馆菜单

凭着这些渊源，1988年日本举办世界中国烹饪大赛，他们还请动顺德国宝级名厨康辉前往担任评委，艺惊四座，被媒体誉为"中国料理第一人"。为进一步增强日本中国料理的正宗性和地道性，2010年8月下旬到9月上旬，日本中国料理协会又邀请顺德十大名厨之一、南国园林山庄行政总监何锦标，顺德名厨、碧桂园行政总厨林潮带，北京九朝会行政总厨马澄根这三位顺德厨艺界精英赴日传授厨艺；"瞧，牛奶还能炒，炒了后还这么鲜美，真是不可思议！"顺德名厨代表先后在东京、大阪、冈山和山口四个城市举行专场的顺德菜厨艺表演和培训专场活动，一时成为日本餐饮界的传奇，引得日本中国料理协会10月即派出多名骨干到顺德研修取经。

从上世纪末开始，因为海外中餐回归正宗的需要，广东厨师尤其是顺德厨师一批批出洋掌勺。2015年1月27日《广州日报》曾毅报道《大厨出国打工分红资格被取消　13年追讨终得所愿》的顺德厨师李先生，1999年跨越重洋远赴南美洲秘鲁粤菜馆当厨师，当年还有30位厨师分赴各国掌厨政。而这还只是初期阶段，往后就更多也更高级；顺德厨师协会会长罗福南先生，近年还不断被以远高过飞行员的薪酬挖角海外。

最为正宗的举措是，国内顶级的粤菜馆顺峰庄，便直接到澳大利亚珀斯开设分店。当然这是建立在粤菜在澳大利亚已较为普级的基础上的；在澳大利亚的主要城市，几乎没有白人不会用筷子的。随着粤菜以及中餐在海外普及程度的提高，相信广东会有更多的大型餐饮企业到海外开分店，或直接开设正宗粤菜馆，从而彻底颠覆"杂碎"的既有概念。发展至此，孙中山先生当年的夙愿，或可得以实现；广东味道，终将诱惑全球。

最新的值得笔之于书的案例是，2014年6月李克强总理访英，英国首相17日中午在唐宁街10号举行的中式午宴，掌勺者乃祖籍广州的曼彻斯特甜甜中餐馆的姐妹花；主打菜砂锅焖鸡，配料中有标志性的广式香肠，主食则是五宝蛋炒饭，均是相当典型地道的粤式菜肴，足为"食在广州"长脸；李克强总理餐后还对掌勺的姐姐丽萨说，希望所有中国人都能有机会尝尝她们做的菜呢！

康辉